大连海事大学研究生系列教材

运筹与优化模型

YUNCHOU YU YOUHUA MOXING

主　编　　高　红

副主编　　常爱华　徐丽君　张语乐

主　审　　刘　巍

大连海事大学出版社

DALIAN MARITIME UNIVERSITY PRESS

图书在版编目(CIP)数据

运筹与优化模型 / 高红主编. -- 大连 ：大连海事
大学出版社，2024.12. — ISBN 978-7-5632-4610-6

Ⅰ. O22

中国国家版本馆 CIP 数据核字第 2024MX7775 号

大连海事大学出版社出版

地址：大连市黄浦路523号 邮编：116026 电话：0411-84729665(营销部) 84729480(总编室)

http://press.dlmu.edu.cn E-mail：dmupress@dlmu.edu.cn

大连金华光彩色印刷有限公司印装　　　　　　大连海事大学出版社发行

2024 年 12 月第 1 版　　　　　　　　　　　2024 年 12 月第 1 次印刷

幅面尺寸：184 mm×260 mm　　　　　　　　　　　　印张：11.75

字数：271 千　　　　　　　　　　　　　　印数：1~1000 册

出版人：刘明凯

责任编辑：于孝锋　　　　　　　　　　　　　责任校对：王　琴
封面设计：解瑶瑶　于孝锋　　　　　　　　　　版式设计：解瑶瑶

ISBN 978-7-5632-4610-6　　　定价：35.00 元

前　言

运筹与优化模型是一门研究如何有效地进行组织和管理的科学。"运筹与优化模型"课程目前已成为高等院校交通运输和管理类专业研究生的核心课程,也是其他理工专业研究生重要的基础课程。

本书是编者在多年讲授"运筹与优化模型"课程的教学实践基础上,参考各种现行教材以及相关专业文献编写完成的。每次讲课时,编者都会不断地改进讲义,将新研究和新理解融入进去。

本书主要内容包括:运筹学思想与优化建模、分析型优化模型、数学规划模型、遗传与进化、群集智能优化和随机优化。

运筹学思想与优化建模主要包括:运筹学的基本思想、几个简单的优化模型和优化模型的改造与迁移。

分析型优化模型主要包括:设备更新问题、确定性存储问题、随机性存储问题和分析型优化模型综合案例。

数学规划模型主要包括:线性规划、运输问题和非线性规划。

遗传与进化主要包括:基本遗传算法、基本遗传算法的改进和遗传算法的应用。

群集智能优化主要包括:蚁群优化算法和粒子群优化算法。

随机优化主要包括:模拟退火算法、禁忌搜索算法和免疫算法。

本书基于"运筹与优化模型"课程进行编写,该课程已列入大连海事大学理工科专业研究生的培养方案,面向交通运输、管理科学与工程、应用数学、航海科学与技术、信息与通信工程、物流工程与管理、计算机科学与技术、人工智能等专业或领域的研究生使用,也可以作为其他相关专业技术人员的参考书,或作为有关人员的培训教材。

本书的建设和出版得到了"大连海事大学研究生教材资助建设项目"的专项资助,是"大连海事大学研究生系列教材"之一。在本书付梓之际,感谢大连海事大学研究生院对本书出版的资助。

尽管编者对选材和写作进行了精心安排,在多年教学和科研工作中积累了一定的经验,但是鉴于编者学识水平有限,书中的谬误和遗漏之处在所难免,在此恳请读者见谅并不吝指正与批评。

编　者

2024 年 8 月

目 录

第一章
运筹学思想与优化建模

◀ 第一节　运筹学基本思想

一、运筹学的名称和定义

"运筹学"一词来源于英语 Operational Research,简称 OR。按这一词语的来历,其直译应为"作战研究",因为它最早于 1938 年由英国鲍德西(Bawdsey)雷达站科学小组负责人罗韦(A. P. Rowe)提出,其指的是该科学小组与英国皇家空军合作进行的关于防空预警演习中的战术研究工作。因此,罗韦被认为是 OR 一词的创始人,而英国的鲍德西是 OR 这一学科的发祥地。

但是,由于社会发展的需要,OR 得到了合乎历史逻辑的充分发展,已不再局限于"作战研究"的狭义。因此,早期将这门学科引入我国的著名学者许国志按 OR 的广泛含义将它译为"运筹学"。"运筹学"于 1964 年被中国数学学会正式确定为国内通用的统一名称。

"运筹"一词出自《汉书·高帝纪》中的一段话:"上曰:'公知其一,未知其二。夫运筹帷幄之中,决胜于里之外,吾不如子房。'"运筹这个词具有运用筹划、运谋筹策、规划调度、运营研究等内涵。

运筹学是一门仍在蓬勃发展的新兴学科,人们对它的认识不断深化,迄今为止,还没有一个公认的运筹学定义。下面列举一些较有影响的解释作为参考。

运筹学的先驱,英国曼彻斯特大学物理学教授,著名的诺贝尔物理学奖获得者布莱克特(P. M. S. Blackett)曾于 1941 年在关于运筹学的第一份备忘录中把运筹学称为"作战的科学分析"(Scientific Analysis of Operations)。这被认为是对运筹学所做的最早描述。在 1943 年 3 月修订的第二份备忘录中,他认为:运筹学的"目的是帮助找出一些方法,来改进正在进行中的或计划在将来进行的作战的效率。为了达到这一目的,要研究过去的作战来明确事实,要得出一些理论来解释事实,最后利用这些事实和理论对未来的作战做出预测……能够做出的有用的定量预测,往往比想象中可能做出的多得多"。这些关于运筹学的最早描述虽然仅限于作战的范畴,但其基本思想至今仍然普遍有效。

英国运筹学会的解释是:"运筹学是把科学方法应用于工业、商业、民政和国防方面,以指导和处理有关人、机、物、财的大系统中所发生的各种复杂问题。其独特的方法是开发一个科学的系统模式,纳入随机和各种风险的尺度,并运用这个模式预测和比较各种决策、战略,以及控制方案所产生的后果。其目的是帮助主管人员科学地决定方针和行动。"

美国运筹学会所做的解释是:"运筹学是一种实验与应用的科学,用于观察、理解和预测有目标的人-机系统的行为。""运筹学所研究的,通常是在要求分配有限资源的条件下,科学地决定如何最佳设计和运营人-机系统。"

1978年出版的、由数十位美国一流运筹学家合著的《运筹学手册》(*Handbook of Operations Research*)中指出:"运筹学就是用科学方法去了解和解释运行系统的现象,它在自然界的范围内所选择的研究对象就是这些系统。这些系统时常包含着人和自然环境中运行的机器。这里所谓的机器,其含义是很广泛的,从通常所指的机械器件一直到按照公认的规则运行的复杂社会结构。""因此,运筹科学观察运行系统的现象,创造出一些理论(近年来许多运筹学工作者把它们叫作模型)来解释这些现象,用这些理论来描述在条件变化时将会发生什么事情,并根据新的观察来检验这些预言。""总之,运筹学之所以是一门科学,是因为它用科学方法来创建它的知识。它与其他科学不同的地方在于它研究的是运行系统的现象,这是自然界中被其他科学大大忽略了的部分。"

《管理百科全书》对"运筹学"的解释是:"运筹学是应用分析、试验、量化的方法,对经济管理系统中人力、物力、财力等资源进行统筹安排,为决策者提供有依据的最优方案,以实现最有效的管理。"

二、运筹学的基本思想

运筹学作为一门科学是在20世纪40年代发展起来的,但是它的某些思想萌芽形成得很早,甚至可以追溯到上古时期。

朴素的运筹学思想在中国古代历史发展中源远流长。早在公元前4世纪的战国时期,著名的军事家孙膑的"斗马术"就蕴含着运筹学的基本思想。"斗马术"说的是战国时期齐王与田忌赛马的事。齐王和田忌赛马,规定各自从自己的上、中、下三个等级的马中各选一匹来参赛,说好输一匹付出千金,胜一匹可获千金。当时齐王的上、中、下三马均比田忌的马强。前两局比赛,田忌用上、中、下三马对齐王上、中、下三马,结果田忌均以0:3失利。当时,田忌的谋士孙膑一直在场边观赛,就给他出了个主意,叫用下等马对齐王的上等马,中等马对齐王的下等马,上等马对齐王的中等马,结果以2:1胜了齐王,以劣胜优。"田忌赛马"成为脍炙人口的一个故事,也成为军事上一条重要的用兵规律,即要善于用局部的牺牲去换取全局的胜利,从而达到以弱胜强的目的。其基本思想是不强求一局的得失,而争取全盘的胜利。

运筹学的基本思想之一是整体最优化。不是仅仅考虑局部的优化,而是以整体最优为目标。从系统的观点出发,力图以整个系统最佳的方式来解决该系统各部门之间的利害冲突,对所研究的问题求出最优解。

北宋时期,科学家、政治家沈括曾率兵抗击西夏侵扰。行军作战中,运粮不仅费用多,而且难以载粮远行。采取何种方式运粮,成了最迫切的问题。沈括分析计算了后勤人员与作战士兵在不同行军天数中的不同比例关系,同时也分析计算了用各种牲畜运粮与人力运粮之间的利弊。

(1)假设一个民夫可以背六斗米,士兵自带五天的干粮:①如果一个民夫供应一个士兵,单程只能进军十八天;若要计算回程,则只能进军九天。②如果三个民夫供应一个士兵,单程可以进军三十二天;若要计算回程,则只能进军十六天。而三个民夫供应一个士兵就已经到达了极限。

(2)如果用牲畜运输,骆驼可以驮三石,马或骡可以驮一石五斗,驴子可以驮一石。与人工相比,虽然能驮得多,花费也少,但如果不能及时放牧或喂食,牲口就会瘦弱而死。一头牲口死了,只能连它驮的粮食一同丢弃。相比用人背扛,有利有弊,利害均半。

沈括认为,自运军粮花费颇大且难以远行,因此夺取敌军的粮食至关重要,最后做出了从敌国就地征粮,保障前方供应的重要决策,从而减少了后勤人员的比例,增强了前方作战的兵力。"沈括运粮"这种军事后勤问题的分析计算是具有现代意义的运筹思想的范例,其基本思想是采用定量分析方法研究军事问题。

运筹学的基本思想之二是利用数学工具做定量分析。基于所研究的系统,采取定量分析,力求获得一个合理运用人力、物力、财力和各种资源的最佳方案,以使系统获得最优目标。

除军事运筹思想的成功应用之外,在我国古代的工程活动中也有大量运筹思想的应用实例,最著名的是"丁谓建宫"。故事发生在宋真宗大中祥符(1008—1016)年间。当时,宰相丁谓主持皇宫失火后的修复工作。丁谓到现场察看,发现有三大问题最难办。一是建房用土量大。若到郊外取土,路途太远。二是运输难。大批建筑材料,从外地只能由水路运到汴水。若再运到皇宫建筑工地,只能靠车马了。三是大片废墟垃圾要运到远处倒掉。这样要花费大量的人力、物力和时间。丁谓再三思量,最后终于想出了一举三得的办法。他先让人从施工现场到汴水之间挖几条大深沟,挖出来的土堆在两旁,作烧砖瓦用。这样就解决了用土的问题。接着,他把汴水引入沟中,使它成为运输的河流。等到工程结束,再将水排掉,把所有垃圾倒在沟内,重新填为平地,又成了良田。这个办法使"取土、运料、回填废料"三件事一下子都解决了,而且"省费以亿万计"。"丁谓建宫"这种施工方案是对工程中的人力、物力、财力等资源进行的最佳统筹安排。

运筹学的基本思想之三是系统性和整体性思想。从系统的观点出发研究问题,关注系统中各个部分(子系统)之间的联系与制约,从整体观点思考问题,对所研究系统的各种资源进行最佳统筹安排。

三、运筹学研究的基本步骤

为了有效地应用运筹学,根据运筹学的特征,应当遵循下列六条原则:合伙原则、催化原则、独立原则、互相渗透原则、宽容原则和平衡原则。这些原则反映了运筹学工作者与其他各种因素的横向和纵向的联系。

运筹学研究的工作步骤可以归纳为以下九个内容:

（1）目标的确定。即确定决策者期望从方案中得到什么。这个目标不应限制在过分狭小的范围内,同时也要避免把研究目标做不必要的扩大。

（2）方案计划的研制。实施一项运筹学研究的过程常常是一个创造性的过程。计划的实质是规定出要完成某些子任务的时间,然后创造性地按时完成这一系列子任务。这样做能够推动运筹学分析者做出结论,有助于方案的成功。对计划的任意延期和误时会导致分析者的消极工作和管理者的漠不关心。

（3）问题的表述。这项工作需要与管理人员进行深入讨论,经常包括与其他职员和业务人员的接触,以及必要数据的采集,以便了解问题的本质、历史及未来,问题的各个变量之间的关系。这项任务的目的是为研究中的问题提供一个模型框架,并为以后的工作确立方向。在这里,一要考虑问题是否能够分解为若干串行或并行的子问题;二要确定模型建立的细节,如问题尺度的确定、可控制决策变量的确定、不可控制状态变量的确定、有效性度量的确定,以及各类参数、常数的确定。

（4）模型的研制。模型是对各变量关系的描述,是正确研制、成功解决问题的关键。构成模型的关系有几种类型,常用的有定义关系、经验关系和规范关系。

（5）计算手段的拟定。在模型研制的同时,需要研究如何用数值方法求解模型,其中包括对问题变量性质（确定性、随机性、模糊性）、关系特征（线性、非线性）、手段（模拟、优化）及使用方法（现有的、新构造的）等的确定。

（6）程序明细表的编制、程序设计和调试。计算过程需要编制程序来实现计算机运算,运筹学研究应包含对算法过程的描述、计算流程框图绘制。程序的实现及调试可以交由程序员完成,或会同程序员完成。

（7）数据收集。把有效性试验和实行方案所需的数据收集起来加以分析,研究输入的灵敏性,从而可以更准确地估计得到的结果。

（8）验证。无论怎样强调验证运筹学在研究与应用中的重要性都不过分。验证包括两个方面:第一,确定验证模型,包括为验证一致性、灵敏性、似然性和工作能力而设计的分析和实验;第二,验证的进行,即用前一步收集到的数据对模型做完全试验,这种试验的结果,往往要求必须重新设计模型,并要求重编相联系的程序。

（9）实施。运筹学分析者往往认为,模型验证后,任务就完成了。这是不对的。事实上,一项研究的真正困难往往在方案的最后一步,即在实施和维护时才暴露出来。因此,要使得整个研究有效,必须取得那些与所研究的决策问题或受到影响的各种职能有关的各级管理人员的合作与参与。

四、运筹与优化建模的一般思路

运筹学建模在理论上应属于数学建模的一部分。因此,运筹学建模所采用的手段、途径就是数学建模中所采用的。本节所要介绍的是根据运筹学本身的特征来处理建模问题的一般思路。

经过长期、深入的研究和发展,人们将运筹学处理的问题归纳成一系列具有较强背景和规范特征的典型问题。因此,运筹学建模就要把相当多的精力放在将实际问题合理地描述为某典型的运筹模型中。在这个过程中,要求运筹学工作者具有以下几个方面的知识和能力:

（1）熟悉典型运筹模型的特征和应用背景。

（2）有理解实际问题的能力，包括广博的知识，搜集信息、资料和数据的能力。

（3）有抽象分析问题的能力，包括抓主要矛盾、逻辑思维、推理、归纳、联想和类比等创造能力。

（4）有运用各类工具知识的能力，包括运用数学知识、计算机、自然科学和工程技术等的能力。

（5）有试验校正、维护修正模型的能力。

根据问题本身的情况，按照以上讨论，我们在建模时一般有如下思路：

（1）直接方法。当熟悉问题的内在关系、特征以及运筹学的典型模型特点时，常常可以直接得到一些问题的模型或问题归类。例如，确定问题是属于线性规划、非线性规划、整数规划、排队模型等的哪一个。有时模型的参数也可直接从问题本身得到。

（2）类比方法。通过类比，新遇到的问题可以用已知类似问题的模型来建立模型。这时得到的往往是模型归类，而模型参数需用其他方法取得。

（3）模拟方法。利用计算机程序实现对问题的实际运行模拟，可得到有用的数据。这些数据常用来求得模型参数，或对所建立模型的合理性、正确性进行检验。

（4）数据分析法。利用数据处理的方法分析各数据变量之间的关系是确定关系还是相关关系，以及是何种相关关系等。这种方法还可以用回归分析找出变量的变化趋势，从而得到合理的数学模型。大量的模型参数也常常使用数据处理的统计方法来求得。另外，回归模型常常就是一个无约束最优化模型。

（5）试验分析法。通过试验分析建模是工程管理中常用的方法。以局部的试验产生数据，经过统计处理得到总体的模型或模型归类。试验分析法更多地用于产生模型参数。

第二节　优化建模

在运筹学模型中，一类最重要的模型是数学规划模型，它们有如下共同形式

$$\begin{cases} \text{opt.} & f(x_i; \xi_j; c_k) \\ \text{s.t.} & g_h(x_i; \xi_j; d_l) \leqslant (=, \geqslant) 0 \end{cases} \tag{1.1}$$

式中：i、j、k、h、l——指标变量取值从 1 开始顺序排列的有限自然数。

f——实值函数（或向量值函数），称为目标函数。

g_h——一系列函数，称为约束函数。

opt.——对右面的函数优化，一般取最大（max）或最小（min）。

s.t.——subject to 的缩写，表示问题的解要"满足"后面的各等式或不等式组。

x_i——研究型决策变量。

ξ_j——随机因素。

c_k，d_l——问题的确定型参数。

这类模型的形式表示要在限定的约束条件下求得目标函数的最优。

在讨论中常把约束条件表示为集合的形式

$$S = \{x_i \mid g_h(x_i; \xi_j; d_l) \leqslant (=, \geqslant)0\}$$

称为约束集合或可行解集合(简称可行集)。为了讨论方便,这类模型常记成下列简单的形式

$$\begin{cases} \text{opt.} & f(x) \\ \text{s.t.} & x \in S \end{cases}$$

这里,opt.与s.t.的含义同式(1.1);x 为向量,即 $x = (x_1, x_2, \cdots, x_n)$;$S$ 是约束集合。这里没有明显地标出参数和随机因素。

数学规划模型按其函数特征及变量性质可细分为不同的规划模型,常见的有:

(1)线性规划。各函数均为线性函数,变量均是确定型的问题。

(2)非线性规划。各函数中含有非线性函数,变量均为确定型的问题。

(3)多目标规划。上述问题中,目标函数是向量值函数,即多个目标函数的问题。

(4)整数规划。上述问题中,决策变量的取值范围是整数(或离散值)的问题。

(5)动态规划。求解多阶段决策过程的问题。

(6)随机规划。当问题存在随机因素时,求解过程有其特殊的要求,因此常把它们归类为随机规划。

还有许多种归类方法,有的是针对问题本身特点进行分类的,有的是根据处理方法特征进行分类的,这里不一一列举。

为了帮助读者建立运筹学模型的概念,并了解建模思想的实际应用,下面举一些例子,其中有些例子做了较大程度的简化。

💡 例 1.1　最优价格问题

问题　根据产品成本和市场需求,在产销平衡条件下确定商品价格,使利润最大。

模型假设

(1)产量等于销量,记作 x。

(2)收入与销量 x 成正比,系数为 p,即价格。

(3)支出与产量 x 成正比,系数为 q,即成本。

(4)销量 x 依赖于价格 p,$x(p)$ 是减函数。设 $x(p) = a - bp$,其中 $a > 0, b > 0$。

模型建立

根据模型假设,收入和支出分别为 $I(p) = px$,$C(p) = qx$,则利润为

$$U(p) = I(p) - C(p) = px - qx \tag{1.2}$$

模型求解

将 $x(p) = a - bp$ 代入式(1.2),得

$$U(p) = px - qx = (p - q)(a - bp) = -bp^2 + (a + bq)p - aq$$

则 $U'(p) = -2bp + (a + bq)$,由 $U'(p) = 0$ 可以求出使利润 $U(p)$ 最大的最优价格为

$$p^* = \frac{q}{2} + \frac{a}{2b} \tag{1.3}$$

结果解释

最优价格 p^* 中的 $\frac{q}{2}$ 表示成本的一半;b 表示价格上升 1 个单位时销量的下降幅度

（需求对价格的敏感度）；a 表示绝对需求量（p 很小时的需求）。

由利润 $U(p)$ 的表达式（1.2）可知，当 $U'(p) = 0$ 时，$I'(p) = C'(p)$，即 $I'(p^*) = C'(p^*)$。这说明最大利润在边际收入等于边际支出时达到。

例 1.2 森林救火优化问题

问题 消防站接到森林失火的报警后，要派多少名消防队员前去救火呢？

问题分析

森林失火后，要确定派出消防队员的数量。队员多，森林损失小，救援费用大；队员少，森林损失大，救援费用小。因此，要综合考虑损失费和救援费，确定队员数量。假设队员人数为 x，失火时刻 $t = 0$，开始救火时刻 $t = t_1$，灭火时刻 $t = t_2$，在时刻 t 森林烧毁面积为 $B(t)$，则损失费 $f_1(x)$ 是 x 的减函数，由森林烧毁面积 $B(t)$ 决定。救援费 $f_2(x)$ 是 x 的增函数，由队员人数和救火时间决定。问题的目的是找到恰当的 x，使 $f_1(x) + f_2(x)$ 最小。建模的关键是对函数 $B(t)$ 的形式做出合理的简单假设。

分析 $B(t)$ 的形态比较困难，可以讨论 $\dfrac{dB}{dt}$。$\dfrac{dB}{dt}$ 是单位时间森林烧毁面积，即森林烧毁的速度。在消防队员到达之前，即 $0 \leqslant t \leqslant t_1$，火势越来越大，即 $\dfrac{dB}{dt}$ 随 t 的增加而增大；开始救火以后，即 $t_1 < t < t_2$，如果消防队员救火能力足够强，火势会越来越小，即 $\dfrac{dB}{dt}$ 随 t 的增加而减小，并且当 $t = t_2$ 时，$\dfrac{dB}{dt} = 0$。

模型假设

通过以上分析可以对烧毁森林的损失费、救援费及森林烧毁速度 $\dfrac{dB}{dt}$ 做出以下假设：

（1）从失火到开始救火这段时间（$0 \leqslant t \leqslant t_1$）内，森林烧毁速度 $\dfrac{dB}{dt}$ 与时间 t 成正比，比例系数记为 β，称为火势蔓延速度。

（2）派出 x 名消防队员，开始救火以后（$t_1 < t < t_2$），火势蔓延速度降为 $\beta - \lambda x$，其中 λ 为每个队员的平均灭火速度。显然应有 $\beta < \lambda x$。

（3）损失费 $f_1(x)$ 与森林烧毁面积 $B(t_2)$ 成正比，比例系数记为 c_1，即为烧毁单位面积的损失费。

（4）每个消防队员单位时间的灭火费用为 c_2，于是每个队员的救火费用是 $c_2(t_2 - t_1)$；每个消防队员的一次性支出费用为 c_3。

关于假设（1）的解释：火势以失火点为中心，匀速向四周呈圆形蔓延（如图 1.1 所示），所以蔓延的半径 r 与 t 成正比。又因为面积 B 与 r^2 成正比，故 B 与 t^2 成正比，从而 $\dfrac{dB}{dt}$ 与时间 t 成正比。这个假设在风力不大的条件下是大致合理的。

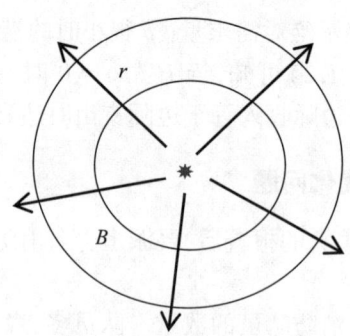

图 1.1　火势蔓延示意图

模型建立

根据假设(1)和(2),火势蔓延程度 $\dfrac{\mathrm{d}B}{\mathrm{d}t}$ 在 $0 \leqslant t \leqslant t_1$ 时线性增大,在 $t_1 < t < t_2$ 时线性减小, $\dfrac{\mathrm{d}B}{\mathrm{d}t}$ 在 $0 \leqslant t \leqslant t_2$ 时的变化趋势如图 1.2 所示。记 $t = t_1$ 时, $\dfrac{\mathrm{d}B}{\mathrm{d}t} = b$ 。烧毁面积 $B(t_2) = \displaystyle\int_0^{t_2} \dfrac{\mathrm{d}B}{\mathrm{d}t}\mathrm{d}t$ 恰是图中三角形的面积,显然有 $B(t_2) = \dfrac{1}{2}bt_2$,而 t_2 满足

$$t_2 - t_1 = \frac{b}{\lambda x - \beta} = \frac{\beta t_1}{\lambda x - \beta} \tag{1.4}$$

于是

$$B(t_2) = \frac{\beta t_1^2}{2} + \frac{\beta^2 t_1^2}{2(\lambda x - \beta)} \tag{1.5}$$

根据假设(3)和(4),森林损失费为 $f_1(x) = c_1 B(t_2)$,救援费为 $f_2(x) = c_2 x(t_2 - t_1) + c_3 x$ 。将式(1.4)和式(1.5)代入 $f_1(x)$ 和 $f_2(x)$,得到救火总费用为

$$C(x) = f_1(x) + f_2(x) = \frac{c_1\beta t_1^2}{2} + \frac{c_1\beta^2 t_1^2}{2(\lambda x - \beta)} + \frac{c_2\beta t_1 x}{\lambda x - \beta} + c_3 x \tag{1.6}$$

$C(x)$ 即为这个优化模型的目标函数。

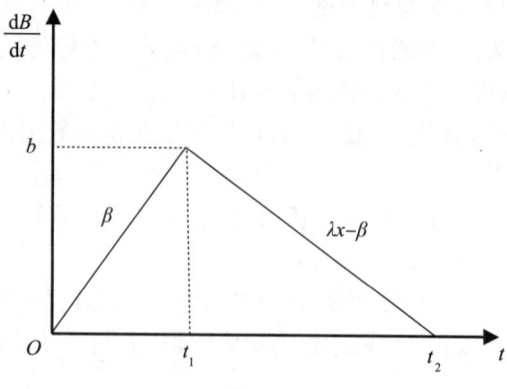

图 1.2　$\dfrac{\mathrm{d}B}{\mathrm{d}t}$ 与 t 的关系图

模型求解

为求 x 使 $C(x)$ 达到最小,令 $\dfrac{\mathrm{d}C}{\mathrm{d}x}=0$,可以得到应派出的消防队员人数为

$$x = \frac{\beta}{\lambda} + \beta\sqrt{\frac{c_1\lambda t_1^2 + 2c_2 t_1}{2c_3\lambda^2}} \tag{1.7}$$

结果解释

首先,应派出的消防队员数目由两部分组成。其中一部分 $\dfrac{\beta}{\lambda}$ 是为了把火扑灭所必需的最少队员数。因为 β 是火势蔓延速度,而 λ 是每个队员的平均灭火速度,所以这个结果是明显的。从图 1.2 也可以看出,只有当 $x > \dfrac{\beta}{\lambda}$ 时,斜率为 $\lambda x - \beta$ 的直线才会与 t 轴有交点 t_2。另一部分是在最低限度之上的队员数,与问题的各个参数有关。当每个队员的平均灭火速度 λ 和救援费用系数 c_3 增大时,队员数减少;当火势蔓延速度 β、开始救火时刻 t_1 及损失费用系数 c_1 增大时,队员数增加。这些结果与常识是一致的。式 (1.7) 还表明,当救援费用系数 c_2 增大时,队员数也增加。请读者考虑为什么会有这样的结果。

实际应用这个模型时,c_1、c_2、c_3 是已知常数,β、λ 由森林类型、消防队员素质等因素决定,可以预先制成表格以备查用。由失火到救火的时间 t_1 则要根据现场情况估计。

例 1.3 生猪的出售时机优化

问题 饲养场每天投入 4 元资金,用于饲料、人力、设备,估计可使 80 kg 重的生猪体重增加 2 kg。市场价格目前为每千克 8 元,但是预测每天会降低 0.1 元,问生猪应何时出售。如果估计和预测有误差,对结果有何影响?

问题分析

投入资金使生猪体重随时间增加,出售单价随时间减少,故存在最佳出售时机,使利润最大。

实际上,在较短的时段内农场每天投入的成本大致是保持不变的,而生猪每天增加的体重也较容易得到准确的估计值,但是生猪出售的市场价格会经常发生波动。

按照题意,可以先假设农场每天投入的成本、生猪每天增加的体重和生猪出售的市场价格每天的降幅都是常数,建立和求解数学模型,得到生猪出售的最佳时机,然后讨论参数变化对模型解答的影响,最后讨论模型解答对模型假设的依赖性。

参数说明

t:从现在开始计算的饲养生猪的天数,$t \geqslant 0$。

$C(t)$:饲养场在未来 t 天内累计投入的资金(元)。

c:饲养场每天投入的资金(元)。

$w(t)$:生猪在第 t 天的体重(kg)。

r:生猪体重每天的增加值(kg)。

$p(t)$:在第 t 天的生猪出售的市场价格(元/kg)。

g:生猪出售市场价格每天的降低值(元/kg/天)。

$R(t)$:在第 t 天之后出售生猪的收入(元)。

$Q(t)$:在第 t 天之后出售生猪的利润(元)。

模型假设

(1)饲养场每天投入的资金 c 为常数, $c = 4$。

(2)生猪出售市场价格每天的降低值 g 为常数, $g = 0.1$。

(3)生猪体重每天的增加值为常数, $r = 2$。

模型建立

根据题意,当前生猪出售的市场价格为 $p(0) = 8$,生猪的体重为 $w(0) = 80$。如果当前出售,则利润为 $p(0)w(0) = 8 \times 80 = 640$(元)。

如果第 t 天出售,那么出售价格为 $p(t) = p(0) - gt = 8 - gt$。这时生猪的体重为 $w(t) = w(0) + rt = 80 + rt$。出售生猪的收入 $R(t) = p(t)w(t) = (8 - gt)(80 + rt)$。$t$ 天里饲养生猪的资金投入为 $C(t) = ct = 4t$。因此,在第 t 天出售生猪的利润为

$$Q(t) = R(t) - C(t) = (8 - gt)(80 + rt) - 4t \tag{1.8}$$

式(1.8)就是所求的优化目标函数,要求出当 t 取何值时,$Q(t)$ 达到最大值。

模型求解

这是求二次函数最大值问题。令 $\dfrac{dQ}{dt} = 0$,求得

$$t = \frac{4r - 40g - 2}{gr} \tag{1.9}$$

将 $g = 0.1$, $r = 2$ 代入式(1.9),可得 $t = 10$。此时 $Q(t)$ 达到最大,为 $Q(10) = 660$。利润增加值为 $660 - 640 = 20$,即10天后出售可多得利润20元。

灵敏度分析

灵敏度分析,就是分析数学模型的某个参数变化时模型的解的变化程度。可以在其他参数固定不变的情况下,考察某个参数发生微小变化时模型的解所发生的变化。这里所说的变化是相对变化,即改变量与原值的比值。

本案例要求评估参数 g 和 r 的变化对模型的解的影响。

首先以 r 为例,研究 r 的变化对最佳出售时机的影响。可以考虑如果 r 发生的相对变化为 $\dfrac{\Delta r}{r}$,则 t 发生的相对变化 $\dfrac{\Delta t}{t}$ 是 $\dfrac{\Delta r}{r}$ 的多少倍,即定义 t 对 r 的灵敏度为

$$S(t,r) = \frac{\dfrac{\Delta t}{t}}{\dfrac{\Delta r}{r}} \tag{1.10}$$

$S(t,r)$ 的含义可解释为:如果 r 增加1%,则 t 变化的百分比是1%的 $S(t,r)$ 倍。如果 $S(t,r)$ 很小,则 t 对 r 不灵敏;反之,则 t 对 r 灵敏,r 的微小变化会带来 t 的较大的变化。

由式(1.9)可知,为了计算 $S(t,r)$,需要计算 $\dfrac{\Delta t}{t}$ 和 $\dfrac{\Delta r}{r}$ 的数值。在实际应用中,也可以按照下面的方式计算 $S(t,r)$。

令 $\Delta r \to 0$，于是有 $S(t,r) = \dfrac{\Delta t / t}{\Delta r / r} = \dfrac{\Delta t}{\Delta r} \cdot \dfrac{r}{t} \to \dfrac{\mathrm{d}t}{\mathrm{d}r} \cdot \dfrac{r}{t}$，因此当 r 变化不大时，可以用式 (1.11) 计算 $S(t,r)$。

$$S(t,r) = \frac{\mathrm{d}t}{\mathrm{d}r} \cdot \frac{r}{t} \tag{1.11}$$

设 $g = 0.1$ 不变，由式 (1.9) 可知，$\dfrac{\mathrm{d}t}{\mathrm{d}r} = \dfrac{60}{r^2}$，因此，

$$S(t,r) = \frac{60}{r^2} \cdot \frac{r}{40 - \dfrac{60}{r}} = \frac{3}{2r - 3} = \frac{3}{2 \times 2 - 3} = 3$$

类似地，t 对 g 的灵敏度为

$$S(t,g) = \frac{\mathrm{d}t}{\mathrm{d}g} \cdot \frac{g}{t} = -\frac{3}{g^2} \cdot \frac{g}{\dfrac{3}{g} - 20} = \frac{-3}{3 - 20g} = \frac{-3}{3 - 20 \times 0.1} = -3$$

强健性分析

强健性分析就是分析模型假设相对于实际情况的精确程度对模型的解的影响。

本案例假设饲养生猪每天投入的资金 c、生猪体重每天的增加值 r 和生猪出售市场价格每天的降低值 g 都是常数，因此得到的生猪体重函数 $w(t)$ 和生猪出售的市场价格函数 $p(t)$ 都是线性函数，从而利润函数是二次函数，这是对现实情况的简化，而且只适用于较短的时段内。例如，现在生猪出售价格为 8 元/kg，预测每天降低 0.1 元/kg，照这样下去 80 天之后价格就变成 0 元了。

更实际的模型应考虑非线性和不确定性，则所求的优化目标函数可以写成

$$Q(t) = p(t)w(t) - C(t) \tag{1.12}$$

假设式 (1.12) 中的所有函数均可导，于是求导可得

$$Q'(t) = p'(t)w(t) + p(t)w'(t) - C'(t) \tag{1.13}$$

所以如果 $Q(t)$ 在 t 取得极值，t 应该满足

$$p'(t)w(t) + p(t)w'(t) = C'(t) \tag{1.14}$$

在经济学上，出售的最佳时机是在单位时间内增加的出售收入恰好等于单位时间内增加的投入的时候。

以上所讨论的更一般的数学模型在实际应用时，遇到的困难是难以获得模型中的那些函数的准确形式，而且讨论在数学上是任意非负实数的出售时机 t 和价格 $p(t)$ 也不一定有实际意义。依据近期生猪的饲养情况和市场价格的走势，给出未来不长的一段时间内关于 $p'(t)$、$w'(t)$ 和 $C'(t)$ 的估计值或者预测值，并且简化为常数，从而采用确定性的、线性化的模型，这应该是可行而合理的建模方法。

本案例中，$p'(t) = -g$，$w'(t) = r$ 是根据估计或预测确定的，灵敏度分析说明，只要它们在未来不长的一段时间内变化不太大，由于假设它们是常数而导致的最佳出售时机的误差就不会太大，所以可以认为上面的模型是强健的。

由于本案例的模型只适用于较短的时段内，因此在应用这个数学模型的时候，最好是每隔一周重新估计模型的各个参数，用模型重新计算。

例 1.4　制作豆腐优化决策

问题　某豆腐店用黄豆制作两种不同口感的豆腐并出售。制作口感较鲜嫩的豆腐每千克需要 0.3 kg 一级黄豆及 0.5 kg 二级黄豆,其售价为 10 元/kg;制作口感较厚实的豆腐每千克需要 0.4 kg 一级黄豆及 0.2 kg 二级黄豆,其售价为 5 元/kg。现小店购入 9 kg 一级黄豆和 8 kg 二级黄豆。

问:应如何安排制作计划才能获得最大收益。

问题分析

该问题是在不超出制作两种不同口感豆腐所需黄豆总量条件下合理安排制作计划,使得售出各种豆腐能获得最大收益。

模型假设

(1)假设制作的豆腐能全部售出。

(2)假设豆腐售价无波动。

参数说明

x_1 和 x_2 分别表示计划制作口感鲜嫩的豆腐和口感较厚实的豆腐的重量。

R 表示可获得的收益。

模型建立

根据题意,总收益可表示为: $R = 10x_1 + 5x_2$。一级黄豆的总量为 9 kg,受一级黄豆数量限制,即 $0.3x_1 + 0.4x_2 \leqslant 9$。二级黄豆的总量为 8 kg,受二级黄豆数量限制,即 $0.5x_1 + 0.2x_2 \leqslant 8$。综上分析,得到该问题的优化模型

$$
\begin{aligned}
\max \quad & R = 10x_1 + 5x_2 \\
\text{s.t.} \quad & \begin{cases} 0.3x_1 + 0.4x_2 \leqslant 9 \\ 0.5x_1 + 0.2x_2 \leqslant 8 \\ x_1, x_2 \geqslant 0 \end{cases}
\end{aligned}
\tag{1.15}
$$

模型求解

略。

例 1.5　生产计划最优决策

问题　某公司生产和销售两种产品,两种产品各生产一个单位分别需要工时 3 h 和 7 h,用电 4 kWh 和 5 kWh,原材料 9 kg 和 4 kg。公司可提供的工时为 300 h,可提供的用电量为 250 kW,可提供的原材料为 420 kg。工时、用电量和原材料的单位成本分别为 10 元、12 元和 50 元,总固定成本为 10 000 元。两种产品的单价(p_1,p_2)与销量(q_1,q_2)之间存在负的线性关系,分别为 $p_1 = 3\,000 - 10q_1$,$p_2 = 3\,250 - 15q_2$。问:该公司怎样安排两种产品的生产量,所获得的利润最大。

问题分析

该问题是在不超出公司提供的工时、用电量和原材料的条件下合理安排两种产品的生产量,使得公司获得的利润最大。

根据题意,两种产品的资源消耗系数和资源的限量如表 1.1 所示。

表 1.1 两种产品的资源消耗系数和资源的限量

	产品 A	产品 B	资源限量
工时/h	3	7	300
用电量/kWh	4	5	250
原材料重量/kg	9	4	420
单位成本/元	3×10+4×12+9×50＝528	7×10+5×12+4×50＝330	
固定成本/元	10 000		

模型假设

(1)假设产销平衡,即产量与销量相等。

(2)假设两种产品的单价(p_1, p_2)与销量(q_1, q_2)之间存在负的线性关系,分别为 $p_1 = 3\,000 - 10q_1$, $p_2 = 3\,250 - 15q_2$。

参数说明

x_1 和 x_2 分别为两种产品的生产量。

P 表示可获得的收益。

模型建立

根据题意,该问题的优化模型为

$$\max P = (3\,000 - 10x_1)x_1 + (3\,250 - 15x_2)x_2 - 528x_1 - 330x_2 - 10\,000$$

$$\text{s.t.} \begin{cases} 3x_1 + 7x_2 \leqslant 300 \\ 4x_1 + 5x_2 \leqslant 250 \\ 9x_1 + 4x_2 \leqslant 420 \\ x_1, x_2 \geqslant 0 \end{cases} \tag{1.16}$$

模型求解

略。

第三节 优化模型的改造与迁移

下面以婚姻三部曲(即择偶、婚后感情增长、感情可持续发展)为例,阐述在实际应用中对优化模型的改造与迁移。

一、择偶模型

假如有 N 个男生以不同的先后顺序向某女生表白。每个男生表白时,如果该女生接受了他,那么就没有机会见到后面可能更优秀的男生了;如果女生拒绝了他,那么也许后面的男生都不如他,以至追悔莫及。问该女生如何选择才能以最大的概率选中最优秀的男生。

为了将实际复杂的问题进行简化,做下面的合理假设:

(1)在任一时刻不存在两个或两个以上的男生向这位女生表白的情况,而且任何一种顺序都是完全等概率的。

（2）面对表白后的男生，女生只能做出接受和拒绝两种选择，不存在暧昧或者其他选择。

（3）任一时刻，女生最多只能接受一位男生的表白，不存在"脚踏多只船"的情况。

（4）已经被拒绝的男生不会再次追求这位女生。

（5）将 N 个男生编号为 1，2，…，N，编号越大表明该男生越优秀。

基于上述假设，我们想要找到这样一种策略，使得女生以最大的概率在第一次选择接受的那个男生就是 N 号，即 Mr. Right（如意郎君）。

先考虑最简单的一种策略，如果一旦有男生向女生表白，女生就选择接受。这种策略下显然女生能以 $1/N$ 的概率找到自己的 Mr. Right。当 N 比较大的时候，这个概率就很小了，显然这种策略不是最优的。

可以提出这样一种策略：对于最先表白的 M 个人，无论女生感觉如何都选择拒绝；以后遇到男生向女生表白的情况，只要这个男生的编号比前面 M 个男生的编号都大，即这个男生比前面 M 个男生更优秀，那么女生选择接受，否则选择拒绝。

下面以 $N=3$ 为例说明。

三个男生追求女生，共有六种排列方式：123；132；213；231；312；321。如果女生采用上述最简单的策略，那么只有最后两种排列方式选择到 Mr. Right，概率为 $\frac{2}{3!}=\frac{1}{3}$。

如果女生采用上面提出的策略，这里取 $M=1$，即无论第一个人是否优秀，女生都选择拒绝。然后对于之后的追求者，只要他比第一个男生更优秀，女生就选择接受，否则拒绝。基于这种策略，"132""213""231"这三种排列顺序下女生都会在第一次做出接受的选择时遇到"3"，这样就把这种概率增大到 $\frac{3}{3!}=\frac{1}{2}$。

现在问题就归结为：对于一般的 N，什么样的 M 才会使这种概率达到最大值呢？

根据上面的模型假设，先找到对于给定的 M 和 N（$1<M<N$），女生选择到 Mr. Right 的概率的表达式。N 个数字进行排列共有 $N!$ 种可能。当数字 N 出现在第 P 位置（$M<P\leqslant N$）时，如果使用上述策略，在第一次选择接受时遇到的是 N，排列需要满足下面两个条件：

① N 在第 P 位置；

② 从 $M+1$ 到 $P-1$ 位置的数字要比前 M 位置的最大数字小。

运用数学中排列组合的知识，不难知道符合上面两个条件的排列共有

$$C_{N-1}^{P-1}M(P-2)!\ (N-P)!$$

这样对于给定的 M 和 N，P 可以从 $M+1$ 到 N 变化，求和有

$$\sum_{P=M+1}^{N}C_{N-1}^{P-1}M(P-2)!\ (N-P)! \tag{1.17}$$

化简，得

$$\sum_{P=M+1}^{N}C_{N-1}^{P-1}M(P-2)!\ (N-P)!$$
$$=C_{N-1}^{M}M(M-1)!\ (N-M-1)!\ +\cdots+C_{N-1}^{N-1}M(N-2)!$$
$$=\sum_{P=M}^{N-1}C_{N-1}^{P}M(P-1)!\ (N-P-1)!$$

$$= \sum_{P=M}^{N-1} \frac{M(N-1)!}{P}$$

由此得到女生选择接受时遇到 Mr. Right 的概率为

$$\frac{1}{N!} \sum_{P=M}^{N-1} \frac{M(N-1)!}{P} = \frac{1}{N} \sum_{P=M}^{N-1} \frac{M}{P} \tag{1.18}$$

下面求使上述表达式取得最大值时 M 的值。记函数 $f(M)$ 为下式,且设自变量取值为 M 时,函数取得最大值。

$$f(M) = \sum_{P=M}^{N-1} \frac{M}{P}$$

因此,

$$f(M) - f(M-1) = \sum_{P=M}^{N-1} \frac{M}{P} - \sum_{P=M-1}^{N-1} \frac{M-1}{P} = \sum_{P=M}^{N-1} \frac{1}{P} - 1 > 0$$

$$f(M) - f(M+1) = \sum_{P=M}^{N-1} \frac{M}{P} - \sum_{P=M+1}^{N-1} \frac{M+1}{P} = 1 - \sum_{P=M+1}^{N-1} \frac{1}{P} > 0$$

所以 M 应该满足

$$\sum_{P=M+1}^{N-1} \frac{1}{P} < 1 < \sum_{P=M}^{N-1} \frac{1}{P}$$

由左不等式

$$1 > \sum_{P=M+1}^{N-1} \frac{1}{P} > \sum_{P=M+1}^{N-1} \ln\left(1 + \frac{1}{P}\right) = \ln\frac{N}{M+1} \Rightarrow M > \frac{N}{e} - 1$$

当 N 比较大时,同理,由右不等式可得 $M \approx N/e$。若记 $[x]$ 为不大于 x 的最大整数,由以上推导可知,M 取 $[N/e]$ 或 $[N/e]+1$ 时,该表达式取得最大值。

对于 N 个依次来临的机会,首先对前 $[N/e]$ 个仅仅做了解,不做选择,然后开始将后面的与前面所有见到的相比,如果更好就接受,否则等下一个。该模型在就业指导中有广泛的应用。

二、婚后感情增长模型

直觉告诉我们,感情随时间变化的速度与已有的感情成正比。假设时刻 t 两人的感情量为 $x(t)$,感情量随时间变化的速度与已有的感情成正比,并且这个比率是 r,那么可以建立如下的数学模型来研究 $x(t)$ 的变化状态

$$\frac{dx}{dt} = r \cdot x(t) \tag{1.19}$$

若已知 $t = 0$ 时,$x(0) = x_0$,则微分方程 (1.19) 的解为

$$x(t) = x_0 e^{rt}$$

上面的结果显示,感情量呈"指数级增长",这是多么让人激动啊!然而,现实情况是随着时间的流逝,感情的增长率开始下降。当感情量接近某个上限值时,增长将趋于停滞,也就是增长率将趋近于 0。因此,要对模型 (1.19) 进行修正。

三、感情可持续发展模型

假设感情量的上限值有一个大致的上限,记为 M,则感情上升空间为 $M - x(t)$,感情

增长速度 dx/dt 与 $x(t)$ 和 $M-x(t)$ 的乘积成正比,记比例系数为 r,则

$$\frac{dx}{dt} = r(M - x(t))x(t) \qquad (1.20)$$

这样,我们就得到了一个可以描述感情量有上限的情况下的感情增长的微分方程,这就是著名的逻辑斯蒂方程(Logistic Equation)。

利用分离变量法可以求出方程(1.20)的解为

$$x(t) = \frac{M}{1 + ce^{-rMt}}$$

式中:c——待定常数。

只要给定方程的初始条件,即 $t=0$ 时的感情量 x_0,就能求出 c。具体计算过程略去,这里直接给出简化后的答案(这也被称为 Logistic 函数)

$$x(t) = \frac{Mx_0e^{rMt}}{M + x_0(e^{rMt} - 1)}$$

假设 $x_0 = 0.01$,$M = 2$,$r = 1$,则 $x(t)$ 的变化曲线如图 1.3 所示。

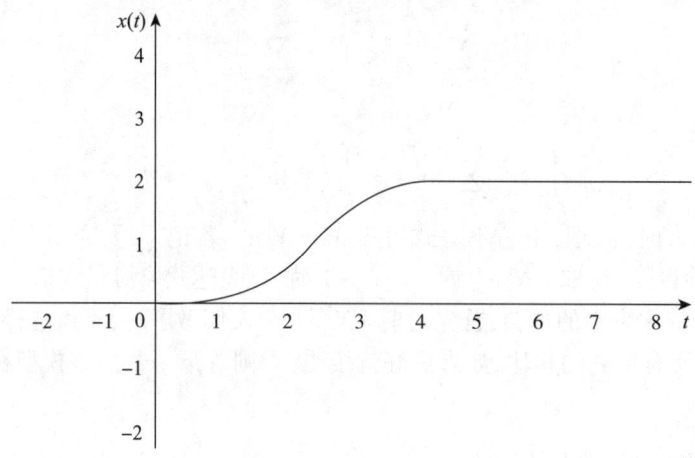

图 1.3 Logistic 曲线

四、数学模型的迁移

迁移 1:新产品销售模型

假设时刻 t 已售出的电饭煲总数为 $x(t)$,并设每一个售出的电饭煲在单位时间内平均吸引 k 个顾客。试研究 $x(t)$ 的变化状态。

由假设可知,$x(t)$ 满足微分方程

$$\frac{dx}{dt} = kx \qquad (1.21)$$

若已知 $t=0$ 时,$x(0) = x_0$,则微分方程(1.21)的解为

$$x(t) = x_0e^{kt}$$

假设电饭煲的需求量有上限 M,则尚未使用的人数大致为 $M - x(t)$,销售速度 dx/dt 与销售量 $x(t)$ 和 $M - x(t)$ 的乘积成正比,比例系数为 k,则

$$\frac{\mathrm{d}x}{\mathrm{d}t} = k(M - x(t))x(t) \qquad (1.22)$$

利用分离变量法可以求出方程（1.22）的解为

$$x(t) = \frac{M}{1 + ce^{-kMt}} \qquad (1.23)$$

根据式（1.23）可以求出 $x'(t)$ 和 $x''(t)$ ，并可求出 t_1 使 $x(t_1) = M/2$ ，并且当 $t < t_1$ 时，$x''(t) > 0$ ，即 $x'(t)$ 单调上升；当 $t > t_1$ 时，$x''(t) < 0$ ，即 $x'(t)$ 单调下降。

这个结果表明，当销售量小于最大需求量的一半时，销售速度是不断增大的；而当销售量达到最大需求量的一半时，是产品最为畅销之时，其后销售速度将开始下降。实际市场调查表明，各种商品的销售曲线大多数与 Logistic 曲线十分接近，尤其在销售后期更为吻合。

迁移2：物种兴衰

在资源无限的条件下，兔子的繁殖模型为

$$\frac{\mathrm{d}x}{\mathrm{d}t} = kx$$

通过求解这个方程可知，在资源没有限制的前提下，兔子繁殖满足指数增长规律

$$x(t) = x_0 e^{kt}$$

但实际的情况是，一片再大的草场上，可供兔子消耗的草也是有限的。所以，如果要知道种群真实的繁殖规律，我们需要考虑有限资源条件下的模型

$$\frac{\mathrm{d}x}{\mathrm{d}t} = k(M - x(t))x(t)$$

先假设草地上的草能养活 M 只兔子，当兔子数量远小于上限值 M 时，兔子几乎不用考虑资源的限制，于是增长过程可以近似为自然增长，增长率也近似为一个恒定值；但随着兔子数量增长，僧多粥少的问题开始逐渐显现，增长率开始下降；而当兔子数量接近上限 M 时，增长将趋于停滞，也就是增长率将趋近于0。所以，更符合实际情况的兔子数量的增长规律为

$$x(t) = \frac{M}{1 + ce^{-kMt}}$$

沿着前面考虑问题的思路，可将式（1.20）中考虑的感情量 x 换作人口，建立起人口变化的数学模型。指数增长的简单模型是马尔萨斯于1798年提出的，它与19世纪以前欧洲一些地区人口的统计数据和短期人口增长的预测吻合。当人口增长越过最快增长期后，更精细的阻滞增长模型很好地拟合从1860年到1990年的美国人口数据，用它求出 r 和 M 参数后，可以用来验证2000年人口数据及预测2010年人口数据。Logistic 模型在经济领域有很多应用。

本章思考题

1.运筹优化的主要思想有哪些？

2.建立数学模型要有哪些考虑？

3.查阅盖尔-沙普利算法流程和应用案例。

4.查文献了解"最优停止理论"，将其思想方法应用于某个具体例子。

第二章

分析型优化模型

在数学应用的很多问题中,都会涉及最优化目标,如效益最大化、消耗最小化、安排最优化等。面对这类问题,需要通过"数学建模"列出函数解析式来解决,其中的函数解析式可以是一元函数、多元函数、微分方程或泛函等。我们将解决这类问题的数学模型称为分析型优化模型。本章主要介绍设备更新问题、确定性存储问题和综合案例。

第一节 设备更新问题

设备更新是指对在技术上或经济上不宜继续使用的设备用新的设备更换或用先进的技术对原有设备进行局部改造,或者说是以结构先进、技术完善、效率高、耗能少的新设备来代替物质上无法继续使用或经济上不宜继续使用的陈旧设备。设备更新决策是企业生产发展和技术进步的客观需要,对企业的经济效益有着重要的影响。

设备更新同技术方案选择一样,应遵循有关的技术政策,进行技术论证和经济分析,做出最佳的选择。过早的设备更新,或因设备暂时故障而草率做出报废的决定,或者片面追求现代化,一味购买最新式设备,都会造成资本的流失,导致资金的浪费,失去其他的收益机会。过迟的设备更新,或延缓设备更新,将会失去设备更新的最佳时机,造成生产成本的迅速上升。与此同时,竞争对手若积极利用现代化设备降低产品成本和提高产品质量,则企业必定会丧失竞争力。

设备的寿命一般可以分为自然寿命、技术寿命和经济寿命。

设备的自然寿命,又称物质寿命。它是指设备从投入使用开始,直到因物质磨损而不能继续使用、报废为止所经历的时间。它主要是由设备的有形磨损所决定的。

设备的技术寿命,又称有效寿命。它是指从设备开始使用到因技术落后而被淘汰所延续的时间,也即指设备在市场上维持其价值的时间。技术寿命主要是由设备的无形磨损所决定的,它一般比自然寿命要短。科学技术进步越快,技术寿命越短。

设备的经济寿命,是从经济的角度来看设备最合理的使用期限,具体言之,是指设备从投入使用开始,到因继续使用在经济上不合理而被更新所经历的时间。它是由维护费用的提高和使用价值的降低决定的。设备的经济寿命就是从经济观点(即成本观点或收益观点)确定的设备更新的最佳时刻。

设备的经济寿命是从经济角度分析设备使用的最合理期限。因此,计算设备的经济寿命可以从设备运行过程中发生的费用入手,分析其变化规律。一台设备在其整个寿命期内发生的费用包括原始费用、使用费和设备残值。

原始费用,指采用新设备时一次性投入的费用,包括设备原价、运输费和安装费等。

使用费,指设备在使用过程中发生的费用,包括运行费(人工、燃料、动力、刀具、机油等的消耗费)和维修费(保养费、修理费、停工损失费、废次品损失费等)。

设备残值,指对旧设备进行更换时,旧设备处理的价值,可根据设备转让或处理的收入减去拆卸费用和可能发生的修理费用等计算。设备残值也可能是个负数。

设备的年平均使用成本是由两部分组成的:一部分是设备的原始费用与设备残值代数和的年分摊额,随着设备使用年限的延长,设备的年分摊额会逐渐减少;另一部分是设备的年使用费,该部分费用随着设备使用年限的延长会逐渐增加。如图 2.1 所示,设备的年平均使用成本是随着设备使用时间而变化的,在适当的使用年限会出现年平均使用成本最低值,这个能使年平均使用成本达到最低的年数就是设备的经济寿命。

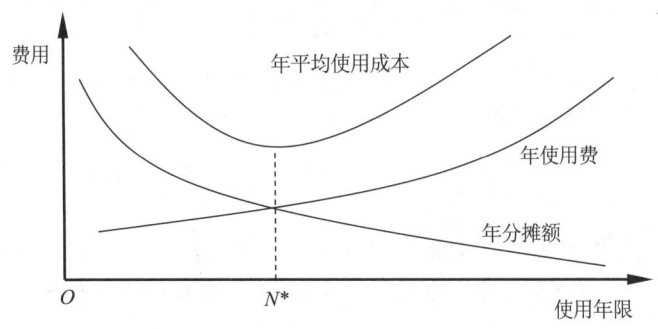

图 2.1 设备年平均使用成本示意图

一、劣化数值法

设备在使用过程中,由于磨损,其性能不断下降,费用消耗上升,这完全是一个低劣化的过程。因此采用低劣化数值法来确定设备的经济使用寿命,基本上包含了影响其经济使用寿命的主要因素,其公式为

$$T = \sqrt{2k_0/\lambda} \tag{2.1}$$

式中:T——经济使用寿命。

k_0——设备原值。

λ——各种影响因素的费用低劣化增长强度。

实际上,若假定设备经过使用之后残值为 0,则每年费用为 k_0/T。随着 T 的增长,这种平均费用不断减少。但是随着 T 的增长,设备的磨损加剧,其维持费用又不断增加,这就叫作机械设备低劣化。若这种低劣化每年以 λ 的数值增加,则第 T 年的低劣化值为 λT,T 年中的平均低劣化值为 $\lambda T/2$。据此,设备的年平均使用费用为

$$y = \frac{k_0}{T} + \frac{\lambda T}{2}$$

为求其最小值,令 $\dfrac{\mathrm{d}y}{\mathrm{d}T} = 0$,即得 $T = \sqrt{2k_0/\lambda}$。低劣化值 λ(老化速度)可以通过历史数据获得。每年的维持费用与 λ 有关,可设为线性关系。

二、最小平均成本法

最小平均成本法,是求这样的设备使用年限 T,使平均成本 $C(T)$ 达到最小。

$$C(T) = \frac{k_0 + \sum\limits_{r=1}^{T} E(r)}{T} \tag{2.2}$$

式中:k_0——设备原值。

$E(r)$——第 r 年的维持费用。

T——使用年限。

求 $\min\limits_{T} C(T)$。由于 T 是离散的,不能求微分,可用差分逼近,记 $\Delta C(T) = C(T+1) - C(T)$。令 $\Delta C(T) = 0$,可近似求出稳定点 T^*。由 $\Delta C(T) = 0$ 可得

$$T \cdot E(T+1) - \sum_{r=1}^{T} E(r) - k_0 = 0$$

从这个方程中近似地解出 T^*,即为对应最小平均成本的最佳使用年限。应指出,求 $\min\limits_{T} C(T)$ 相当于近似地求出

$$\min_{T} \left\{ \left| T \cdot E(T+1) - \sum_{r=1}^{T} E(r) - k_0 \right| \right\}$$

在实际应用中,也可考虑求出满足 $C(T) \leqslant C(T-1)$ 并且 $C(T) \leqslant C(T+1)$ 的 T。如果考虑设备残值的话,那么设备的年平均使用成本 $C(T)$ 的计算为

$$C(T) = \frac{(k_0 - L_T) + \sum\limits_{r=1}^{T} E(r)}{T} \tag{2.3}$$

式中:k_0——设备原值。

L_T——设备在第 T 年的净残值。

$E(r)$——第 r 年的维持费用。

T——使用年限。

三、最大总收益法

在实际问题中,人们往往不只是考虑费用支出情况(即成本情况),也考虑收入情况,并且更重视的是经济效益。这样,我们在构造模型时,应权衡费用支出与经济收入这两方面的状况做出综合分析。前述两种模型都只着眼于一个方面,因此,考虑使用下面的模型来研究设备的更新,称为最大总收益法。考虑

$$Y(T) = Y_2(T) - Y_1(T) - k_0 \tag{2.4}$$

式中:$Y(T)$——设备 T 年内的总收益。

$Y_2(T)$——设备 T 年内的总收入。

$Y_1(T)$——设备 T 年内的总维持费用。

k_0——设备原值。

求 $\max\limits_{T} Y(T)$，可令 $\dfrac{\mathrm{d}Y}{\mathrm{d}T}=0$，解得的 T 就是最佳经济使用年限。

四、效益分析法

当设备费用很大时，利率对设备更新所产生的影响是应当考虑的。为此，将上面的最大总收益法加以改进，成为下面的效益分析法。

$$B(T)=\int_0^T \left[R(t)-P(t)\right]\mathrm{e}^{-it}\mathrm{d}t+S(T)\mathrm{e}^{-iT}-k_0 \tag{2.5}$$

式中：T——设备使用年限，表示 T 年内设备的总效益。

$R(t)$——第 t 年的收入函数。

$P(t)$——第 t 年的费用支出函数。

$S(t)$——第 t 年的设备残值。

i——年利率。

k_0——设备原值。

$B(T)$ 称为效益函数，其最大值就是设备的最佳更新期。

$$B'(T)=\left[R(T)-P(T)\right]\mathrm{e}^{-iT}+S'(T)\mathrm{e}^{-iT}+S(T)\mathrm{e}^{-iT}(-i)$$

令 $B'(T)=0$，即

$$\left[R(T)-P(T)\right]\mathrm{e}^{-iT}+S'(T)\mathrm{e}^{-iT}+S(T)\mathrm{e}^{-iT}(-i)=0$$

两边同时除以 e^{-iT} 可得

$$R(T)-P(T)=S(T)i-S'(T)$$

解该方程即可得最佳更新期。

五、费用方程法

对某些设备来说，应考虑设备的长远使用费用（n 年更换一次）。为此，需要建立设备的费用方程。

设某设备的原值为 k_0，第 t 年的维持费用为 y_t，年利率为 r。若第 2 年的维持费用为 y_2，年利率为 r，则这些钱在第 1 年的价值为 $y_2/(1+r)$，故第 2 年的费用换算成第 1 年时，费用的换算系数为 $V=1/(1+r)=(1+r)^{-1}$，即第 2 年的维持费用换算成第 1 年时应为 $y_2 V$。类似地，第 n 年的维持费用换算成第 1 年时，其值为 $y_n V^{n-1}$。如果 n 年更换一次的话，则总费用为

$$y(n)=(k_0+y_1+y_2 V+y_3 V^2+\cdots+y_n V^{n-1})+(k_0 V^n+y_1 V^n+y_2 V^{n+1}+$$
$$y_3 V^{n+2}+\cdots+y_n V^{2n-1})+\cdots$$

$$=(k_0+y_1+y_2 V+y_3 V^2+\cdots+y_n V^{n-1})(1+V^n+V^{2n}+\cdots)$$

因为 $|V|<1$，所以根据无穷递缩等比数列求和公式，应有

$$1+V^n+V^{2n}+\cdots=\frac{1}{1-V^n}$$

从而

$$y(n) = \left(k_0 + \sum_{t=1}^{n} y_t V^{t-1}\right) / (1 - V^n) \tag{2.6}$$

当 $y(n) < y(n-1)$ 并且 $y(n) < y(n+1)$ 时,说明每隔 n 年更新一次设备所需要的总费用比每隔 $n-1$ 年或 $n+1$ 年更新一次所需要的总费用都小,即总费用的最小值为 $y(n)$,记为 $\min y(n)$。这种计算经济使用年限获得设备最佳使用年限的方法称为费用方程法。

六、MAPI 法

MAPI 法是求设备经济寿命的简单算法。设 k_0 为设备原值,g 为操作劣化性指标,r 为利率,n 为使用年限,则有

$$年平均操作劣化性 = [g + 2g + \cdots + (n-1)g]/n = (n-1)g/2$$

$$年均折旧 = k_0/n$$

$$利息平均负担额 = rk_0/n$$

因此可用式(2.7)表示该设备的将来年平均使用费用

$$Q = (n-1)g/2 + k_0/n + rk_0/n \tag{2.7}$$

求 Q 的最小值,解出 n^*,n^* 就是 MAPI 法确定的最佳经济使用年限。

七、网络优化方法

设备更新问题还可以利用网络优化算法(最短路算法)来解决。通过下面的例子来讲解利用最短路算法求解设备更新问题。

例 2.1

某公司使用一台设备,在每年年初,公司就要决定是购置新设备还是继续使用旧设备。如果购置新设备,就要支付一定的购置费(如表 2.1 所示),当然新设备的维修费用就低,每年维修费用如表 2.2 所示。如果继续使用旧设备,可以省去购置费,但维修费用就高了。请设计一个 5 年之内的更新设备的计划,使得 5 年内购置费用和维修费用总的支付费用最少。

表 2.1　设备每年年初价格表

年份	1	2	3	4	5
每年年初价格/万元	11	11	12	12	13

表 2.2　设备每年维修费用表

使用年数	0~1	1~2	2~3	3~4	4~5
每年维修费用/万元	5	6	8	11	18

解　将该设备更新问题转化为求赋权图的最短路问题。

建立设备更新的图模型(见图 2.2)。顶点 v_i 表示第 i 年年初购进一台新设备;边 (v_i, v_j) 表示第 i 年年初购进的设备一直使用到第 j 年年初($j>i$);边权 c_{ij} 表示从第 i 年年初至第 j 年年初的费用,即购置费+维修费(见表 2.3)。图中每条路径都代表一种设备

更新方案。

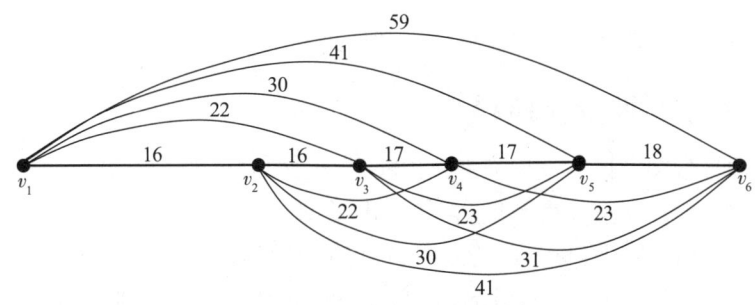

图 2.2　设备更新的图模型

表 2.3　设备更新图模型中的边权

	v_1	v_2	v_3	v_4	v_5	v_6
v_1		16	22	30	41	59
v_2			16	22	30	41
v_3				17	23	31
v_4					17	23
v_5						18
v_6						

在赋权图(见图 2.2)中,利用 Dijkstra 算法求 v_1 到 v_6 的最短路。可得,v_1 到 v_6 的最短距离是 53,最短路径有两条: $v_1 \rightarrow v_3 \rightarrow v_6$ 和 $v_1 \rightarrow v_4 \rightarrow v_6$。

第二节　确定性存储问题

存储论是定量方法和技术最早应用的领域之一,是运筹学的重要分支。早在 1915 年,人们就开始了对存储论的研究。

所谓存储,就是将一些物资,例如原材料、外购零件、部件、在制品以及商品等存储起来以备将来使用和消费。存储是缓解供应与需求之间出现供不应求或供过于求等不协调情况的必要和有效的方法及措施。但是要存储就需要资金和维护,存储的费用在企业经营的成本中占据非常大的部分,它是企业流动资金中的主要部分,因此如何最合理、最经济地解决好存储问题是企业经营管理中的大问题。存储论为我们解决这个问题提供了方法。

存储论主要解决存储策略问题,即如下两个问题:

(1)当我们补充存储物资时,每次补充的数量是多少?

(2)我们应该间隔多长时间来补充存储物资?

我们建立不同的存储模型来解决上面两个问题。我们把需求率、生产率等一些数据皆为确定数值的模型称为确定性存储模型,把含有随机变量的模型称为随机性存储模型。

以下我们介绍一些常用的存储模型及其解决办法。

一、经济订购批量存储模型

经济订购批量存储模型也称为不允许缺货、生产时间很短存储模型,是一种最基本的确定性存储模型。在这种模型里,它的需求率即单位时间从存储中取走物资的数量是常量或近似于常量;当存储量降为 0 时,可以立即得到补充并且所要补充的数量全部同时到位(包括生产时间很短的情况,我们可以把生产时间近似地看成 0)。这种模型不允许缺货,并要求单位存储费(记为 c_1)、每次订购费(记为 c_3)、每次订货量(记为 Q)都是常量,分别为一些确定的、不变的数值。

下面举例说明经济订购批量存储模型及其解法。

💡 例 2.2

益民食品批发部是一个中型规模的批发公司,为附近 200 多家食品零售店提供货源。批发部的负责人为了减少存储的成本,选择了某种品牌的方便面进行调查研究,制定正确的存储策略。

首先他把过去 12 周的这种品牌方便面的需求数据进行了处理。

过去 12 周的这种品牌方便面的需求数据如表 2.4 所示。

表 2.4　某品牌方便面的需求

时间	需求/箱	时间	需求/箱
第 1 周	3 000	第 8 周	3 000
第 2 周	3 080	第 9 周	2 980
第 3 周	2 960	第 10 周	3 030
第 4 周	2 950	第 11 周	3 000
第 5 周	2 990	第 12 周	2 990
第 6 周	3 000	总 计	36 000
第 7 周	3 020	平均每周	3 000

从表 2.4 可见,以往 12 周里每周的需求量并不是一个常量,即使以往 12 周里每周需求是一个常量,那么在以后的时间里需求也会出现一些变动,但是由于其方差相对来说很小,为了便于处理,我们可以近似地把它看成一个常量,即需求量为每周 3 000 箱,这样的处理是合理的和必要的。

接着由批发部负责人计算这种方便面的存储费。显然存储费是由每单位商品的存储费以及存储的数量(箱数)所决定的。而每箱的存储费用由两部分组成,第一部分是用于购买一箱方便面所占用资金的利息。如果资金是从银行贷款来的,则贷款利息就是第一部分的成本。如果资金是自己的,则由于存储方便面而不能把资金用于其他的投资,我们把此资金的利息称为机会成本,这部分的成本也应该等于同期的银行贷款利息。批发部负责人知道每箱方便面的进价为 30 元,而当时的银行贷款年利率为 12%,

则每箱方便面存储一年要支付的利息款为 3.6 元。每箱方便面存储费的第二部分是由存储仓库的费用、保险费用、损耗费用、管理费用等构成的。经计算每箱方便面存储一年要支付费用 2.4 元,这个费用为方便面进价 30 元的 8%。把这两部分相加,可知每箱方便面存储一年的存储费为 6 元,即 $c_1 = 6$ 元/(年·箱),为每箱方便面进价 30 元的 20%。

批发部负责人也分析计算了订货费。订货费是指订一次货所支付的手续费、电话费、交通费、采购人员的劳务费等。订货费与所订货的数量无关。批发部负责人算得采购人员每订一次货,批发部要支付其劳务费 12 元,要支付手续费、电话费、交通费等约 13 元,即合计订货费 c_3 为 25 元/次。

批发部负责人求得关于需求、订货费、存储费等相关数据之后,开始考虑每次订货量 Q 应该等于多少时才能使得总费用为最少。如果一次订货量 Q 太小,批发部里的方便面的存储量会减少,总的存储费也相应减少,但为了满足需要,就要增加订货次数,这必然会增加订货费;相反如果一次订货量太大,则订货次数会减少,总的订货费会减少,但存储量会增加,总的存储费也就增加了。那么,如何找到最合适的订货量 Q 呢?

假如每次的订货量为 Q,我们知道最大的存储量就为 Q,随着方便面不断地售出直到售完,这时的存储量最小,等于 0,再购进 Q 箱方便面,存储量又达到最大,为 Q。又因为需求率是个常量,每周需求为 3 000 箱或者一周按 7 个工作日计,每日需求约为 429 箱,批发部里均匀地减少存储量,如图 2.3 所示。

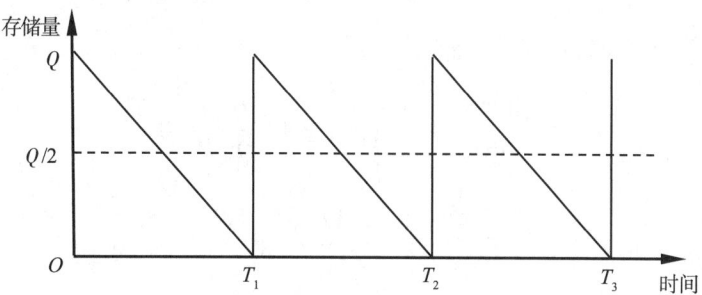

图 2.3　经济订购批量存储模型中存储量与时间关系图

在图 2.3 中横轴表示时间,纵轴表示存储量,图中显示了在 $O \sim T$ 的时间里存储量 Q 降至0的情况,其中 T_n 为第 n 次补充的时间。由于需求率(减少率)为常量,故图中的 QT 呈直线状。这样很容易知道,在 $O \sim T$ 的时间里,平均存储量为 $Q/2$,同样可知从 O 至 T_n 的时间里的平均存储量也为 $Q/2$,其中 n 为任意正整数。

知道了平均存储量和单位存储费用,我们就可以求出一段时间内,例如每周、每月、每年的存储费。由于很多工商企业习惯用年作为计算的时间单位,故在本章中规定以年为计算的时间单位,这样可得到如下公式

一年的存储费 = 每单位商品一年的存储费 × 平均存储量

$$= c_1 \cdot \frac{1}{2}Q = \frac{1}{2}Qc_1$$

在本例中有

一年的存储费 = 每箱方便面一年的存储费 × 平均存储量

$$= 6 \times \frac{1}{2}Q = 3Q$$

要求出每年的订货费除了要知道每次的订货费 c_3 以外,还需要求出每年的订货次数。设每年的总需求量为 D,则每年的订货次数即为 D/Q,这样就得到以下公式

一年的订货费 = 每次的订货费 × 每年订货次数

$$= c_3 \cdot \frac{D}{Q} = \frac{D}{Q}c_3$$

在本例中因为 $c_3 = 25$, $D = 3\ 000 \times 52$,故有

$$一年的订货费 = \frac{3\ 000 \times 52}{Q} \times 25$$

一年的总费用(记为 TC)的公式如下所示

一年的总费用 = 一年的存储费 + 一年的订货费

$$TC = \frac{1}{2}Qc_1 + \frac{D}{Q}c_3 \tag{2.8}$$

在本例中一年的总费用

$$TC = 3Q + 3\ 000 \times \frac{52 \times 25}{Q} = 3Q + \frac{3\ 900\ 000}{Q}$$

然后,就要找出使得一年的总费用最小的订货量 Q。在式(2.8)中,每单位商品每年的存储费 c_1、每次订货费 c_3 以及每年的总需求 D 都是常量,Q 是未知数,而 TC 是 Q 的函数,当 $\frac{\mathrm{d}(TC)}{\mathrm{d}Q} = 0$ 时,TC 取最小值,即当

$$\frac{\mathrm{d}(TC)}{\mathrm{d}Q} = \frac{1}{2}c_1 + (-1)\frac{D}{Q^2}c_3 = 0$$

$$\frac{1}{2}c_1 + (-1)\frac{D}{Q^2}c_3 = 0$$

$$Q^2 = \frac{2D}{c_1}c_3$$

$$Q^* = \sqrt{\frac{2Dc_3}{c_1}} \tag{2.9}$$

时,一年的总费用(TC)取最小值。

式(2.9)就是求得一年的总费用最小的最优订货量 Q^* 的公式,称为经济订购批量公式。

当以最优订货量 Q^* 订货时,可知

$$一年的存储费 = \frac{1}{2}Q^*c_1 = \frac{1}{2}\sqrt{\frac{2Dc_3}{c_1}} \cdot c_1 = \sqrt{\frac{Dc_3c_1}{2}}$$

同样可知

$$一年的订货费 = \frac{D}{Q^*} \cdot c_3 = \frac{Dc_3}{\sqrt{\frac{2Dc_3}{c_1}}} = \sqrt{\frac{Dc_3c_1}{2}}$$

此时,一年的存储费与一年的订货费相等。

这也是最优订货量 Q^* 的一个特征。明确地说,在经济订购批量存储模型中,能使得一年的存储费与一年的订货费相等的订货量 Q 也就是最优订货量 Q^*。

用式(2.9)经济订购批量公式,可以求得本例中的最优订货量

$$Q^* = \sqrt{\frac{2Dc_3}{c_1}} = \sqrt{\frac{2 \times (3\,000 \times 52) \times 25}{6}} \approx 1\,140.18\,(箱)$$

这时批发部一年的存储费与一年的订货量相等,都为

$$\sqrt{\frac{c_1 Dc_3}{2}} = \sqrt{\frac{6 \times (3\,000 \times 52) \times 25}{2}} \approx 3\,420.53\,(元)$$

批发部一年的存储费、一年的订货费、一年的总费用以及最优订货量 Q^* 之间的关系如图2.4所示。

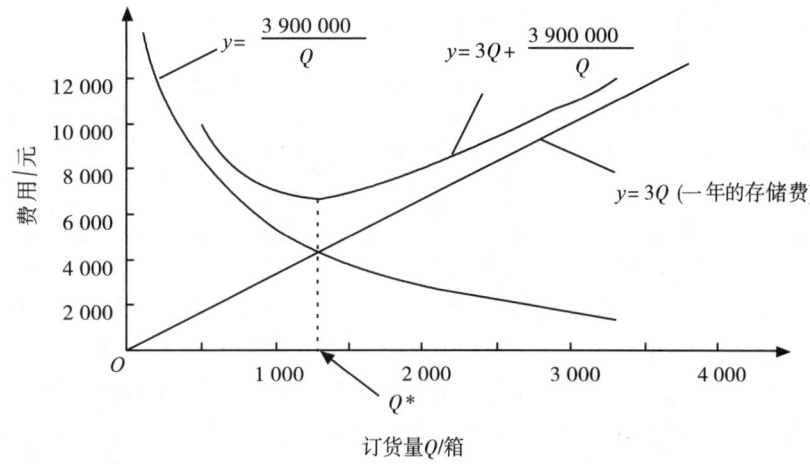

图 2.4　一年的存储费、一年的订货费和一年的总费用以及最优订货量 Q^* 之间的关系

批发部负责人知道了最优订货量 $Q^* \approx 1\,140.18$ 箱之后,很容易求出两次补充方便面所间隔的时间 T_0

$$T_0 = \frac{365}{D/Q^*}\,(天) \tag{2.10}$$

式(2.10)的分母表示要订货的次数。用一年的总工作日数365除以每年订货的次数,即可求得两次订货间隔的时间。如果一年的总工作日为250天,则分子应改为250。在本例中可求得

$$T_0 = \frac{365}{(3\,000 \times 52)/1\,140.18} \approx 2.67\,(天)$$

即每2.67天订一次货,每次订货量为1140.18箱,这时一年的总费用为最少。

一年的总费用

$$TC = \frac{1}{2}Q^* c_1 + \frac{D}{Q^*}c_3 = 3Q^* + \frac{3\,900\,000}{Q^*}$$

$$= 3 \times 1\,140.18 + \frac{3\,900\,000}{1\,140.18} \approx 6\,841.05\,(元)$$

批发部负责人在得到了最优存储策略之后,开始考虑这样一个问题:这个最优存储策略是在每次订货费为 25 元,每年单位存储费 6 元,或为每箱方便面成本价格 30 元的 20%(称为存储率)的情况下求得的,一旦每次订货费或存储率预测有误差,那么最优存储策略会有多大的变化呢? 这就是灵敏度分析。表 2.5 给出了当存储率和订货费发生一些变动时,最优订货量及其最小的一年的总费用以及取订货量为 1 140.18 箱时相应的一年的总费用。

表 2.5　经济订购批量存储模型的灵敏度分析

可能的存储率	可能的每次订货费/元	最优订货量 Q^*/箱	一年的总费用/元	
			当订货量为 Q^*	当订货量 $Q = 1\ 140.18$
19%	23	1 122.03	6 395	6 396.38
19%	27	1 215.69	6 929.2	6 943.67
21%	23	1 067.26	6 723.75	6 738.427
21%	27	1 156.35	7 285	7 285.717

从表 2.5 可以看到当存储率和每次订货费起了一些变化时,最优订货量在 1 067.26~1 215.69 箱,最少的一年的总费用 6 395~7 285 元。而我们取订货量为 1 140.18 是一个很好的稳定的存储策略。即使当存储率和每次订货费发生一些变化时,取订货量为 1 140.18 的一年的总费用与取最优订货量为 Q^* 的一年的总费用也相差无几。在相差最大的情况中,存储率为 21%,每次订货费为 23 元,最优订货量 $Q^* = 1\ 067.26$ 箱;最少一年的总费用为 6 723.75 元;而取订货量为 1 140.18 箱的一年的总费用为 6 738.427 元,也仅比最少的一年的总费用多支出约 15 元[6 738.427−6 723.75 ≈ 15(元)]。

从以上的分析可以得到经济订购批量存储模型的一个特性:一般来说,对于存储率和每次订货费的一些小的变化或者成本预测中的一些小错误,最优方案比较稳定。

益民食品批发部负责人在得到了经济订购批量存储模型的最优方案之后,根据批发部的具体情况进行了一些修改。

(1)在经济订货模型中,最优订货量为 1 140.18 箱,两次补充方便面所间隔时间为 2.67 天。2.67 天显然不符合批发部的工作习惯,负责人决定把订货量扩大为 1 282 箱,以满足方便面的 3 天需求:$3 \times \dfrac{3\ 000 \times 52}{365} \approx 1\ 282$ 箱。这样把两次补充方便面所间隔的时间改变为 3 天。

(2)经济订购批量存储模型是基于需求率为常量这个假设,而现实中需求率是有一些变化的。为了防止有时每周的需求超过 3 000 箱的情况,批发部负责人决定每天多存储 200 箱方便面以防万一,这样批发部第一次订货量为 1 282+200 = 1 482(箱),以后每隔 3 天补充 1 282 箱。

(3)由于方便面厂要求批发部提前 1 天订货才能保证厂家按时把方便面送到批发部,也就是说当批发部只剩下 1 天的需求量 427 箱时(不包括以防万一的 200 箱)就应该向厂家订货以保证第二天能及时收到货物。我们把这427箱称为再订货点。如果需要提前2天订货,则再订货点为427×2=854(箱)。

这样益民食品批发部存储这种方便面的一年的总费用为

$$TC = \frac{1}{2}Qc_1 + \frac{D}{Q}c_3 + 200c_1$$

$$= 0.5 \times 1\,282 \times 6 + \frac{156\,000}{1\,282} \times 25 + 200 \times 6$$

$$= 3\,846 + 3\,042.12 + 1\,200$$

$$= 8\,088.12(元)$$

二、经济生产批量存储模型

经济生产批量存储模型也称为不允许缺货、生产需要一定时间模型,这也是一种确定型的存储模型。这种存储模型与经济订购批量存储模型一样,它的需求率 d,单位存储费 c_1,每次生产准备费 c_3,以及每次生产量 Q 都是常量,也不允许缺货,到存储量为0时,可以立即得到补充。不同的是经济订购批量存储模型全部订货同时到位,而经济生产批量存储模型当存储量为0时开始生产,单位时间的产量即生产率 p 也是常量,生产的产品一部分满足当时的需求,剩余部分作为存储,存储量以 $p-d$ 的速度增加。当生产了 t 单位时间之后,存储量达到最大为 $(p-d)t$,就停止生产而以存储量来满足需求。当存储量降至0时,再恢复生产,又开始一个新的周期。经济生产批量存储模型如图2.5所示。另外在经济生产批量存储模型中,它的一年的总费用由一年的存储费与一年的生产准备费所构成。每次生产准备费是指为组织一次生产,在准备阶段(例如设备调整)所花费的人力、物力等成本。这与生产的数量无关,这个性质与经济订购批量存储模型中的订货费 c_3 与订货数量无关的性质是一样的,所以我们用 c_3 表示每次生产准备费。

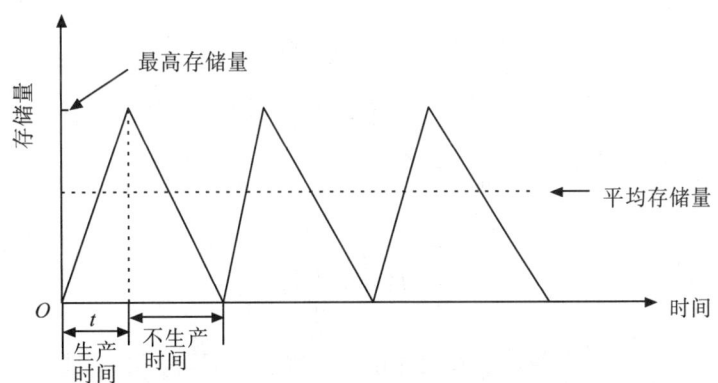

图2.5 经济生产批量存储模型中存储量与时间关系图

从上述可知最高大储量为 $(p-d)t$。如果设在 t 时间内总共生产 Q 件产品,由于生产率是常量 p,就有 $pt=Q$,可用 Q 和 p 来表示 t

$$t = \frac{Q}{p} \tag{2.11}$$

这样我们可以把最大存储量表示为

$$(p - d)t = (p - d)\frac{Q}{P} = \left(1 - \frac{d}{p}\right)Q \tag{2.12}$$

同样平均存储量为最大存储量的一半,可以表示为

$$\frac{1}{2}(p - d)t = \frac{1}{2}(p - d)\frac{Q}{P} = \frac{1}{2}\left(1 - \frac{d}{p}\right)Q \tag{2.13}$$

这样一年的存储费为平均存储量与一年的每单位产品的存储费的乘积,即

$$一年的存储费 = \frac{1}{2}\left(1 - \frac{d}{p}\right)Qc_1 \tag{2.14}$$

同前面一样,设 D 为产品每年的需求量,则可知一年的生产准备费用为每年生产的次数与每次准备费的乘积,即

$$一年的生产准备费用 = \frac{D}{Q}c_3 \tag{2.15}$$

这样,可知全年的总费用 TC 为

$$TC = \frac{1}{2}\left(1 - \frac{d}{p}\right)Qc_1 + \frac{D}{Q}c_3 \tag{2.16}$$

在式(2.16)中除了 Q 以外,c_1、c_3、D、d、p 都是常量,TC 是未知数 Q 的一元函数,当 $\frac{\mathrm{d}(TC)}{\mathrm{d}Q} = 0$ 时,TC 取最小值,即当

$$\frac{\mathrm{d}(TC)}{\mathrm{d}Q} = \frac{1}{2}\left(1 - \frac{d}{p}\right)c_1 - \frac{Dc_3}{Q^2} = 0$$

$$\frac{1}{2}\left(1 - \frac{d}{p}\right)c_1 = \frac{Dc_3}{Q^2}$$

$$Q^2 = \frac{2Dc_3}{\left(1 - \dfrac{d}{p}\right)c_1}$$

$$Q^* = \sqrt{\frac{2Dc_3}{\left(1 - \dfrac{d}{p}\right)c_1}} \tag{2.17}$$

时,TC 取最小值。这就是最优经济批量生产公式。当取生产量为

$$Q^* = \sqrt{\frac{2Dc_3}{\left(1 - \dfrac{d}{p}\right)c_1}}$$

时,每年的存储费 $\frac{1}{2}\left(1 - \frac{d}{p}\right)Q^*c_1$ 与每年的生产准备费 $\frac{D}{Q^*}c_3$ 相等,即

$$存储费 = 生产准备费 = \sqrt{\frac{Dc_3\left(1 - \dfrac{d}{p}\right)c_1}{2}} \tag{2.18}$$

这只要把 $\sqrt{\dfrac{2Dc_3}{\left(1 - \dfrac{d}{p}\right)c_1}}$ 代入每年存储费及每年生产准备费中的 Q^* 即可得到:当生产

量为 Q^* 时最大的存储量为

$$\left(1 - \frac{d}{p}\right)Q^* = \left(1 - \frac{d}{p}\right)\sqrt{\frac{2Dc_3}{\left(1 - \dfrac{d}{p}\right)c_1}} = \sqrt{\frac{2Dc_3\left(1 - \dfrac{d}{p}\right)}{c_1}} \qquad (2.19)$$

这时每个周期(是指从开始生产到停止生产再到存储量为 0 的整个时间)所需时间应为每年的工作日数除以每年生产次数所得的商。如果每年工作日为 250 天,则

$$每个周期所需时间 = \frac{250}{D/Q^*}(天) \qquad (2.20)$$

例 2.3

有一个生产和销售图书馆设备的公司,经营一种图书馆专用书架。基于以往的销售记录和今后市场的预测,估计今年一年书架的需求量为 4 900 个。由于占有资金的利息、存储库房以及其他人力、物力的费用,存储一个书架一年要花费 1 000 元。这种书架是该公司自己生产的,每年的生产能力为 9 800 个,而组织一次生产要花费设备调试等生产准备费 500 元。该公司为了把成本降到最低,应如何组织生产呢?要求求出最优每次的生产量 Q^*、相应的周期、一年最少的总费用和每年的生产次数。

解 从题中可知 $D = 4\,900$ 个/年,需求率 $d = D = 4\,900$ 个/年,生产率 $p = 9\,800$ 个/年,$c_1 = 1\,000$ 元/个·年,$c_3 = 500$ 元/次,即可求得最优每次生产量

$$Q^* = \sqrt{\frac{2Dc_3}{\left(1 - \dfrac{d}{p}\right)c_1}} = \sqrt{\frac{2 \times 4\,900 \times 500}{\left(1 - \dfrac{4\,900}{9\,800}\right) \times 1\,000}}$$

$$= \sqrt{\frac{4\,900}{1/2}} = \sqrt{9\,800} \approx 99(个)$$

每年的生产次数为

$$\frac{D}{Q^*} = \frac{4\,900}{99} \approx 49.5 \approx 50$$

如果每年的工作日计为 250 天,则相应的周期为

$$\frac{250}{50} = 5(天)$$

一年最少的总费用

$$TC = \frac{1}{2}\left(1 - \frac{d}{p}\right)Q^*c_1 + \frac{D}{Q^*}c_3$$

$$= \frac{1}{2} \times \left(1 - \frac{4\,900}{9\,800}\right) \times 99 \times 1\,000 + 50 \times 500 \approx 49\,750(元)$$

三、允许缺货的经济订购批量存储模型

允许缺货是指企业可以在存储量降至 0 后,还可以再等一段时间然后订货,当顾客遇到缺货时不受损失或损失很小,并假设顾客会耐心等待直到新补充的货到来。当新

补充的货一到,企业立即将货物交付给这些顾客。如果允许缺货,对企业来说除了支付少量的缺货费外也没有其他的损失,这样企业可以利用"允许缺货"这个宽松条件,少付几次订货的固定费用和存储费,从经济观点出发这样的允许缺货现象对企业是有利的。

允许缺货的经济订购批量模型的假设条件除了允许缺货外,其余条件皆与经济订购批量模型相同,在本模型中所出现的符号 c_1、c_3、D、d、Q 都与经济订购批量存储模型中相同,另外我们还设 c_2 为缺少一个单位的货物一年所支付的单位缺货费。

允许缺货的经济订购批量存储模型的存储量与时间的关系、最大存储量、最大缺货量如图 2.6 所示。

在图 2.6 中,我们设总的周期时间(是指两次订货的间隔时间)为 T,其中 t_1 表示在 T 中不缺货的时间,t_2 表示在 T 中缺货的时间。设 S 为最大缺货量,这时可知最大存储量为每次订货量 Q 与最大缺货量 S 的差,即为 $Q-S$,因为每次得到订货量 Q 之后就立即支付给顾客最大缺货量 S。

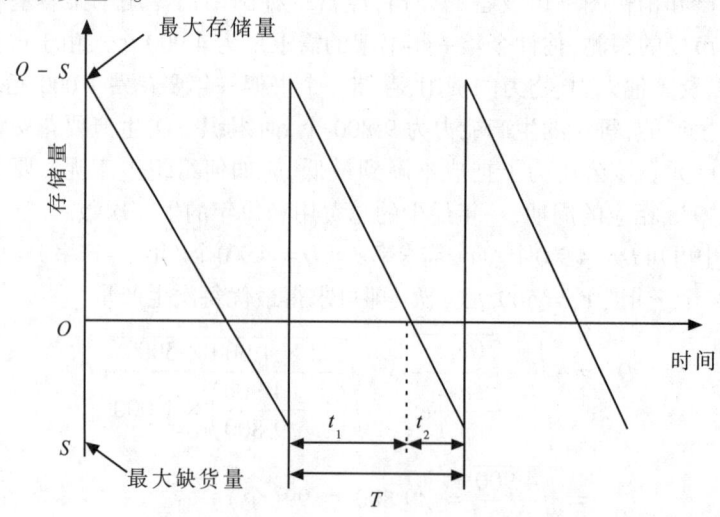

图 2.6　允许缺货的经济订购批量存储模型中存储量与时间关系图

从图 2.6 中可知,在不缺货时期内平均的存储量为 $(Q-S)/2$,而在缺货时期内存储量都为 0,这样可以计算出平均存储量,其值等于一个周期的平均存储量。

平均存储量 = 周期总存储量/周期时间

= (周期内不缺货时总的存储量 + 同期内缺货时总的存储量)/周期时间

$$= \frac{\frac{1}{2}(Q-S)\,t_1 + 0\cdot t_2}{t_1 + t_2}$$

$$= \frac{\frac{1}{2}(Q-S)\,t_1}{T} \tag{2.21}$$

因为最大存储量为 $Q-S$,每一天的需求为 d,则可求出周期中不缺货的时间 t_1

$$t_1 = \frac{Q-S}{d} \tag{2.22}$$

又因为每次订货量为 Q,可满足 T 时间的需求,即有

$$T = \frac{Q}{d} \tag{2.23}$$

把式(2.22)和式(2.23)代入式(2.21),得到 Q、S 表示的平均存储量的公式

$$平均存储量 = \frac{\frac{1}{2}(Q-S) \cdot \frac{Q-S}{d}}{\frac{Q}{d}} = \frac{(Q-S)^2}{2Q} \tag{2.24}$$

像计算平均存储量那样计算出平均缺货量。平均缺货量等于周期 T 内的平均缺货量,从图 2.6 可知,在 t_1 时间内不缺货,平均缺货量为 0,而在 t_2 时间内,平均缺货量为 $S/2$,即得

$$平均缺货量 = \frac{0 \cdot t_1 + \frac{1}{2}S \cdot t_2}{T} = \frac{S \cdot t_2}{2T} \tag{2.25}$$

因为最大缺货量为 S,每天需求为 d,则可求出周期中缺货时间 t_2

$$t_2 = \frac{S}{d} \tag{2.26}$$

把式(2.26)和式(2.23)代入式(2.25),得到用 Q 和 S 表示的平均缺货量的公式

$$平均缺货量 = \frac{S \cdot \frac{S}{d}}{2\frac{Q}{d}} = \frac{S^2}{2Q} \tag{2.27}$$

在允许缺货的情况下,一年总的费用是由一年的存储费、一年的订货费以及一年因缺货而支付的缺货费三个部分组成。c_1、c_2、c_3 正如上面所述分别表示每单位商品存储一年的费用、每单位商品缺货一年所支付的缺货费、订货一次所支付的订货费,则我们可知一年的总费用为

$$TC = \frac{(Q-S)^2}{2Q}c_1 + \frac{D}{Q}c_3 + \frac{S^2}{2Q}c_2 \tag{2.28}$$

在式(2.28)中已知 c_1、c_2、c_3、D 为常量,故 TC 是 Q 和 S 这两个未知数的二元函数,利用微积分的知识知道当 $\frac{\partial(TC)}{\partial Q} = 0$, $\frac{\partial(TC)}{\partial S} = 0$ 时,TC 取最小值,即有

$$\begin{aligned}
\frac{\partial(TC)}{\partial Q} &= \frac{2(Q-S) \cdot 2Q - 2(Q-S)^2}{4Q^2}c_1 - \frac{D}{Q^2}c_3 - \frac{S^2c_2}{2Q^2} \\
&= \frac{c_1Q^2 - (c_1+c_2)S^2 - 2Dc_3}{2Q^2} \\
&= 0
\end{aligned} \tag{2.29}$$

$$\begin{aligned}
\frac{\partial(TC)}{\partial S} &= \frac{-2(Q-S)}{2Q}c_1 + \frac{2Sc_2}{2Q} \\
&= \frac{1}{Q}[c_2S - c_1(Q-S)]
\end{aligned}$$

$$= \frac{1}{Q}\left[\,(c_1 + c_2)S - c_1Q\,\right]$$

$$= 0 \qquad\qquad (2.30)$$

从式(2.30)得到

$$\frac{1}{Q}\left[\,(c_1 + c_2)S - c_1Q\,\right] = 0$$

$$(c_1 + c_2)S - c_1Q = 0$$

$$S = \frac{c_1Q}{c_1 + c_2} \qquad\qquad (2.31)$$

把式(2.31)代入式(2.29),得

$$\frac{c_1Q^2 - (c_1 + c_2)\dfrac{c_1^2Q^2}{(c_1 + c_2)^2} - 2Dc_3}{2Q^2} = 0$$

$$c_1Q^2 - (c_1 + c_2)\frac{c_1^2Q^2}{(c_1 + c_2)^2} - 2Dc_3 = 0$$

$$\frac{c_1c_2Q^2}{c_1 + c_2} - 2Dc_3 = 0$$

$$\frac{c_1c_2Q^2}{c_1 + c_2} = 2Dc_3$$

$$Q^* = \sqrt{\frac{2Dc_3(c_1 + c_2)}{c_1c_2}} \qquad\qquad (2.32)$$

把式(2.32)代入式(2.31),得

$$S^* = \frac{c_1}{c_1 + c_2}Q^* \qquad\qquad (2.33)$$

或

$$S^* = \frac{c_1}{c_1 + c_2}\sqrt{\frac{2Dc_3(c_1 + c_2)}{c_1c_2}} = \sqrt{\frac{2Dc_3c_1}{c_2(c_1 + c_2)}} \qquad\qquad (2.34)$$

式(2.32)、式(2.33)和式(2.34)就是求出使得一年的总费用最少的最优订货量 Q^* 和相应最大缺货量 S^* 的公式。可以再由式(2.22)、式(2.23)和式(2.26)求出相应的周期 T,以及 T 中的不缺货的时间 t_1 和缺货的时间 t_2。

例 2.4

假如在例 2.3 中的图书馆设备公司只销售书架而不生产书架,其所销售的书架是靠订货来提供的,厂家能及时提供所订的书架。该公司的一年的需求量仍为 4 900 个,存储一个书架一年的花费仍为 1 000 元,每次的订货费是 500 元,每年工作日为 250 天。

(1)当不允许缺货时,求出使一年的总费用最低的最优每次订货量 Q_1^*,及其相应的周期、每年的订购次数和一年的总费用。

(2)当允许缺货时,设一个书架缺货一年的缺货费为 2 000 元,求出使一年的总费用最低的最优每次订货量 Q_2^*、相应的最大缺货量 S^* 及其相应的周期 T、周期中不缺货的时间 t_1、缺货的时间 t_2、每年订购次数和一年的总费用。

解　（1）可以用经济订购批量模型来求解此题,已知 $D = 4\ 900$ 个／年, $c_1 = 1\ 000$ 元／(个·年), $c_3 = 500$ 元／次,用式(2.9)求得最优订货量

$$Q_1^* = \sqrt{\frac{2Dc_3}{c_1}} = \sqrt{\frac{2 \times 4\ 900 \times 500}{1\ 000}} = 70(个)$$

用式(2.10),求得周期所需时间 T

$$T = \frac{250}{D/Q_1^*} = \frac{250}{4\ 900/70} = \frac{250}{70} \approx 3.57(天)$$

同样可求得每年订货次数为

$$\frac{D}{Q_1^*} = \frac{4\ 900}{70} = 70(次)$$

用式(2.8)可求得一年的总费用

$$TC = \frac{1}{2}Q_1^* c_1 + \frac{D}{Q_1^*}c_3 = \frac{1}{2} \times 70 \times 1\ 000 + \frac{4\ 900}{70} \times 500$$

$$= 70\ 000(元)$$

（2）我们用允许缺货的经济订购批量模型来求解。同样有 $D = 4\ 900$ 个／年, $c_1 = 1\ 000$ 元／(个·年), $c_3 = 500$ 元／次, $c_2 = 2\ 000$ 元／(个·年),用式(2.32)求得最优订购批量

$$Q_2^* = \sqrt{\frac{2Dc_3(c_1 + c_2)}{c_1 c_2}}$$

$$= \sqrt{\frac{2 \times 4\ 900 \times 500 \times (1\ 000 + 2\ 000)}{1\ 000 \times 2\ 000}}$$

$$\approx 85(个)$$

用式(2.33),求得相应的最大缺货量

$$S^* = \frac{c_1}{c_2 + c_2}Q_2^* = \frac{1\ 000}{3\ 000} \times 85 \approx 28(个)$$

用式(2.23),可求得周期所需时间 T

$$T = \frac{Q_2^*}{d} = \frac{85}{4\ 900/250} \approx 4.34(天)$$

用式(2.26),可求得周期中缺货的时间 t_2

$$t_2 = \frac{S^*}{d} = \frac{28}{19.6} \approx 1.43(天)$$

在周期中不缺货的时间为

$$t_1 = T - t_2 = 4.34 - 1.43 = 2.91(天)$$

每年订购次数为

$$\frac{4\ 900}{85} \approx 57.6(次)$$

用式(2.28)求出最少的一年的总费用 TC^*

$$TC^* = \frac{(Q_2^* - S)^2}{2Q_2^*}c_1 + \frac{D}{Q_2^*}c_3 + \frac{(S^*)^2}{2Q_2^*}c_2$$

$$= \frac{(85-28)^2}{2 \times 85} \times 1\,000 + \frac{4\,900}{85} \times 500 + \frac{28^2}{2 \times 85} \times 2\,000$$

$$\approx 19\,111.76 + 28\,823.53 + 9\,223.53$$

$$= 57\,158.82(元)$$

从(1)和(2)两种情况的比较可以看出,允许缺货一般比不允许缺货有更大的选择余地,一年的总费用也可以有所降低。但如果缺货费太高,尽管允许缺货,管理者也会避免出现缺货,这时允许缺货也就变成了不允许缺货的情况了。

四、允许缺货的经济生产批量存储模型

此模型与经济生产批量存储模型相比,放宽了假设条件:此模型允许缺货。与允许缺货的经济订购批量模型相比,相差的只是:补充不是靠订货,补充数量不可以同时到位,补充是靠生产。开始生产时,一部分产品满足当时需要,剩余产品作为存储;生产停止时,靠存储量来满足需求。

允许缺货的经济生产批量存储模型中存储量与时间的关系、最大存储量、最大缺货量如图2.7所示。

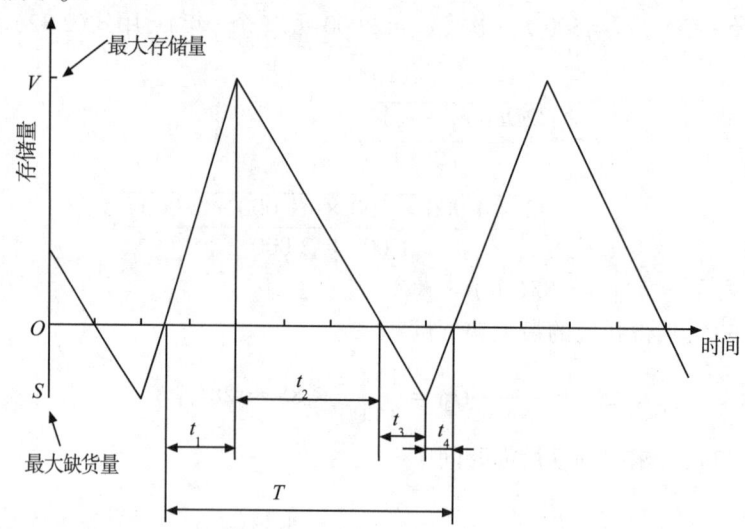

图2.7　允许缺货的经济生产批量存储模型中存储量与时间关系图

在图2.7中,t_1为在周期T中存储量增加的时期,t_2为在周期T中存储量减少的时期,t_3为在周期T中缺货量增加的时期,t_4为在周期T中缺货量减少的时期,显然有周期$T = t_1 + t_2 + t_3 + t_4$,其中$t_1 + t_2$为不缺货时期,$t_3 + t_4$为缺货时期。图2.7中$V$表示最大存储量,$S$表示最大缺货量。

由于在t_1期间每天的存储量为$p - d$,这里p为每天的生产量(生产率),d为每天的需求量(需求率),可知最大存储量$V = (p-d)t_1$,即得到

$$t_1 = \frac{V}{p-d} \tag{2.35}$$

同样在 t_2 期间每天的需求量仍为 d,开始时有库存量 V,这时不生产,则有

$$t_2 = \frac{V}{d} \tag{2.36}$$

在 t_3 期间,开始时没有库存量,每天需求量仍为 d,直到缺货量为 S,则有

$$S = d \cdot t_3$$

即

$$t_3 = \frac{S}{d} \tag{2.37}$$

在 t_4 期间,每天除了满足当天的需求外,还有 $p - d$ 的产品可用于减少缺货,则有

$$t_4 = \frac{S}{p - d} \tag{2.38}$$

在图 2.7 中可知在 t_4 和 t_1 中边生产边销售。我们设在同期 T 中总生产量为 Q(都是在 t_4 和 t_1 期间生产),其中总生产量 Q 的 $\dfrac{d}{p}$ 满足了当时的需求,而剩下部分 Q 的 $1 - \dfrac{d}{p}$ 用于偿还缺货和存储。我们知道此期间(即 t_4 和 t_1 期间)共偿还缺货 S 和存储产品量 V,即有

$$V + S = Q\left(1 - \frac{d}{p}\right)$$

即得最大存储量的表达式

$$V = Q\left(1 - \frac{d}{p}\right) - S \tag{2.39}$$

从图 2.7 中,可知在不缺货期间即在 t_1 和 t_2 期间内的平均存储量为

$$\frac{1}{2}V = \frac{1}{2}\left[Q\left(1 - \frac{d}{p}\right) - S\right] \tag{2.40}$$

而在缺货期内存储量都为 0,这样可以计算出平均存储量,其值等于一个周期的平均存储量,

$$平均存储量 = \frac{周期总存储量}{周期时间}$$

$$= \frac{周期内不缺货时总的存储量 + 周期内缺货时总的存储量}{周期时间}$$

$$= \frac{\dfrac{1}{2}\left[Q\left(1 - \dfrac{d}{p}\right) - S\right](t_1 + t_2) + 0 \cdot (t_3 + t_4)}{t_1 + t_2 + t_3 + t_4}$$

$$= \frac{\dfrac{1}{2}\left[Q\left(1 - \dfrac{d}{p}\right) - S\right](t_1 + t_2)}{t_1 + t_2 + t_3 + t_4}$$

把式(2.35)、式(2.36)、式(2.37)和式(2.38)代入上式得

$$平均存储量 = \frac{\dfrac{1}{2}\left[Q\left(1 - \dfrac{d}{p}\right) - S\right]\left(\dfrac{V}{p - d} + \dfrac{V}{d}\right)}{\dfrac{V}{p - d} + \dfrac{V}{d} + \dfrac{S}{d} + \dfrac{S}{p - d}}$$

$$= \frac{\frac{1}{2}\left[Q\left(1 - \frac{d}{p}\right) - S\right] \cdot V\left(\frac{1}{p-d} + \frac{1}{d}\right)}{(V + S)\left(\frac{1}{p-d} + \frac{1}{d}\right)}$$

$$= \frac{\frac{1}{2}\left[Q\left(1 - \frac{d}{p}\right) - S\right] \cdot V}{V + S}$$

把式(2.39)代入上式,得

$$平均存储量 = \frac{\frac{1}{2}\left[Q\left(1 - \frac{d}{p}\right) - S\right]\left[Q\left(1 - \frac{d}{p}\right) - S\right]}{Q\left(1 - \frac{d}{p}\right) - S + S} = \frac{\left[Q\left(1 - \frac{d}{p}\right) - S\right]^2}{2Q\left(1 - \frac{d}{p}\right)} \quad (2.41)$$

同样,我们知道在 t_3 和 t_4 期间平均缺货量为 $\frac{1}{2}S$,在 t_1 和 t_2 期间缺货量都为 0,可求得

$$平均缺货量 = 一个周期的平均缺货量$$

$$= \frac{周期内总缺货量}{周期时间}$$

$$= \frac{周期内不缺货时总的缺货量 + 周期内缺货时总的缺货量}{周期时间}$$

$$= \frac{0 \cdot (t_1 + t_2) + \frac{1}{2}S \cdot (t_3 + t_4)}{t_1 + t_2 + t_3 + t_4}$$

把式(2.35)、式(2.36)、式(2.37)和式(2.38)代入上式得

$$平均缺货量 = \frac{\frac{1}{2}S \cdot \left(\frac{S}{d} + \frac{S}{p-d}\right)}{\frac{V}{p-d} + \frac{V}{d} + \frac{S}{d} + \frac{S}{p-d}}$$

$$= \frac{\frac{1}{2}S^2\left(\frac{1}{d} + \frac{1}{p-d}\right)}{(V + S)\left(\frac{1}{d} + \frac{1}{p-d}\right)}$$

$$= \frac{S^2}{2(V + S)}$$

把式(2.39)代入上式得

$$平均缺货量 = \frac{\frac{1}{2}S^2}{\left[Q\left(1 - \frac{d}{p}\right) - S\right] + S} = \frac{S^2}{2Q\left(1 - \frac{d}{p}\right)} \quad (2.42)$$

在本模型中一年的总费用

$$TC = (一年的存储费) + (一年的生产准备费) + (一年的缺货费)$$

= (平均存储量) $\times c_1$ + (一年的生产次数) $\times c_3$ + (平均缺货量) $\times c_2$

式中的 c_1、c_2、c_3 如允许缺货的经济生产批量存储模型中所述那样分别表示每单位商品存储一年的费用、每单位商品缺货一年所支付的缺货费、订货一次所支付的订货费。可知一年的生产次数为每年的需求量 D 与每次生产量 Q 之商，即为 $\dfrac{D}{Q}$，把式（2.41）和式（2.42）代入上式得

$$TC = \frac{\left[Q\left(1 - \dfrac{d}{p}\right) - S\right]^2 c_1}{2Q\left(1 - \dfrac{d}{p}\right)} + \frac{Dc_3}{Q} + \frac{S^2 c_2}{2Q\left(1 - \dfrac{d}{p}\right)} \tag{2.43}$$

在式（2.43）中，c_1、c_2、c_3、d、p 都为常量，TC 是 Q 和 S 的函数，当

$$\frac{\partial(TC)}{\partial S} = 0, \frac{\partial(TC)}{\partial Q} = 0$$

时，一年的总费用 TC 的值最小。这样就可求得使一年总费用 TC 最小的最优生产量 Q^* 和最优缺货量 S^*，有

$$Q^* = \sqrt{\frac{2Dc_3(c_1 + c_2)}{c_1 c_2\left(1 - \dfrac{d}{p}\right)}} \tag{2.44}$$

$$S^* = \frac{c_1\left(1 - \dfrac{d}{p}\right)}{c_1 + c_2} Q^* \tag{2.45}$$

或

$$S^* = \frac{c_1\left(1 - \dfrac{d}{p}\right)}{c_1 + c_2} \cdot \sqrt{\frac{2Dc_3(c_1 + c_2)}{c_1 c_2\left(1 - \dfrac{d}{p}\right)}}$$

$$= \sqrt{\frac{2Dc_1 c_3\left(1 - \dfrac{d}{p}\right)}{c_2(c_1 + c_2)}} \tag{2.46}$$

把式（2.44）和式（2.46）代入式（2.43），得一年最少的总费用

$$TC^* = \sqrt{\frac{2Dc_1 c_3 c_2\left(1 - \dfrac{d}{p}\right)}{c_1 + c_2}} \tag{2.47}$$

例 2.5

例 2.3 中的生产与销售图书馆专用书架的图书馆设备公司在允许缺货的情况下，使总费用最少的最优经济生产批量 Q^* 和最优缺货量 S^* 应为何值？这时一年的最少总费用应该是多少？在本例中，每年的书架需求量 D 仍为 4 900 个，每年生产能力 p 仍为 9 800 个，每次生产准备费 c_3 为 500 元，每年书架存储一年的费用 c_1 为 1 000 元，一个书架缺货一年的缺货费为 2 000 元。

解 已知 $D = 4\,900$ 个/年，需求率 $d = D = 4\,900$ 个/年，生产率 $p = 9\,800$ 个/年，$c_1 = 1\,000$ 元/个·年，$c_2 = 2\,000$ 元/个·年，$c_3 = 500$ 元/次，由式(2.44)得最优经济生产批量 Q^*

$$Q^* = \sqrt{\frac{2Dc_3(c_1 + c_2)}{c_1 c_2\left(1 - \dfrac{d}{p}\right)}}$$

$$= \sqrt{\frac{2 \times 4\,900 \times 500 \times (1\,000 + 2\,000)}{1\,000 \times 2\,000 \times \left(1 - \dfrac{4\,900}{9\,800}\right)}}$$

$$= \sqrt{\frac{4\,900 \times 3\,000}{2\,000 \times \left(1 - \dfrac{1}{2}\right)}}$$

$$= \sqrt{4\,900 \times 3}$$

$$\approx 121.24$$

所以，$Q^* \approx 121$（个）。

最优缺货量

$$S^* = \frac{c_1\left(1 - \dfrac{d}{p}\right)}{c_1 + c_2} Q^* = \frac{1\,000 \times \left(1 - \dfrac{4\,900}{9\,800}\right)}{1\,000 + 2\,000} \times 121 \approx 20\,(\text{个})$$

这时一年最少的总费用

$$TC^* = \sqrt{\frac{2Dc_1 c_3 c_2\left(1 - \dfrac{d}{p}\right)}{c_1 + c_2}}$$

$$= \sqrt{\frac{2 \times 4\,900 \times 1\,000 \times 500 \times 2\,000 \times \left(1 - \dfrac{4\,900}{9\,800}\right)}{1\,000 + 2\,000}}$$

$$\approx 40\,414.52\,(\text{元})$$

其中一年的生产准备费为

$$\frac{Dc_3}{Q^*} = \frac{4\,900 \times 500}{121} \approx 20\,247.93\,(\text{元})$$

一年的存储费为

$$\frac{\left[Q^*\left(1 - \dfrac{d}{p}\right) - S^*\right]^2 c_1}{2Q^*\left(1 - \dfrac{d}{p}\right)} = \frac{\left[121 \times \left(1 - \dfrac{4\,900}{9\,800}\right) - 20\right]^2 \times 1\,000}{2 \times 121 \times \left(1 - \dfrac{4\,900}{9\,800}\right)} \approx 13\,555.78\,(\text{元})$$

一年的缺货费为

$$\frac{(S^*)^2 c_2}{2Q^*\left(1 - \dfrac{d}{p}\right)} = \frac{20^2 \times 2\,000}{2 \times 121 \times \dfrac{1}{2}} \approx 6\,611.57\,(\text{元})$$

同时我们也可知道周期

$$T = \frac{一年工作日数}{D/Q} = \frac{365}{4\ 900/121} = \frac{365}{40.50} \approx 9(天)$$

在这里我们假设一年的工作日数为 365 天。

把例 2.3 与例 2.5 加以比较,可知同样的一个经济生产批量问题,允许缺货一般比不允许缺货在一年的总费用上会少一些。

五、经济订购批量折扣模型

所谓的经济订购批量折扣模型,是经济订购批量模型的一种发展,在经济订购批量模型中商品的价格是固定的,而在经济订购批量折扣模型中商品的价格是随订货的数量的变化而变化的。一般情况下购买的数量越多,商品单价就越低,我们常看到的所谓的零售价、批发价和出厂价,就是根据商品的不同数量而定的不同的商品单价。由于订货量和商品单价的不同,所以我们在决定最优订购批量时,不仅要考虑到一年的存储费和一年的订货费,还要考虑一年订购商品的货款,要使得它们的总金额最少,为此在这里我们定义一年的总费用由以上三项所构成,即有

$$TC = \frac{1}{2}Qc_1 + \frac{D}{Q}c_3 + D \cdot c \tag{2.48}$$

在这里 c 为当订货量为 Q 时的商品单价。

例 2.6

图书馆设备公司准备从生产厂家购进阅览桌用于销售。每个阅览桌的价格为 500 元,每个阅览桌存储一年的费用为阅览桌价格的 20%,每次的订货费为 200 元,该公司预测这种阅览桌每年的需求量为 300 个。生产厂商为了促进销售,规定:如果一次订购量达到或超过 50 个,每个阅览桌将打九六折,每个售价为 480 元;如果一次订购量达到或超过 100 个,每个阅览桌将打九五折,每个售价为 475 元。请确定为使其一年的总费用最少的最优订购批量 Q^*,并求出这时一年的总费用为多少?

解 已知 $D = 300$ 个/年, $c_3 = 200$ 元/次,当一次订货量小于 50 个时,每个阅览桌价格 $c' = 500$ 元,这时存储费 $c'_1 = 500 \times 20\% = 100$ 元/(个·年);当一次订货量大于等于 50 个且小于 100 个时,每个阅览桌价格 $c'' = 480$ 元,这时存储费 $c''_1 = 480 \times 20\% = 96$ 元/(个·年);当一次订货量大于等于 100 个时,每个阅览桌价格 $c''' = 475$ 元,这时存储费 $c'''_1 = 475 \times 20\% = 95$ 元/(个·年)。可以求得这三种情况的最优订货量如下:

当订货量 Q 小于 50 个时,有

$$Q^* = \sqrt{\frac{2Dc_3}{c'_1}} = \sqrt{\frac{2 \times 300 \times 200}{100}} \approx 34.64 \approx 35(个)$$

当订货量 Q 大于等于 50 且小于 100 时,有

$$Q_2^* = \sqrt{\frac{2Dc_3}{c''_1}} = \sqrt{\frac{2 \times 300 \times 200}{96}} \approx 35.36 \approx 35(个)$$

当订货量 Q 大于等于 100 时,有

$$Q_3^* = \sqrt{\frac{2Dc_3}{c''_1}} = \sqrt{\frac{2 \times 300 \times 200}{95}} \approx 35.54 \approx 36(\text{个})$$

在上述第二种情况里,我们用订货量大于等于 50 且小于 100 时的阅览桌价格 480 元/个,计算出的最优订购批量 Q_1^* 却小于 50 个,仅为 35 个,为了得到阅览桌的 480 元/个的折扣价格,又使得实际订购批量最接近计算所得的最优订购批量 Q_2^*,我们调整其最优订购批量 Q_2^* 的值,得

$$Q_2^* = 50(\text{个})$$

同样,我们调整第三种情况最优订购批量 Q_3^* 的值,得

$$Q_3^* = 100(\text{个})$$

我们用式(2.48)可求得当 $Q_1^* = 35$,$Q_2^* = 50$,$Q_3^* = 100$ 时的每年的总费用如表 2.6 所示。

表 2.6　每年的总费用 （单位:元）

折扣等级	阅览桌单价	最优订购批量 Q^*	每年费用			
			存储费 $\frac{1}{2}Q^* c_1$	订货费 $\frac{D}{Q^*}c_3$	购货费 DC	总费用
1	500	35	$\frac{1}{2} \times 35 \times 100 = 1\,750$	$\frac{300}{35} \times 200 \approx 1\,714$	$300 \times 500 = 150\,000$	153 464
2	480	50	$\frac{1}{2} \times 50 \times 96 = 2\,400$	$\frac{300}{50} \times 200 = 1\,200$	$300 \times 480 = 144\,000$	147 600
3	475	100	$\frac{1}{2} \times 100 \times 95 = 4\,750$	$\frac{300}{100} \times 200 = 600$	$300 \times 475 = 142\,500$	147 850

从表 2.6 可得当 $Q^* = 50$ 时,一年的总费用最少为 147 600 元。$Q^* = 50$ 即为最优订购批量。

第三节　随机性存储问题

随机性存储模型的重要特点是需求为随机变量,其概率分布为已知。在这种情况下,前面所介绍过的模型已经不适用了。现在,可供选择策略主要有以下三种。

第一种策略:定期订货,即每隔一定的时间就订货,但订货数量需要根据上一个周期末剩下货物的数量来决定。剩下的数量少,可以多订货;剩下的数量多,可以少订或不订货。这种策略称为定期订货法。

第二种策略:定点订货,即当存储量降到某一确定的数量时就订货,不再考虑间隔的时间。这一确定的数量称为订货点。每次订货的数量不变,这种策略称为定点订

货法。

第三种策略:(s, S)策略。它是把定期订货法与定点订货法综合起来的一种方法,即每隔一定时间检查一次存储,如果存储量高于一个数值s,则不订货;如果存储量低于s,则订货,其订货量要使存储量达到S。这称策略可以简称为(s, S)策略。

此外,与确定性存储模型不同的特点还有:在随机性存储模型中,不允许缺货的条件也只能从概率的意义方面去理解,例如,不允许缺货的概率为0.9等。存储策略的优劣,通常以盈利的期望值的大小或损失期望值的大小作为衡量标准。下面我们分析几个典型的随机性存储模型。

一、需求为随机变量的单一周期的存储模型

所谓需求为随机变量的单一周期的存储模型,就是解决需求为随机变量的一种存储模型,在这种模型中,需求是服从某种概率分布的。我们将介绍需求服从均匀分布和正态分布这两种情况。模型中单一周期的存储是指在产品订货、生产、存储、销售这一周期的最后阶段或者把产品按正常价格全部销售完毕,或者把按正常价格未能销售出去的产品削价销售出去甚至废弃掉。总之要在这一周期内把产品全部处理完毕,而不能把产品放在下一周期里存储和销售。季节性和易变质的产品(例如季节性的服装、日历、快餐店里的汉堡包等)都是按单一周期的方法处理的。而报摊销售报纸是需要每天订货的,今天的报纸今天必须处理完。我们可以把一个时期的报纸问题看成一系列的单一周期的存储问题,每天就是一个单一周期,任何两天(两个周期)都是相互独立的、没有联系的,每天都要做出存储决策。

报童问题:报童每天销售报纸的数量是一个随机变量,每日售出d份报纸的概率为$P(d)$,根据以往的经验是已知的。报童每售出一份报纸赚k元,如报纸未能售出,每份赔h元,问报童每日最好准备多少份报纸?

这就是一个需求量为随机变量的单一周期的存储问题。在这个模型里要解决最优订货量Q的问题。如果订货量Q选得过大,那么报童就要因不能售出报纸而造成损失。如果订货时Q选得过小,那么报童因缺货而失去了销售机会,从而造成机会损失。如何适当地选择Q值,才能使这两种损失的期望值之和最小呢?

我们已知售出d份报纸的概率为$P(d)$,从概率知识可知$\sum_{d=0}^{\infty} P(d) = 1$。

(1)当供大于等于求时$(Q \geqslant d)$,这时因不能售出报纸而承担损失,每份损失为h元,其数学期望值为

$$\sum_{d=0}^{Q} h(Q-d)P(d)$$

(2)当供不应求时$(Q < d)$,这时因缺货而少赚钱造成的机会损失,每份损失为k元,其期望值为

$$\sum_{d=Q+1}^{\infty} k(d-Q)P(d)$$

综合(1)、(2)两种情况,当订货量为Q时,其损失的期望值$EL(Q)$为

$$EL(Q) = h\sum_{d=0}^{Q} (Q-d)P(d) + k\sum_{d=Q+1}^{\infty} (d-Q)P(d)$$

下面我们要求出使 $EL(Q)$ 最小的 Q 的值。

我们设报童订购报纸最优量为 Q^*，这时其损失的期望值为最小，当然就有：

（1）$EL(Q^*) \leqslant EL(Q^* + 1)$；

（2）$EL(Q^*) \leqslant EL(Q^* - 1)$。

上式（1）、（2）表示了订购 Q^* 份报纸的损失期望值要不大于订购（Q^*+1）份或（Q^*-1）份报纸的损失期望值。

从（1）出发进行推导有

$$h \sum_{d=0}^{Q^*} (Q^* - d)P(d) + k \sum_{d=Q^*+1}^{\infty} (d - Q^*)P(d) \leqslant h \sum_{d=0}^{Q^*+1} (Q^* + 1 - d)P(d) + k \sum_{d=Q^*+2}^{\infty} (d - Q^* - 1)P(d)$$

经化简后得

$$(k + h) \left[\sum_{d=0}^{Q^*} P(d) \right] - k \geqslant 0$$

即

$$\sum_{d=0}^{Q^*} P(d) \geqslant \frac{k}{k+h}$$

从（2）出发进行推导有

$$h \sum_{d=0}^{Q^*} (Q^* - d)P(d) + k \sum_{d=Q^*+1}^{\infty} (d - Q^*)P(d) \leqslant h \sum_{d=0}^{Q^*-1} (Q^* - 1 - d)P(d) + k \sum_{d=Q^*}^{\infty} (d - Q^* + 1)P(d)$$

经化简后得

$$(k + h) \left[\sum_{d=0}^{Q^*-1} P(d) \right] - k \leqslant 0$$

即

$$\sum_{d=0}^{Q^*-1} P(d) \leqslant \frac{k}{k+h}$$

这样我们可知报童所订购报纸的最优数量 Q^* 份应按下列的不等式确定

$$\sum_{d=0}^{Q^*-1} P(d) \leqslant \frac{k}{k+h} \leqslant \sum_{d=0}^{Q^*} P(d) \tag{2.49}$$

💡 例 2.7

某报亭出售某种报纸。每售出 100 份可获利 15 元；如果当天不能售出，每 100 份赔 20 元。每日售出该报纸份数的概率 $P(d)$ 根据以往经验如表 2.7 所示。

表 2.7　每日售出报纸份数的概率 $P(d)$

销售量/100 份	5	6	7	8	9	10	11
概率 $P(d)$	0.05	0.10	0.20	0.20	0.25	0.15	0.05

试问报亭每日订购多少份该种报纸能使其赚钱的期望值最大。

解 要使其赚钱的期望值最大,也就是使其因售不出报纸的损失和因缺货失去销售机会的损失的期望值之和为最小,利用式(2.49)确定 Q^* 值,已知 $k = 15$, $h = 20$,有

$$\frac{k}{k+h} = \frac{15}{15+20} \approx 0.428\ 6$$

当 $Q = 8$ 时,有

$$\sum_{d=0}^{7} P(d) = p(5) + p(6) + p(7)$$
$$= 0.05 + 0.10 + 0.20 = 0.35$$

$$\sum_{d=0}^{8} P(d) = p(5) + p(6) + p(7) + p(8)$$
$$= 0.05 + 0.10 + 0.20 + 0.20 = 0.55$$

满足 $\sum_{d=0}^{7} P(d) \leqslant \dfrac{k}{k+h} \leqslant \sum_{d=0}^{8} P(d)$ 。

故最优的订购量为 800 份报纸,此时其赚钱的期望值最大。

例2.8

某书店拟在年前出售一批新年挂历。每售出一本可赢利 20 元,如果在年前不能售出,必须削价处理。由于削价,挂历一定可以售完,此时每本挂历要赔 16 元。根据以往的经验,市场的需求近似服从均匀分布,如图 2.8 所示,其最低需求为 550 本,最高需求为 1 100 本。该书店应订购多少本新年挂历,可使其损失期望值为最小?

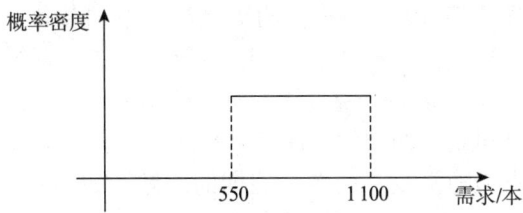

图 2.8 挂历市场需求的均匀分布

解 首先我们来改写一下式(2.49)。

因为 $\sum\limits_{d=0}^{Q^*} P(d)$ 表示需求量从 0 到 Q^* 的概率的和,也可以理解为需求量小于等于 Q^* 的概率,即可改写为 $P(d \leqslant Q^*)$,同样 $\sum\limits_{d=0}^{Q^*-1} P(d)$ 也可以改写 $P(d < Q^*)$,这样式(2.49)可改写为

$$P(d < Q^*) \leqslant \frac{k}{k+h} \leqslant P(d \leqslant Q^*) \tag{2.50}$$

这样就把只适用于离散型随机变量的式(2.49)改写为对离散型和连续型随机变量都适用的式(2.50)。这正如微积分细分的思想一样,在一定条件下离散型和连续型是可以互相转化的。对于连续型随机变量,我们又可以把式(2.50)改写为

$$P(d \leqslant Q^*) = \frac{k}{k+h} \tag{2.51}$$

我们已知 $k = 20$, $h = 16$, 即有

$$P(d \leqslant Q^*) = \frac{20}{20+16} = \frac{20}{36} = \frac{5}{9}$$

而对在区间 $[550, 1\,100]$ 上均匀分布的需求小于等于 Q^* 的概率

$$P(d \leqslant Q^*) = \frac{Q^* - 550}{1\,100 - 550} = \frac{Q^* - 550}{550}$$

则从式(2.51)得

$$\frac{Q^* - 550}{550} = \frac{5}{9}$$

求得 $Q^* \approx 856$(本), 并从 $P(d \leqslant Q^*) = \frac{5}{9}$ 可知, 这时有 $\frac{5}{9}$ 的概率挂历有剩余, 有 $1 - \frac{5}{9} = \frac{4}{9}$ 的概率挂历脱销。

例 2.9

某化工公司与一客户签订了一项供应一种独特的液体化工产品的合同, 客户每隔 6 个月来购买一次, 每次购买的数量是一个随机变量, 通过对客户以往需求的统计分析, 知道这个随机变量服从以均值 $\mu = 1\,000\,\text{kg}$, 均方差 $\sigma = 100\,\text{kg}$ 的正态分布, 化工公司生产 1 kg 此种产品的成本为 15 元, 根据合同的规定, 售价为 20 元。合同要求化工公司必须按时提供客户的需求。如果化工公司由于低估了需求, 产量不能满足需要, 那么化工公司就到别的公司以每千克 19 元的价格购买更高质量的替代品来满足客户的需要。如果化工公司高估了需求, 供大于求, 由于这种产品在 2 个月内要老化, 不能存储至 6 个月后再供应给客户, 只能以每千克 5 元的价格处理掉。化工公司应该每次生产多少千克的产品才能使该公司获利的期望值最大呢?

解 这是一个需求为随机变量的单一周期的问题。如果我们低估了需求, 供小于求, 缺少的部分公司从每千克赚 5 元变为仅赚 1 元, 亦即损失了 4 元利润, 即 $k = 4$。反之如果高估了需求, 供大于求, 则多余的部分每千克要赔 $15 - 5 = 10$(元), 即 $h = 4$。利用式(2.51), 即得

$$P(d \leqslant Q^*) = \frac{k}{k+h} = \frac{4}{10+4} = \frac{4}{14} \approx 0.29$$

从概率统计知识可知, 由于需求量服从均值 μ 为 $1\,000\,\text{kg}$, 均方差 σ 为 $100\,\text{kg}$ 的正态分布, 上式即为

$$\Phi\left(\frac{Q^* - \mu}{\sigma}\right) = 0.29$$

通过查阅标准正态表, 即得

$$\frac{Q^* - \mu}{\sigma} = -0.55$$

得

$$Q^* = -0.55\sigma + \mu$$

把 $\mu = 1\,000$, $\sigma = 100$ 代入, 得

$$Q^* = -0.55 \times 100 + 1\ 000 = 945\ (\text{kg})$$

并从 $P(d \le Q^*) = 0.29$，可知当产量为 945 kg 时，有 0.29 的概率产品有剩余，有 $1 - 0.29 = 0.71$ 的概率产品将不满足需求。图 2.9 显示了这个结果。

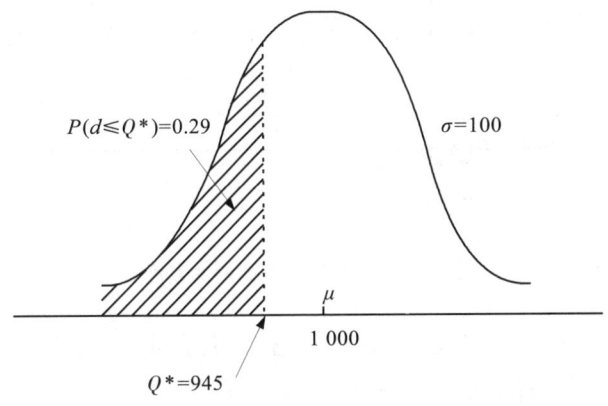

图 2.9　购买数量的正态分布

二、需求为随机变量的订购批量、再订购点模型

前面我们介绍了需求为随机变量的单一周期的存储模型，这里介绍一种需求为随机变量的多周期模型。在这种模型里，由于需求为随机变量，我们无法求得周期（即两次订货时间间隔）的确切时间，也无法求得再订货点确切来到的时间。但在这种多周期模型中，在上一周期里卖不出去的产品可以放到下一个周期里出售，故不存在像单一周期模型中一个周期里卖不出去的产品就要赔偿的情况，故在这种模型中像经济订购批量模型那样，主要的费用为订货费和存储费。下面我们给出求订货量和再订货点的最优解的近似方法，而精确的数学公式太复杂，我们不做介绍。我们可以根据平均需求像经济订购批量存储模型那样求出使得全年的订货费和存储费总和最少的最优订货量 Q^*。但在对再订货点的处理上与经济订购批量存储模型不同。在经济订购批量存储模型中，由于需求率是个常量 d，对于一个需要 m 天前订货的情况，我们可以把再订货点定为 dm，即当仓库里还存有 dm 单位的产品时，就再订货 Q^* 单位的产品，这样当 m 天后 Q^* 单位的产品补充来时，仓库里刚好把剩余的 dm 单位的产品处理完，仓库产品及时地得到补充。而对需求为随机变量的情况，这种处理显然是不恰当的，正如图 2.10 所示：有时在这 m 天里需求大于 $\overline{d}m$（这里 $\overline{d}$ 为每天平均需求），这样在 m 天里就出现了缺货；而有时需求小于 $\overline{d}m$，这样 m 天后当新的 Q^* 单位的产品补充来时，仓库里还有剩货。

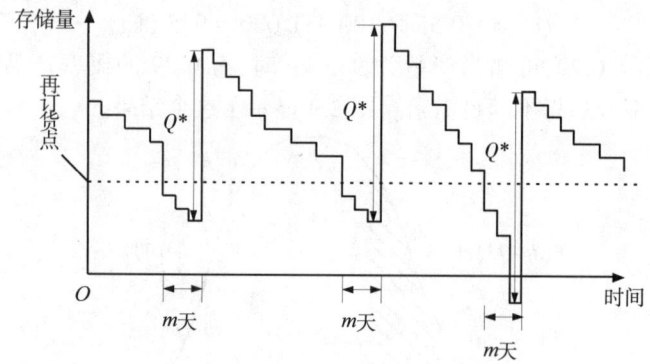

图 2.10 存储量与时间的关系图

在这种模型里我们要对再订货点进行讨论,而不是简单地定为 $\overline{d}m$。我们不妨设再订货点为 r,即我们随时对仓库的产品库存进行检查,当仓库里产品库存为 r 时就订货,m 天后送来 Q^* 单位的产品。虽然在 m 天里的需求量是随机的,但一般来说当 r 值较大时,在 m 天里出现缺货的概率就小;反之当 r 值较小时,在 m 天里出现缺货的概率就大。这样就需要我们根据具体情况规定出服务水平,即规定在 m 天里出现缺货的概率 α,亦即不出现缺货的概率为 $1 - \alpha$,即

$$P(m \text{ 天里的需求量} \leqslant r) = 1 - \alpha$$

由于每次的订货量 Q^* 我们可以按经济订购批量存储模型求得,每年的产品平均需求量可以求得,这样就可以求出每年平均的订货次数,我们也可以以每年允许在 m 天里出现缺货的次数作为服务水平。可以依据事先规定的服务水平和 m 天里需求量的概率分布来定出相应的 r 值,并把 r 值中超过 $\overline{d}m$ 的部分叫作安全存储。

例 2.10

某装修材料公司经营某种品牌的地砖,公司直接从厂家购进这种产品。由于公司与厂家距离较远,双方合同规定在公司填写订货单后一个星期厂家把地砖运到公司。公司根据以往的数据统计分析知道在一个星期里此种地砖的需求量服从以均值 $\mu = 850$ 箱,均方差 $\alpha = 120$ 箱的正态分布,又知道每次订货费为 250 元,每箱地砖的成本为 48 元,存储一年的存储费用为成本的 20%,即每箱地砖一年的存储费为 $48 \times 20\% = 9.6$(元),公司规定的服务水平为允许由于存储量不够造成的缺货概率为 5%。公司应如何制定存储策略,才能使得一年的订货费和存储费的总和为最少?

解 首先我们可以按经济订购批量模型来求出最优订购批量 Q^*,已知每年的平均需求量 $\overline{D} = 850 \times 52 = 44\ 200$ 箱/年,$c_1 = 9.6$ 元/箱年,$c_3 = 250$ 元,得

$$Q^* = \sqrt{\frac{2\overline{D}c_3}{c_1}} = \sqrt{\frac{2 \times 44\ 200 \times 250}{9.6}} \approx 1\ 517\text{(箱)}$$

由于每年平均需求为 44 200 箱,可知每年平均约订货 29 次 $\left(\dfrac{44\ 200}{1\ 517} \approx 29\right)$。

根据服务水平的要求

$$P(\text{一个星期的需求量} \leqslant r) = 1 - \alpha = 1 - 0.05 = 0.95$$

因为一个星期的需求量服从以均值 $\mu = 850$ 箱,均方差 $\alpha = 120$ 箱的正态分布,故有

$$\Phi\left(\frac{r - \mu}{\sigma}\right) = 0.95$$

查标准正态分布表,得

$$\frac{r - \mu}{\sigma} = 1.645$$

即有

$$\frac{r - 850}{120} = 1.645$$

求得

$$r = 850 + 1.645 \times 120 \approx 850 + 197 \approx 1\,047(\text{箱})$$

这就是说当仓库里的库存剩下 1 047 箱时,就应该向厂家订货,每次的订货量为 1 517 箱,这里的 $r = 1\,047$ 就是再订货点, $Q^* = 1\,517$ 就是最优订货量,而

$$r - \bar{d} \cdot m = 1\,047\,\text{箱} - 850\,\text{箱}/\text{周} \times (1\,\text{周})$$
$$= 1\,047\,\text{箱} - 850\,\text{箱}$$
$$= 197\,\text{箱}$$

这 197 箱就是安全存储量。在此存储策略下,能有 95% 的概率在订了货而货物还没运到公司的一周(简称订货期)里不会出现缺货。因为一年平均大约订货 29 次,其中平均 $29 \times 95\% = 27.55(\text{次})$ 的订货期里不会出现缺货,也只有平均 1.45 次的订货期里会出现缺货。图 2.11 显示了这个结果。

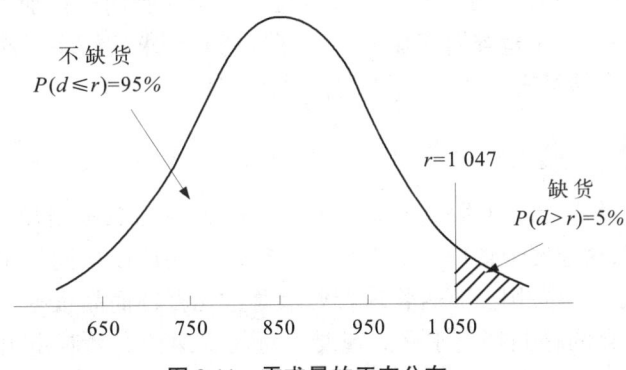

图 2.11 需求量的正态分布

当订货期为 0 时,也就是说一订货就可以马上拿到产品,这时显然不需要安全存储;再订货点为 0,每次订货量为 1 517 箱即可。

三、需求为随机变量的定期检查存储量模型

需求为随机变量的定期检查存储量模型是另一种处理多周期的存储问题的模型。在这个模型里管理者要定期(例如每隔一周、一个月等)检查产品的库存量,根据现有的库存量来确定订货量。在此模型中管理者所要做的决策是:依照规定的服务水平制定

出产品的存储补充水平 M。一旦确定了 M,管理者就很容易确定订货量 Q:

$$Q = M - H$$

式中: H——在检查中的库存量。

这个模型很适合于经营多种产品并进行定期盘点的企业,公司只要制定了各种产品的存储补充水平,根据盘点的各种产品的库存量,马上就可以确定各产品的订货量,同时进行各种产品的订货。

需求为随机变量的定期检查存储量模型处理存储问题的典型方式如图 2.12 所示。

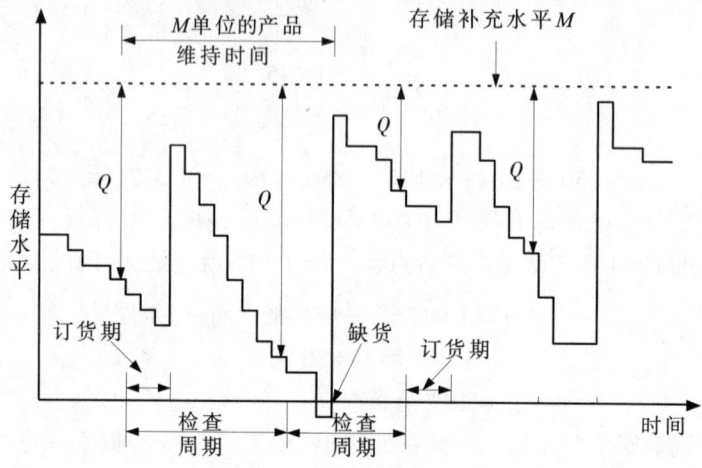

图 2.12 存储量与时间的关系图

从图 2.12 中我们看到,在检查了存储水平 M 之后,立即订货 $Q = M - H$,这时库房里的实际库存量加上订货量正好为存储补充水平 M(订货的 Q 单位产品在过了订货期才能到达)。从图上可知这 M 单位的产品要维持一个检查周期再加上一个订货期的消耗,所以我们可以从一个检查周期加上一个订货期的需求的概率分布情况结合规定的服务水平来制定存储补充水平 M,以下我们举例说明。

例 2.11

某百货商店经营几百种商品,该商店每隔两周盘点一次,根据盘点情况同时对几百种商品进行订货,这样便于管理。又因为其中很多商品可以从同一个厂家或批发公司进货,这样节约了订货费用。商店管理者要求对这几百种商品根据各自的需求情况和服务水平制定各自的存储补充水平。现要求对其中两种商品制定出各自的存储补充水平。

商品 A 是一种名牌香烟。一旦商店缺货,顾客不会在商店里购买另一种品牌的烟,而会去另外的商店购买,故商店规定其缺货的概率为 2.5%。商品 B 是一种普通品牌的儿童饼干,一旦商店缺货,一般情况下,顾客会在商店里购买其他品牌的饼干或其他儿童食品,故商店规定其缺货的概率为 15%。根据以往的数据,通过统计分析,商品 A 每 15 天(其中 14 天为盘点周期,1 天为订货期)的需求服从均值 $\mu_A = 550$ 条,均方差 $\sigma_A = 85$ 条的正态分布,商品 B 每 15 天(其中 14 天为盘点周期,1 天为订货期)的需求服从均值 $\mu_B = 5\,300$ 包,均方差 $\sigma_B = 780$ 包的正态分布。

解 设商品 A 的存储补充水平为 M_A，商品 B 的存储补充水平为 M_B，从统计知识可知

$$P(\text{商品 A 的需求 } d \leq M_A) = 1 - \alpha_A$$

$$\Phi\left(\frac{M_A - \mu_A}{\sigma_A}\right) = 97.5\%$$

查标准正态分布表，得

$$\frac{M_A - \mu_A}{\sigma_A} = 1.96$$

$$M_A = \mu_A + 1.96\sigma_A = 550 + 1.96 \times 85 \approx 717(\text{条})$$

$$P(\text{商品 B 的需求 } d \leq M_B) = 1 - \alpha_B$$

$$\Phi\left(\frac{M_B - \mu_B}{\sigma_B}\right) = 85\%$$

查标准正态分布表，得

$$\frac{M_B - \mu_B}{\sigma_B} = 1.034$$

$$M_B = \mu_B + 1.034\sigma_B = 5\,300 + 1.034 \times 780 \approx 6\,107(\text{包})$$

也就是说，商店在每隔两周的清货盘点时，发现 A 商品还剩 H_A，B 商品还剩 H_B 时，应马上向厂家订货：A 商品为 $770 - H_A$ 条，B 商品为 $6\,170 - H_B$ 包，使得当时 A 商品的库存量加上订货量正好达到存储补充水平 717 条，B 商品的库存量加上订货量正好达到存储补充水平 6\,107 包。图 2.13(a) 显示了缺货概率为 2.5% 时的存储补充水平 M_A；图 2.13(b) 显示了缺货概率为 15% 时存储补充水平 M_B。

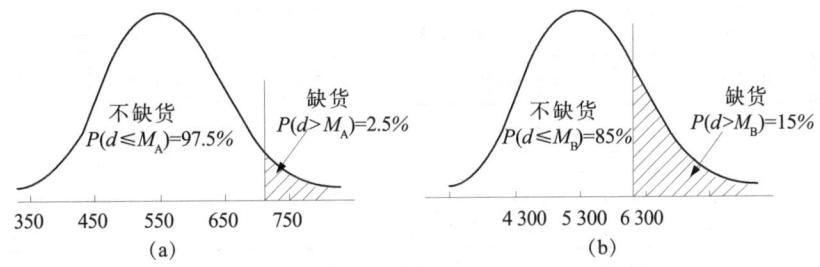

图 2.13 两种商品需求量的正态分布

在上述的模型里只考虑了保证一定服务水平的存储补充水平 M 的问题，并没有考虑到订货费与存储费之和最小化的问题。要解决这类问题，我们还必须把再订货点 r 作为另一个决策变量，将其称为 (t, r, M) 混合存储模型，每隔 t 时间检查库存量 H。当 $H > r$ 时不补充，当 $H \leq r$ 时补充存储量使之达到 M。这种存储模型需要更多的数学知识，在本书中不做介绍。

第四节　分析型优化模型综合案例

一、租赁与购买客机问题

某航空公司为了发展新航线的航运业务,需要增加 5 架客机。购进 1 架客机需要一次支付 5 000 万美元的现金,客机的使用寿命为 15 年。租用 1 架客机,每年需要支付 600 万美元的租金,租金以均匀货币流的方式支付。若银行的年利率为 12%,购买客机合算还是租用客机合算? 若银行的年利率为 6%,购买客机合算还是租用客机合算?

分析　因为买飞机共支付 5 000 万美元,租飞机 15 年的租金为 600×15＝9 000 万美元,所以买飞机必然比租飞机合算。这种想法对吗?

实际上,这种想法没有考虑到利率对货币价值的影响。为了计算出利率对货币价值的影响,首先引进几个基本概念。

期末价值　将 A 元现金存入银行,年利率按 r 计算,以连续计息的方式结算,我们计算一下 t 年后的存款额,即本利和。

首先计算在复利的情况下的本利和。本金加上先前计息周期所累计的利息进行计算,即利息再生利息。表 2.8 给出了复利情况下各年年末本利和的计算结果。

表 2.8　复利情况下各年年末的本利和

年数	年初本金	本年利息	年末本利和
第 1 年	A	$A \times r$	$A + A \times r = A(1 + r)$
第 2 年	$A(1 + r)$	$A(1 + r) \times r$	$A(1 + r) + A(1 + r) \times r = A(1 + r)^2$
第 3 年	$A(1 + r)^2$	$A(1 + r)^2 \times r$	$A(1 + r)^2 + A(1 + r)^2 \times r = A(1 + r)^3$
⋮	⋮	⋮	⋮
第 t 年	$A(1 + r)^{t-1}$	$A(1 + r)^{t-1} \times r$	$A(1 + r)^{t-1} + A(1 + r)^{t-1} \times r = A(1 + r)^t$

因此,第 t 年年末本利和 $a(t) = A(1 + r)^t$。

然后计算以连续计息的方式结算,即一年计息 n 次,一年后的本利和。本金为 A 元,年利率为 r,一年后的本利和为

$$A\left(1 + \frac{r}{n}\right)^n$$

实际利率为

$$\frac{A\left(1 + \dfrac{r}{n}\right)^n - A}{A} = \left(1 + \frac{r}{n}\right)^n - 1 = \left(1 + \frac{1}{\dfrac{n}{r}}\right)^{\frac{n}{r} \cdot r} - 1 \xrightarrow{n \to \infty} e^r - 1$$

则第 t 年的本利和 $a(t) = A(1 + e^r - 1)^t = Ae^{rt}$。

因此,A 元现金 T 年之后的价值是 Ae^{rT},称 Ae^{rT} 为 A 元现金 T 年之后的期末价值。

贴现价值　现在的 A 元现金相当于 T 年之前把 Ae^{-rT} 元现金存入银行所得,故现在

的 A 元现金 T 年前的价值是 $A\mathrm{e}^{-rT}$,称 $A\mathrm{e}^{-rT}$ 是 T 年前的贴现价值。

均匀货币流 所谓均匀货币流的存款方式,就是使货币像流水一样以定常流量 a 源源不断地流进银行,比如商店每天把固定数量的营业额存入银行。

有了上面的概念,就可以解决我们的问题了。

购买 1 架飞机可以使用 15 年,但需要马上支付 5 000 万美元。而同样租 1 架飞机使用 15 年,则需要以均匀货币流方式支付 15 年租金,年流量为 600 万美元。两种方案所支付的价值无法直接比较,必须将它们都化为同一时刻的价值才能比较。我们以当前价值为准。

购买一架飞机的当前价格为 5 000 万美元。下面计算均匀货币流的当前价格。

设 $t=0$ 时向银行存入 $A\mathrm{e}^{-rT}$ 美元,按连续复利计算,T 年之后在银行的存款额恰好是 A 美元。也就是说,T 年后的 A 美元在 $t=0$ 时的价值为 $A\mathrm{e}^{-rT}$ 美元。那么,对流量为 a 的均匀货币流,在 $[t, t+\Delta t]$ 时所存入的 $a\Delta t$ 美元,在 $t=0$ 时的价值是

$$a\Delta t \cdot \mathrm{e}^{-rt} = a\mathrm{e}^{-rt}\Delta t$$

当 t 从 0 变到 T 时,$[0, T]$ 周期内均匀货币流在 $t=0$ 时的总价值可表示为

$$P = \int_0^T a\mathrm{e}^{-rt}\mathrm{d}t = \frac{a}{r}\left[-\mathrm{e}^{-rt}\right]_0^T = \frac{a}{r}(1-\mathrm{e}^{-rT})$$

因此,15 年的租金在当前的价值为

$$P = \frac{600}{r}(1-\mathrm{e}^{-15r}) \ (万美元)$$

当 $r=12\%$ 时

$$P = \frac{600}{0.12} \times (1-\mathrm{e}^{-0.12\times15}) \approx 4\ 173.5 \ (万美元)$$

比较可知,此时租用飞机比购买飞机合算。

当 $r=6\%$ 时

$$P = \frac{600}{0.06}(1-\mathrm{e}^{-0.06\times15}) \approx 5\ 934.3 \ (万美元)$$

此时购买飞机比租用飞机合算。

思考题 1 若将两种支付方式都化为 15 年之后的价值进行比较,应该如何进行计算?

思考题 2 航通公司一次性投资 100 万元建造一条生产流水线,一年后建成投产,开始取得经济效益,设流水线的收益是均匀货币流,年流量是 30 万元,已知银行年利率为 10%,问多少年后该公司可以收回投资?

二、广告与利润问题

某公司有一大批装饰涂料,根据以往的统计资料,零售价增高则销售量减少,具体数据如表 2.9 所示。若做广告,可使销售量增加,具体增加量以销售量提高因子 k 表示,k 与广告费的关系如表 2.10 所示,它是以往的统计或经验结果。现在已知涂料的进价是每桶 2 英镑,问如何确定涂料的价格,以及花多少广告费可使公司获利最大。

表 2.9　涂料预期销售量与价格的关系

单价/英镑	2	2.5	3	3.5	4	4.5	5	5.5	6
售量/千桶	41	38	34	32	29	28	25	22	20

表 2.10　销售量提高因子与广告费的关系

广告费/万英镑	0	1	2	3	4	5	6	7
销售量提高因子 k	1.00	1.40	1.70	1.85	1.95	2.00	1.95	1.80

设 x 为预期销售量，y 为销售单价，z 为广告费，c 为成本单价。

由表 2.9 可看出，销售量与单价近似呈线性关系，因此可设

$$x = ay + b \qquad (2.52)$$

可用最小二乘法，根据表 2.9 中的数据确定出式（2.52）中的系数 a 和 b 的数值，显然 $a < 0$。

由表 2.10 可看出，销售量提高因子与广告费近似呈二次关系，因此可设

$$k = dz^2 + ez + f \qquad (2.53)$$

同样可用曲线拟合法，由表 2.10 的数据确定出式（2.53）中的系数 d、e 和 f。这里 $d < 0$，抛物线开口向下。

设实际销售量为 s，它等于预期销售量乘以销售量提高因子，即 $s = kx$，于是利润 P 可表示为

$$\begin{aligned}
P &= 收入 - 支出 \\
&= 销售收入 - 成本支出 - 广告费 \\
&= sy - sc - z \\
&= kx(y - c) - z \\
&= (dz^2 + ez + f)(ay + b)(y - c) - z
\end{aligned}$$

所以问题归结为当 y、z 为何值时 P 达到最大值。由多元函数极值的数学知识可求出 P 的极大值点为

$$\begin{cases}
y = \dfrac{ac - b}{2a} \\
z = \dfrac{1}{2d(ay + b)(y - c)} - \dfrac{c}{2d}
\end{cases}$$

为了得到具体的数值，需求出各系数的值。

下面给出计算的结果

$$a = -5\,133,\ b = 50\,420,\ c = 2,\ d = -4.225\,6 \times 10^{-10}$$

把以上数值代入，可得

$$x = 20\,084,\ y = 5.91,\ z = 33\,113,\ k = 1.91$$

可以预测，按该方案销售，可得实际销售量 $s = kx = 1.91 \times 20\,084 = 38\,360$（桶）。获利润 $P = 116\,875$（英镑）。

三、生产福利问题

某厂有资产 5 000 万元，年平均利润率为 40%（除上交国家税收外）。试制定十年

规划,确定利润中投资与福利的恰当比例,使职工在 10 年中总的受益最大。

我们首先建立数学模型。设工厂在时刻 t 的资产为 x ,则在 t 到 $t + \Delta t$ 内的利润为 $kx\Delta t$ (k 为利润率)。设 a 为利润中用于扩大再生产的投资比例,则在 t 到 $t + \Delta t$ 内资产的改变量为

$$x(t + \Delta t) - x(t) = akx\Delta t$$

所以资产增长方程为

$$\begin{cases} \dfrac{\mathrm{d}x}{\mathrm{d}t} = akx \\ x(0) = 5 \end{cases} \tag{2.54}$$

其中 $k = 0.4$ 。

设 t 时刻总福利为 y ,即 $y = y(t)$,则在 t 到 $t + \Delta t$ 时间内总福利的改变量为

$$y(t + \Delta t) - y(t) = (1 - a)kx\Delta t$$

所以福利增长方程为

$$\begin{cases} \dfrac{\mathrm{d}y}{\mathrm{d}t} = (1 - a)kx \\ y(0) = 0 \end{cases} \tag{2.55}$$

方程(2.54)和(2.55)就是本问题的数学模型。用分离变量法解方程(2.54)得特解 $x = 5\mathrm{e}^{0.4at}$ 。而在 10 年内,用于职工福利的部分,可由方程(2.55)算出

$$\begin{aligned} y &= \int_0^{10} (1 - a)kx\mathrm{d}t \\ &= 0.4(1 - a) \int_0^{10} 5\mathrm{e}^{0.4at}\mathrm{d}t \\ &= \left(\frac{1}{a} - 1\right)(\mathrm{e}^{4a} - 1) \end{aligned}$$

为使福利 y 最大,可求 y 的极值。为此,先求出 y 对 a 的导数等于 0 的 a 值

$$\frac{\mathrm{d}y}{\mathrm{d}x} = 5\left[\frac{-1}{a^2}(\mathrm{e}^{4a} - 1) + 4\mathrm{e}^{4a}\left(\frac{1}{a} - 1\right)\right] = 0$$

$$\Rightarrow -\mathrm{e}^{4a} + 1 + 4\mathrm{e}^{4a}(a - a^2) = 0$$

$$\Rightarrow 4\mathrm{e}^{4a}(a - a^2) = \mathrm{e}^{4a} - 1$$

可用牛顿–辛普森法做近似计算,求出 $a = 0.64$ 。

这就是说,每年用 64% 的利润扩大再生产,用 $(1 - a) \times 100\% = 36\%$ 的利润作为职工福利是最恰当的、最优的。

本章思考题

1.案例"租赁与购买客机问题"中的思考题 1 和思考题 2。

2.报童问题中,如果考虑收益期望值最大,怎样导出相应的最优决策公式(2.49)?

第三章

数学规划模型

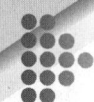

◀ **第一节** **线性规划**

线性规划是在运筹学中应用最广泛的模型之一。由于其理论与方法研究比较成熟，许多问题常常借助线性规划模型来求解。在众多科学领域，特别是管理、经济领域中，线性规划的应用非常重要。

线性规划研究的问题主要有两类：一是某个任务目标确定之后，如何统筹安排，尽量用最少的人力、物力等资源去完成该项任务；二是对一定数量的人力、物力等资源，如何合理安排使用，使任务目标完成得最多。这两类问题实际上是一个问题的两个方面，即所谓寻找整个问题的某个整体指标最优解。在实际中，这类问题很多，例如：

（1）下料问题。现有一批长度一定的钢管，由于生产的需要，要求截出不同规格的钢管若干。试问要如何下料，既能满足生产的需要，又使得使用的原材料钢管数量最少或废材最少？

（2）配料问题。把若干种不同的原料配制成含有一定成分的各种原料的产品，如何配料使产品成本最低？或者是用若干种不同原料，按不同的比例配制出一些规格、价格不同的产品，在原材料供应量的限制和保证产品成分含量的前提下，如何获取最大的利润？

（3）生产计划安排问题。如何合理充分地利用厂里现有的人力、物力、财力，制订出最优的产品生产计划，使得工厂获利最大？

（4）运输问题。一个企业有若干个生产单位与销售单位，根据各生产单位的产量及销售单位的销量，如何制定调运方案，使某种一定量的产品从若干个产地运到若干个销地的总运费或总货运量最小？

（5）投资问题。如何从不同的投资项目中选择出一个投资方案，使得投资的回报最大？

总之，类似上述实际问题很多，而且形式多种多样，都可以应用线性规划来成功解决。

一、线性规划的数学模型

下面先来看什么是线性规划问题的数学模型以及如何建立此类数学模型,并通过数学模型来进一步明确线性规划问题的含义。

例 3.1

某工厂在计划期内要安排生产 Ⅰ、Ⅱ 两种产品。已知生产单位产品所需要的设备台时和 A、B 两种原材料的消耗以及资源的限制情况,如表 3.1 所示。

该工厂每生产一单位产品 Ⅰ 可获利 50 元,每生产一单位产品 Ⅱ 可获利 100 元。问工厂应分别生产多少单位产品 Ⅰ 和产品 Ⅱ 才能使工厂获利最大?

表 3.1　生产单位产品所需要的设备台时和 A、B 两种原材料的消耗以及资源的限制

	产品 Ⅰ	产品 Ⅱ	资源限制
设备/台时	1	1	300
原料 A/kg	2	1	400
原料 B/kg	0	1	250

解　为了解决这个实际问题,我们把它归结为数学问题来研究。

首先,确定决策变量。工厂目前要决策的是产品 Ⅰ 和产品 Ⅱ 的生产量,可以用变量 x_1 和 x_2 来表示,即决策变量 x_1 表示生产产品 Ⅰ 的数量,决策变量 x_2 表示生产产品 Ⅱ 的数量。由于它们表示产品产量,所以只取非负数。

其次,根据问题的限制条件,列出表示条件的线性不等式。对于台时数方面的限制可以表示为

$$x_1 + x_2 \leqslant 300$$

原材料的限量可以表示为

$$2x_1 + x_2 \leqslant 400 \text{ 和 } x_2 \leqslant 250$$

除了上述约束外,显然还有

$$x_1 \geqslant 0 , x_2 \geqslant 0$$

最后,根据实际问题所追求的目标,列出其线性函数式,则总利润可表示为

$$z = 50x_1 + 100x_2$$

最大利润记为

$$\max z = 50x_1 + 100x_2$$

综上所述,得到了描述该问题的一组数学表达式

目标函数为

$$\max z = 50x_1 + 100x_2$$

约束条件为

$$\begin{cases} x_1 + x_2 \leqslant 300 \\ 2x_1 + x_2 \leqslant 400 \\ x_2 \leqslant 250 \\ x_1 \geqslant 0, x_2 \geqslant 0 \end{cases}$$

对于线性规划问题,一般可以用如下数学模型来描述

$$\max(\min)z = c_1x_1 + c_2x_2 + \cdots + c_nx_n \tag{3.1}$$

$$\text{s.t.}\begin{cases} a_{11}x_1 + a_{12}x_2 + \cdots + a_{1n}x_n \leqslant (=, \geqslant)b_1 \\ a_{21}x_1 + a_{22}x_2 + \cdots + a_{2n}x_n \leqslant (=, \geqslant)b_2 \\ \qquad\qquad\qquad\quad\vdots \\ a_{m1}x_1 + a_{m2}x_2 + \cdots + a_{mn}x_n \leqslant (=, \geqslant)b_n \\ x_1, x_2, \cdots, x_n \geqslant 0 \end{cases} \tag{3.2}$$

式(3.1)称为目标函数,式(3.2)称为约束条件,其中 $x_j \geqslant 0(j = 1, 2, \cdots, n)$ 也称为非负条件或非负限制。式中 c_j、a_{ij}、b_i ($i = 1, 2, \cdots, m; j = 1, 2, \cdots, n$) 均为常数。当求最大值时, c_j 也称为价值系数或利润系数;当求最小值时, c_j 也称为成本系数或支付系数。a_{ij} 称为约束系数, b_i 称为约束常数。

式(3.2)中,s.t.为英文"subject to"的缩写,意即"受约束于"。线性规划数学模型也可以用如式(3.3)的简缩形式表示

$$\max(\min)z = \sum_{j=1}^{n} c_j x_j$$

$$\text{s.t.}\begin{cases} \sum_{j=1}^{n} a_{ij}x_j \leqslant (=, \geqslant)b_i(i = 1, 2, \cdots, m) \\ x_j \geqslant 0(j = 1, 2, \cdots, n) \end{cases} \tag{3.3}$$

由于上述数学模型的目标函数为变量的线性函数,约束条件也为变量的线性等式或不等式,故此模型称为线性规划。如果目标函数是变量的非线性函数,或约束条件中含有变量非线性的等式或不等式的数学模型,则此模型称为非线性规划。

满足所有约束条件的解称为该线性规划的可行解,使得目标函数值最大的可行解称为该线性规划的最优解,此目标函数值称为最优目标函数值。

二、线性规划的图解法

对于一个线性规划问题,建立数学模型之后,接下来是如何求解的问题。这里先介绍含有两个未知变量的线性规划问题的图解法,它简单直观,有助于了解线性规划问题求解的基本原理。

在以 x_1、x_2 为坐标轴的直角坐标系里,图上任意一点的坐标就代表了决策变量 x_1、x_2 的一组值,也就代表了一个具体的决策方案。例3.1 中的每个约束条件都代表一个半平面,如约束条件 $x_1 + x_2 \leqslant 300$ 是代表以直线 $x_1 + x_2 = 300$ 为边界的左下方的半平面,即这个半平面上的任一点都满足约束条件 $x_1 + x_2 \leqslant 300$,而其余的点都不满足这个约束条件。若同时满足 $x_1 \geqslant 0$, $x_2 \geqslant 0$, $x_1 + x_2 \leqslant 300$, $2x_1 + x_2 \leqslant 400$, $x_2 \leqslant 250$ 的约束条件的点,必然落在这 5 个半平面的公共部分上(包括 5 条边界线),如图 3.1 所示。

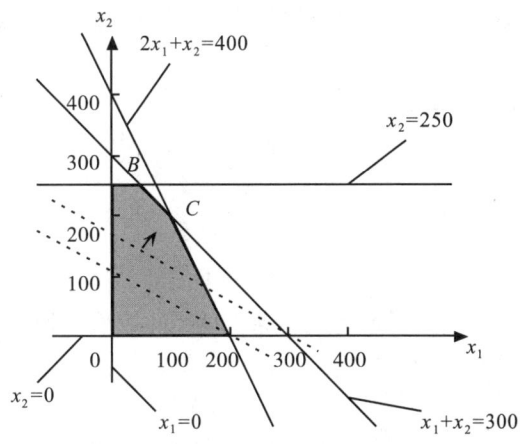

图 3.1 线性规划图解法示意图

可见公共部分的每一点都是这个线性规划的可行解,因此公共部分是例 3.1 线性规划问题的可行解的集合,称为可行域。

例 3.1 中的目标函数 $z = 50x_1 + 100x_2$,若把 z 看作某个固定常数 c 时,就得到一条斜率为 $-\dfrac{1}{2}$ 的直线,该直线上的任一点都使目标函数取相同的值 c,称这样的直线为目标函数等值线。如果把 c 看作参数而取不同的值,就能得到一系列互相平行的直线簇。从图 3.1 中可见,当 z 的取值从小变大时,直线 $z = 50x_1 + 100x_2$ 沿其法线方向向右上方平移,同时由于要满足全部约束条件,因此决策变量一定要处在其公共部分上。当等值线移到 B 点时,使 z 值在可行域的边界上实现了最大化。这样就得到了例 3.1 的最优解 B 点,它是直线 $x_2 = 250$ 与直线 $x_1 + x_2 = 300$ 的交点,其坐标可解得为 $(50, 250)$,这就是说,$x_1 = 50$,$x_2 = 250$ 就是该线性规划问题的最优解,此时相应的目标函数最大值为 $z = 27\ 500$。

这说明该工厂的最优生产计划方案是产品 Ⅰ 生产 50 单位,产品 Ⅱ 生产 250 单位,可得最大利润为 27 500 元。

例 3.1 中求解得到问题的最优解是唯一的,但对一般线性规划问题,求解结果还可能出现以下几种情况:

(1)多重最优解。若将例 3.1 中的目标函数变为求 $\max z = 50x_1 + 50x_2$,则可见代表目标函数的直线平移到最优位置后将和直线 $x_1 + x_2 = 300$ 重合。此时,不仅顶点 B、C 都代表了最优解,而且线段 BC 上的所有点都代表了最优解。这个线性规划问题有无穷多最优解,当然这些最优解都对应相同的最优值为

$$50x_1 + 50x_2 = 50(x_1 + x_2) = 50 \times 300 = 15\ 000$$

(2)无界解。如下述线性规划问题

$$\max z = 2x_1 + 2x_2$$
$$\text{s.t.} \begin{cases} x_1 - x_2 \geqslant 1 \\ -x_1 + 2x_2 \leqslant 0 \\ x_1, x_2 \geqslant 0 \end{cases}$$

用图解法求解结果见图 3.2。从图 3.2 中可以看出,由于可行域是无界区域,当等值

线沿箭头方向无限增大时,始终与无界区域相交。此时,目标函数值无上界,因此无最优解,也称最优解无界。

(3)无可行解。如下述线性规划问题

$$\min\ z = 3x_1 + 2x_2$$

$$\text{s.t.} \begin{cases} x_1 + x_2 \leqslant 2 \\ x_1 - x_2 \geqslant 5 \\ x_1, x_2 \geqslant 0 \end{cases}$$

由图 3.3 可以看出,同时满足所有约束条件的点不存在,即可行域为空集,也就是没有可行解,也不存在最优解。

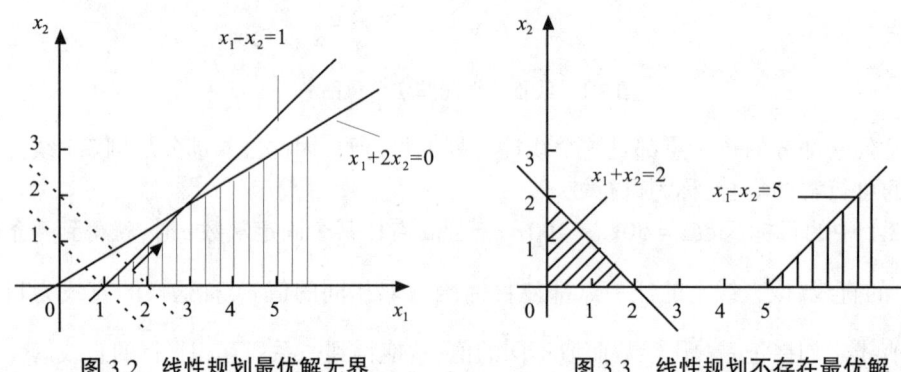

图 3.2　线性规划最优解无界　　　　图 3.3　线性规划不存在最优解

当线性规划问题的求解结果出现无界解和无可行解两种情况时,一般说明线性规划问题建模有错误。前者缺乏必要的约束条件,后者是有矛盾的约束条件,建模时应注意。

下面讨论目标函数最小化的线性规划问题。

💡 例 3.2

某企业的生产共需要 A、B 两种原料至少 350 t(A、B 两种原料有一定的替代性),其中原料 A 至少购进 125 t。但由于 A、B 两种原料的规格不同,各自所需的加工时间也是不同的,加工每吨原料 A 需要 2 h,加工每吨原料 B 需要 1 h,而企业总共有 600 h 的加工时间。已知每吨原料 A 的价格为 2 万元,每吨原料 B 的价格为 3 万元。试问在满足生产需要的前提下,在企业加工能力的范围内,如何购买 A、B 两种原料,使得购进成本最低。

解　设 x_1 为购进原料 A 的吨数, x_2 为购进原料 B 的吨数,得到此线性规划的数学模型如下:

$$\min\ z = 2x_1 + 3x_2$$

$$\text{s.t.} \begin{cases} x_1 + x_2 \geqslant 350 \\ x_1 \geqslant 125 \\ 2x_1 + x_2 \leqslant 600 \\ x_1, x_2 \geqslant 0 \end{cases}$$

我们用图解法来求最优解。首先画出此线性规划问题的可行域,如图 3.4 中的阴影部分。再看目标函数 $z = 2x_1 + 3x_2$，它在坐标平面上可表示为以 z 为参数，以 $-\dfrac{2}{3}$ 为斜率的一组等值线。等值线随 z 值的减小而向左下方平移，当移动到 Q 点时，目标函数在可行域中取得最小值。Q 点的坐标可以从线性方程组

$$\begin{cases} x_1 + x_2 = 350 \\ 2x_1 + x_2 = 600 \end{cases}$$

中求出 $x_1 = 250$，$x_2 = 100$。这就是线性规划问题的最优解，即购买 250 t 原料 A，购买 100 t 原料 B，可使成本最小。最小总成本为：$2 \times 250 + 3 \times 100 = 800$（万元）。

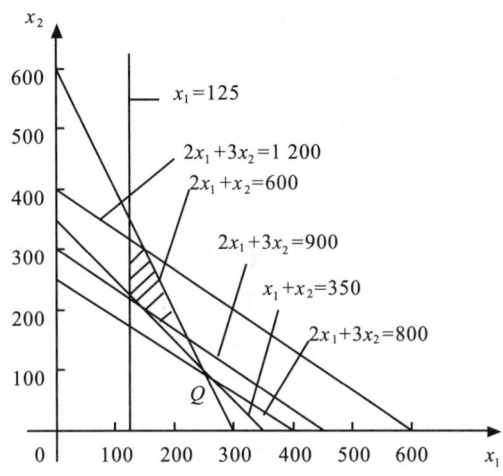

图 3.4　线性规划最优解图解法

三、线性规划的标准型和解的性质

1.线性规划问题的标准型

前面我们曾给出了线性规划问题的一般形式，可以看出，其中目标函数有的要求最大，有的要求最小；约束条件可以是"≤"形式的不等式，也可以是"≥"形式的不等式，还可以是等式。决策变量一般是非负约束，但也允许在 $(-\infty, +\infty)$ 范围内取值，即无约束。为了进一步研究和讨论，就需要把线性规划的一般形式化为统一的标准形式。这里的标准形式有以下规定：

（1）目标函数是求最大值；

（2）所有约束条件均用等式表示；

（3）所有决策变量均取非负数；

（4）所有约束常数均为非负数。

于是，具有 m 个约束条件和 n 个决策变量的线性规划问题的标准型为

$$\max z = c_1x_1 + c_2x_2 + \cdots + c_nx_n$$

$$\text{s.t.}\begin{cases} a_{11}x_1 + a_{12}x_2 + \cdots + a_{1n}x_n = b_1 \\ a_{21}x_1 + a_{22}x_2 + \cdots + a_{2n}x_n = b_2 \\ \qquad\qquad\qquad\vdots \\ a_{m1}x_1 + a_{m2}x_2 + \cdots + a_{mn}x_n = b_n \\ x_1, x_2, \cdots, x_n \geq 0 \end{cases} \tag{3.4}$$

简写为

$$\max\ z = \sum_{j=1}^{n} c_j x_j$$

$$\text{s.t.}\begin{cases} \sum\limits_{j=1}^{n} a_{ij}x_j = b_i (i = 1, 2, \cdots, m) \\ x_j \geq 0 (j = 1, 2, \cdots, n) \end{cases} \tag{3.5}$$

用矩阵形式描述时,为

$$\max\ z = \boldsymbol{CX}$$

$$\text{s.t.}\begin{cases} \boldsymbol{AX} = \boldsymbol{b} \\ \boldsymbol{X} \geq 0 \end{cases} \tag{3.6}$$

式中: $C = (c_1, c_2, \cdots, c_n)$ 。

$$\boldsymbol{A} = \begin{pmatrix} a_{11} & a_{12} & \cdots & a_{1n} \\ a_{21} & a_{22} & \cdots & a_{2n} \\ \vdots & \vdots & & \vdots \\ a_{m1} & a_{m2} & \cdots & a_{mn} \end{pmatrix}, 称为约束系数矩阵。$$

$\boldsymbol{X} = (x_1, x_2, \cdots, x_n)^{\text{T}}$ 。

$\boldsymbol{b} = (b_1, b_2, \cdots, b_m)^{\text{T}}$ 。

一般可以通过以下方法,把非标准型线性规划化为标准型。

(1)目标函数的标准化。如果线性规划问题是求目标函数的最小值,即 $\min\ z = \boldsymbol{CX}$,则由 $\min\ z = -\max\ (-z)$,令 $z' = -z$,得 $\max\ z' = -\boldsymbol{CX}$,这就同标准型的目标函数的形式一致了。但要注意,如果要求原问题的最优值,应取 z' 最优值的相反数。

(2)约束条件的标准化。当约束条件为"≤"形式的不等式,可在不等式左边加上一个非负的新变量,也就是松弛变量,把不等号变为等号;当约束条件为"≥"形式的不等式,可在不等式左边减去一个非负的剩余变量(也可称松弛变量),把不等号变为等号。

(3)决策变量的标准化。如果某一变量 x_k 是一个符号不受限制的自由变量,可以引入两个非负的新变量 x'_k 和 x''_k ,并做变换 $x_k = x'_k - x''_k$ 化为非负变量。

(4)约束常数的标准化。如果有某约束常数为负数,可在等式(或不等式)两边同时乘以-1,把约束常数变为正数。

例3.3

把下面的线性规划模型化为标准型

$$\max\ z = 2x_1 + 3x_2 + x_3$$

$$\text{s.t.} \begin{cases} x_1 + x_2 + x_3 \leqslant 3 \\ x_1 + 4x_2 + 7x_3 \leqslant 9 \\ x_1, x_2, x_3 \geqslant 0 \end{cases}$$

解　此例只有约束条件不符合标准型,为此引入非负的松弛变量 x_4、x_5,分别加到第一个和第二个不等式的左边,即得标准型

$$\max \ z = 2x_1 + 3x_2 + x_3 + 0x_4 + 0x_5$$

$$\text{s.t.} \begin{cases} x_1 + x_2 + x_3 + x_4 = 3 \\ x_1 + 4x_2 + 7x_3 + x_5 = 9 \\ x_1, x_2, x_3, x_4, x_5 \geqslant 0 \end{cases}$$

注意,所加松弛变量 x_4、x_5 表示没有被利用的资源,当然也没有利润,所以在目标函数中 x_4、x_5 的系数应为 0。

例 3.4

将下面的线性规划问题化为标准型

$$\min \ z = -x_1 - 6x_2 - 3x_3$$

$$\text{s.t.} \begin{cases} x_1 + x_2 + x_3 \leqslant 7 \\ x_1 - x_2 + x_3 \geqslant 2 \\ -3x_1 + x_2 + 2x_3 = 5 \\ x_1, x_2 \geqslant 0, x_3 \text{ 为无约束} \end{cases}$$

解　令 $z' = -z$,把求 $\min z$ 改为求 $\max z'$;
由 x_3 为无约束变量,用 $x_4 - x_5$ 替换 x_3,其中 $x_4, x_5 \geqslant 0$;
在第一个约束不等式"$\leqslant$"的左边加入松弛变量 x_6;
在第二个约束不等式"$\geqslant$"的左边减去剩余变量 x_7。
这样即可得到该问题的标准型:

$$\min \ z' = x_1 + 6x_2 + 3(x_4 - x_5) + 0x_6 + 0x_7$$

$$\text{s.t.} \begin{cases} x_1 + x_2 + (x_4 - x_5) + x_6 = 7 \\ x_1 - x_2 + (x_4 - x_5) - x_7 = 2 \\ -3x_1 + x_2 + 2(x_4 - x_5) = 5 \\ x_1, x_2, x_4, x_5, x_6, x_7 \geqslant 0 \end{cases}$$

2.线性规划问题的解的概念和基本性质

对于线性规划问题标准型

$$\max \ z = \sum_{j=1}^{n} c_j x_j \tag{3.7}$$

$$\text{s.t.} \begin{cases} \sum_{j=1}^{n} a_{ij} x_j = b_i \quad (i = 1, 2, \cdots, m) \\ x_j \geqslant 0 \qquad\quad (j = 1, 2, \cdots, n) \end{cases} \tag{3.8}$$

称满足约束条件(3.8)的变量 $x_j(j=1,2,\cdots,n)$ 的一组值为线性规划问题的可行解,满足目标函数(3.7)的可行解称为最优解,最优解对应的目标函数值称为最优值。

设 A 是约束方程组 $m \times n$ 阶系数矩阵,其秩为 $m(m \leq n)$,如果 B 是 A 中 $m \times m$ 阶非奇异子矩阵(即 $|B| \neq 0$),则称 B 是线性规划问题的一个基。显然,基 B 由 m 个线性无关的列向量组成,基的个数不超过 m 个。不失一般性,不妨设基 B 位于 A 的前 m 列,即

$$B = \begin{pmatrix} a_{11} & a_{12} & \cdots & a_{1n} \\ a_{21} & a_{22} & \cdots & a_{2n} \\ \vdots & \vdots & & \vdots \\ a_{m1} & a_{m2} & \cdots & a_{mn} \end{pmatrix} = (P_1, P_2, \cdots, P_n)$$

称 $P_j = (a_{1j}, a_{2j}, \cdots, a_{mj})^{\mathrm{T}}(j=1,2,\cdots,n)$ 为基向量,与基向量 P_j 相对应的变量 X_j 称为基变量,其他的变量称为非基变量。

对于基 B,若令所有非基变量都等于 0,所得到的约束方程组的解,称为该线性规划问题的一个基本解。显然,有一个基,就有一个基本解。这里要指出,基本解不一定是可行解,因为它不一定满足非负条件;同样,可行解也不一定是基本解,因为其所含的非基变量未必都取 0。

满足非负条件的基本解,称为基本可行解,对应于基本可行解的基,称为可行基。显然,基本可行解的非零分量数不超过 m 个。当基本可行解的非零分量个数少于 m 时,则基本可行解中至少有一个基变量取值为 0,称为退化的基本可行解。

满足目标函数式(3.7)的基本可行解,称为基本最优解,对应于基本最优解的基,称为最优基。

💡 例 3.5

讨论线性规划问题的基、基本可行解和对应的目标函数值。

$$\max z = x_1 + x_2$$
$$\text{s.t.} \begin{cases} 2x_1 + 3x_2 \leq 100 \\ 4x_1 + 2x_2 \leq 120 \\ x_1, x_2 \geq 0 \end{cases}$$

解 化为标准型得

$$\max z = x_1 + x_2 + 0x_3 + 0x_4$$
$$\text{s.t.} \begin{cases} x_1 + x_2 + x_3 = 100 \\ 4x_1 + 2x_2 + x_4 = 120 \\ x_1, x_2, x_3, x_4 \geq 0 \end{cases}$$

显然系数矩阵 $A = (P_1, P_2, P_3, P_4) = \begin{pmatrix} 2 & 3 & 1 & 0 \\ 4 & 2 & 0 & 1 \end{pmatrix}$

取 $B_1 = (P_3, P_4) = \begin{pmatrix} 1 & 0 \\ 0 & 1 \end{pmatrix}$,它是线性规划的一个基,基向量为 $P_3 = \begin{pmatrix} 1 \\ 0 \end{pmatrix}$ 和 $P_4 = \begin{pmatrix} 0 \\ 1 \end{pmatrix}$。

对应的基变量为 x_3 和 x_4,非基变量为 x_1 和 x_2。令非基变量 $x_1 = x_2 = 0$,解约束方程

组得 $X^{(1)} = (0,0,100,200)^T$，它是一个基本解，由于满足非负条件，所以又是可行解，因而是基本可行解，B_1 是可行基，目标函数 $z = 0$。

该线性规划问题共有 6 个基，因而有 6 个基本解，除了 $X^{(1)}$ 外，另外 5 个是：

$B_2 = (P_2, P_4) = \begin{pmatrix} 3 & 0 \\ 2 & 1 \end{pmatrix}$，基本解为 $X^{(2)} = (0, 100/3, 0, 160/3)^T$，它是可行解，$B_2$ 为可行基，目标函数 $z = \dfrac{100}{3}$。

$B_3 = (P_2, P_1) = \begin{pmatrix} 3 & 2 \\ 2 & 4 \end{pmatrix}$，基本解为 $X^{(3)} = (20, 20, 0, 0)^T$，它是可行解，$B_3$ 为可行基，目标函数 $z = 40$。

$B_4 = (P_1, P_3) = \begin{pmatrix} 2 & 1 \\ 4 & 0 \end{pmatrix}$，基本解为 $X^{(4)} = (30, 0, 40, 0)^T$，它是可行解，$B_4$ 为可行基，目标函数 $z = 30$。

$B_5 = (P_3, P_2) = \begin{pmatrix} 1 & 3 \\ 0 & 2 \end{pmatrix}$，基本解为 $X^{(5)} = (0, 60, -80, 0)^T$，由于 $x_3 < 0$，故它不是可行解，B_5 不是可行基，目标函数值不存在。

$B_6 = (P_1, P_4) = \begin{pmatrix} 2 & 0 \\ 4 & 1 \end{pmatrix}$，基本解为 $X^{(6)} = (50, 0, 0, -80)^T$，它不是可行解，$B_6$ 不是可行基，目标函数值不存在。

下面归纳一下线性规划问题解的性质。在这之前，先介绍两个有关的概念。

凸集 如果集合 K 中任意两点 $X^{(1)}$、$X^{(2)}$ 连线上的所有点都是集合 K 中的点，即如果对于任意的 $X^{(1)}, X^{(2)} \in K$，都有 $\alpha X^{(1)} + (1-\alpha) X^{(2)} \in K (0 \leq \alpha \leq 1)$，则称 K 为凸集。

例如图 3.5 中的(a)、(b)、(c)为凸集，而(d)、(e)、(f)不是凸集。

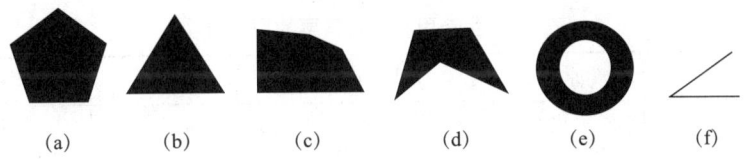

| (a) | (b) | (c) | (d) | (e) | (f) |

图 3.5 凸集示意图

顶点 如果凸集 K 中的点 X，不能成为任何线段的内点，即如果 $X \in K$，对任意 $X^{(1)}, X^{(2)} \in K$，都不存在 $\alpha (0 \leq \alpha \leq 1)$，使得 $X = \alpha X^{(1)} + (1-\alpha) X^{(2)} (0 \leq \alpha \leq 1)$，则称 X 为 K 的一个顶点，例如三角形、正方形、凸多边形的顶点，凸无界区域的顶点及圆周上的点等。

从图解法的例子中可知线性规划问题的可行域是一个凸集，且如果问题有最优值，都是在顶点上达到。这些性质推广到一般，得到下面几个重要定理。

定理 3.1 线性规划问题的可行解集 D 是一个凸集。

定理 3.2 可行域 D 中的点 X 是顶点的充要条件是 X 为基本可行解。

引理 线性规划的可行解是基本可行解的充要条件是该可行解的非零分量对应的系数列向量线性无关。

定理 3.3 若可行域非空有界,则线性规划问题的最优值一定可以在顶点上达到。

这三个定理我们不给予数学证明。结合图解法,可以更清晰地了解到线性规划问题解的有关性质,定理 3.1 说明,连接线性规划问题任意两个可行解的线段上的点(坐标)仍是可行解;定理 3.2 说明,线性规划问题的基本可行解与可行域的顶点是一一对应的关系;定理 3.3 说明,如果一个线性规划问题有最优解,则一定可以从有限个基本可行解(顶点)中找到。

上述三个重要定理,是单纯形法的理论依据。

四、单纯形法

单纯形法是求解线性规划问题的普遍有效的方法。它是由美国数学家丹捷格(G. B. Dantzig)提出的。

1.单纯形法的基本思路和原理

单纯形法的基本思路是:根据线性规划问题的标准型,从可行域中一个基本可行解(一个顶点)开始,转换到另一个基本可行解(另一个顶点),并且使目标函数的值逐步增大;当目标函数值达到最大值时,问题就得到了最优解。先举一个例子来说明如何利用单纯形法求解线性规划问题及其实际意义。

💡 **例 3.6**

设某企业计划生产甲、乙两种产品,要用 A、B、C、D 四种不同的原料。按工艺的规定,产品甲和乙所需要的原料数如表 3.2 所示。

已知每天原料 A、B、C 和 D 供应的能力分别是 12、8、16 和 12 单位。每生产一件甲产品可得利润 2 元,每生产一件乙产品可得利润 3 元。问应如何安排生产计划,才能使一天的总利润最大。

表 3.2 生产甲和乙所需要的原料数

	原料 A	原料 B	原料 C	原料 D
产品甲	2	1	4	0
产品乙	2	2	0	4

解 依题意,该问题的线性规划的标准型为

$$\max \ z = 2x_1 + 3x_2 + 0x_3 + 0x_4 + 0x_5 + 0x_6 + 0x_7 \tag{3.9}$$

$$\text{s.t.} \begin{cases} 2x_1 + 2x_2 + x_3 = 12 \\ x_1 + 2x_2 + x_4 = 8 \\ 4x_1 + x_5 = 16 \\ 4x_2 + x_6 = 12 \\ x_1, x_2, x_3, x_4, x_5, x_6 \geqslant 0 \end{cases} \tag{3.10}$$

其中 x_1、x_2 分别表示生产甲、乙两种产品的数量,松弛变量 x_3、x_4、x_5、x_6 分别表示 A、B、C、D 四种原料的剩余量。

从约束方程(3.10)的系数矩阵

$$A = (P_1, P_2, P_3, P_4, P_5, P_6) = \begin{pmatrix} 2 & 2 & 1 & 0 & 0 & 0 \\ 1 & 2 & 0 & 1 & 0 & 0 \\ 4 & 0 & 0 & 0 & 1 & 0 \\ 0 & 4 & 0 & 0 & 0 & 1 \end{pmatrix}$$

可以看到: x_3、x_4、x_5、x_6 的系数列向量

$$P_3 = \begin{pmatrix} 1 \\ 0 \\ 0 \\ 0 \end{pmatrix}, P_4 = \begin{pmatrix} 0 \\ 1 \\ 0 \\ 0 \end{pmatrix}, P_5 = \begin{pmatrix} 0 \\ 0 \\ 1 \\ 0 \end{pmatrix}, P_6 = \begin{pmatrix} 0 \\ 0 \\ 0 \\ 1 \end{pmatrix}$$

是线性无关的,这些列向量可以构成基

$$B_1 = (P_3, P_4, P_5, P_6) = \begin{pmatrix} 1 & 0 & 0 & 0 \\ 0 & 1 & 0 & 0 \\ 0 & 0 & 1 & 0 \\ 0 & 0 & 0 & 1 \end{pmatrix}$$

对应于 B_1 的变量 x_3、x_4、x_5、x_6 为基变量,从式(3.10)中可以得到

$$\begin{cases} x_3 = 12 - 2x_1 + 2x_2 \\ x_4 = 8 - x_1 + 2x_2 \\ x_5 = 16 - 4x_1 \\ x_6 = 12 - 4x_2 \end{cases} \tag{3.11}$$

将式(3.11)代入目标函数(3.9)得到

$$z = 0 + 2x_1 + 3x_2 \tag{3.12}$$

当非基变量全取 0 时,即 $x_1 = x_2 = 0$ 代入式(3.12)便得 $z = 0$,这时得到一个基本可行解 $X^{(0)} = (0, 0, 12, 8, 16, 12)^T$。

这个可行解的实际意义是:企业没有安排生产产品甲、乙,因此原料 A、B、C、D 都没有被利用,所以利润 $z = 0$。

从分析目标函数的表达式(3.12)可以看到,非基变量 x_1、x_2(即没有安排生产产品甲、乙)的系数都是正数,如果将非基变量变换成基变量,目标函数值就可能增大。从实际意义上讲,安排生产产品甲或乙都可以使企业的利润增加。所以只要目标函数值(利润)还有增加的可能,就需要将非基变量与基变量进行对换。为使利润增加多些,一般选择正系数最大的非基变量为换入变量,将它换入基变量中去,称为"进基";同时还要确定基变量中有一个要换出来成为非基变量,称为"出基"。按以下方法来确定出基变量。

当将 x_2 定为进基变量后,必须要从 x_3、x_4、x_5、x_6 中换出一个变量出基,并要保证其余变量都是非负,即当 $x_1 = 0$,可由式(3.11)得到

$$\begin{cases} x_3 = 12 - 2x_1 + 2x_2 \geq 0 \\ x_4 = 8 - x_1 + 2x_2 \geq 0 \\ x_5 = 16 - 4x_1 \geq 0 \\ x_6 = 12 - 4x_2 \geq 0 \end{cases} \tag{3.13}$$

从式(3.13)中可以看出,只有选择

$$x_2 = \min\left(\frac{12}{2}, \frac{8}{2}, \frac{16}{4}, \frac{12}{4}\right) = 3$$

时,才能使式(3.13)成立。因而当 $x_2 = 3$ 时,基变量 $x_6 = 0$,这就决定了用 x_2 去替换 x_6,让 x_6 成为出基变量。

为了求得基变量的一个基本可行解和进一步分析问题,需将式(3.13)中 x_2 的位置与 x_6 的位置对换。为此,只要对原约束方程组的增广矩阵进行初等变换,使新基变量 x_2 所对应的系数列向量 $\boldsymbol{P}_2 = (2,2,0,4)^{\mathrm{T}}$ 变为原基变量 x_6 所对应的系数列向量 $\boldsymbol{P}_6 = (0,0,0,1)^{\mathrm{T}}$,它是一个单位列向量,即

$$
\begin{array}{ccccccc}
 & \downarrow & & & & & \\
x_1 & x_2 & x_3 & x_4 & x_5 & x_6 & \text{常数项}
\end{array}
$$

$$
\begin{array}{c}
\\
\text{原基变量}
\end{array}
\begin{array}{c}
x_3 \\ x_4 \\ x_5 \\ \leftarrow x_6
\end{array}
\begin{pmatrix}
2 & 2 & 1 & 0 & 0 & 0 & 12 \\
1 & 2 & 0 & 1 & 0 & 0 & 8 \\
4 & 0 & 0 & 0 & 1 & 0 & 16 \\
0 & ④ & 0 & 0 & 0 & 1 & 12
\end{pmatrix}
$$

$$
\begin{array}{ccccccc}
x_1 & x_2 & x_3 & x_4 & x_5 & x_6 & \text{常数项}
\end{array}
$$

$$
\begin{array}{c}
\\
\text{新基变量}
\end{array}
\begin{array}{c}
x_3 \\ x_4 \\ x_5 \\ x_2
\end{array}
\begin{pmatrix}
? & 0 & 1 & 0 & 0 & ? & ? \\
? & 0 & 0 & 1 & 0 & ? & ? \\
? & 0 & 0 & 0 & 1 & ? & ? \\
? & ① & 0 & 0 & 0 & ? & ?
\end{pmatrix}
$$

其变换过程如下:

在上述增广矩阵中,先确定进基变量 x_2,它在第二列,我们称之为进基的列,并暂用记号"↓"表示变量 x_2 应进基,再用最小比值原则确定出基变量,其方法是将进基列的所有正数去除它对应的常数项,并取其最小值,即

$$\min\left(\frac{12}{2}, \frac{8}{2}, \frac{12}{4}\right) = 3$$

确定出基变量是在第四行的基变量 x_6,用记号"←"表示应出基,在进基变量 x_2 所对应的列(第二列)和出基变量 x_6 所对应的行(第四行)的交叉元 $a_{42} = 4$ 上用圆圈标志,并称此元为主元,将主元变成1,主元所在列的其他元素都变为0。这可以对原约束方程组的增广矩阵实施初等行变换来达到,实质上是对原约束方程组用高斯消元法进行等价变换。

矩阵变换过程如下

$$
\begin{pmatrix}
2 & 2 & 1 & 0 & 0 & 0 & 12 \\
1 & 2 & 0 & 1 & 0 & 0 & 8 \\
4 & 0 & 0 & 0 & 1 & 0 & 16 \\
0 & ④ & 0 & 0 & 0 & 1 & 12
\end{pmatrix}
\longrightarrow
\begin{pmatrix}
2 & 0 & 1 & 0 & 0 & -1/2 & 6 \\
1 & 0 & 0 & 1 & 0 & -1/2 & 2 \\
4 & 0 & 0 & 0 & 1 & 0 & 16 \\
0 & 1 & 0 & 0 & 0 & 1/4 & 3
\end{pmatrix}
$$

基变换后,得新基 $\boldsymbol{B}_2 = (\boldsymbol{P}_3, \boldsymbol{P}_4, \boldsymbol{P}_5, \boldsymbol{P}_6)$,用非基变量 x_1、x_6 来表示基变量 x_2、x_3、x_4、x_5,可得

$$\begin{cases} x_2 = 3 - \dfrac{1}{4}x_6 \\[2mm] x_3 = 6 - 2x_1 + \dfrac{1}{2}x_6 \\[2mm] x_4 = 2 - x_1 + \dfrac{1}{2}x_6 \\[2mm] x_5 = 16 - 4x_1 \end{cases} \qquad (3.14)$$

将式(3.14)代入目标函数,得到

$$z = 9 + 2x_1 - \frac{3}{4}x_6 \qquad (3.15)$$

当非基变量 $x_1 = x_6 = 0$,得到另一基本可行解 $\boldsymbol{X}^{(1)} = (0,3,6,2,16,0)^{\mathrm{T}}$。从目标函数的表达式(3.15)中可看到,非基变量 x_1 的系数是正的,说明目标函数的值还可能增大,$\boldsymbol{X}^{(1)}$ 不是最优解。于是再用上述方法,确定进基、出基变量,继续迭代,再得到一个基本可行解 $\boldsymbol{X}^{(2)} = (2,3,2,0,8,0)^{\mathrm{T}}$。

再经过一次迭代,又得到一个基本可行解

$$\boldsymbol{X}^{(3)} = (4,2,0,0,0,4)^{\mathrm{T}}$$

而这时得到的目标函数的表达式是

$$z = 14 - 1.5x_4 - 0.125x_5 \qquad (3.16)$$

再来分析式(3.16),可以看到所有非基变量 x_4、x_5 的系数都为非正数,因此仅当 $x_4 = x_5 = 0$ 时,即把原料 B、C 全部用完并不再利用剩余原料 A、D 时,目标函数值达到最大值:$z = 14$。所以 $\boldsymbol{X}^{(3)}$ 是最优解,即当产品甲应当生产 4 件,产品乙应当生产 2 件,企业才能获得日最大利润 $z = 14$。

通过上述例子,可以了解到利用单纯形法求解线性规划问题的思路。在决策变量多的情况下,以上求解步骤很繁杂,为了便于计算和检验,人们设计了一种与用增广矩阵相似的计算表格,称为单纯形表,它使单纯形法更加简洁明了。

(1)初始基本可行解的确定

由线性代数的知识知道,如果我们在约束方程组系数中找到一个基,令这个基的非基变量为 0,就可得到线性规划的一个基本解。但这种基本解不一定满足所有变量的非负条件,因此,它不一定是基本可行。那么我们如何找到一个基能保证在求解之后得到的一个解一定是基本可行解呢?

由于在线性规划的标准型中,要求 b_j 都大于等于 0,如果找到一个基是单位矩阵,或者说一个基由单位矩阵的各列向量所组成(至于各列向量的前后秩序是无关紧要的),那么显然所求得的基本解一定是基本可行,这个单位矩阵或由单位矩阵各列向量组成的基一定是可行基。实际上,这个基本可行解中的各个变量或等于某个 b_j 或等于 0。

在第一次找可行基时,所找到的基或为单位矩阵或为由单位矩阵的各列向量所组成,称为初始可行基,其相应的基本可行解叫初始基本可行解。如果找不到单位矩阵或由单位矩阵的各列向量所组成的基作为初始可行基,则需要构造初始可行基,具体做法在以后详细讲述。

（2）最优性检验

所谓最优性检验，就是判断已求得的基本可行解是否为最优解。

①最优性检验的依据——检验数 σ_j

一般来说，目标函数中既包括基变量，又包括非基变量。现在要求只用非基变量来表示目标函数，这只要在约束等式中通过移项等处理就可以用非基变量来表示基变量，然后用非基变量的表示式代替目标函数中的基变量，这样目标函数中就只含非基变量了，或者说目标函数中基变量的系数都为 0 了。此时目标函数中所有变量的系数即为各变量的检验数，把变量 x_j 的检验数记为 σ_j。显然所有基变量的检验数必为 0。

我们可以用数学式子推导出检验数 σ_j 的一般表达式。可行基为 m 阶单位矩阵的线性规划模型如下（假设其系数矩阵的前 m 列是单位矩阵）：

$$\max z = c_1 x_1 + c_2 x_2 + \cdots + c_n x_n \tag{3.17}$$

$$\text{s.t.} \begin{cases} x_1 + a_{1,m+1} x_{m+1} + \cdots + a_{1n} x_n = b_1 \\ x_2 + a_{2,m+1} x_{m+1} + \cdots + a_{2n} x_n = b_2 \\ \qquad\qquad\qquad \vdots \\ x_m + a_{m,m+1} x_{m+1} + \cdots + a_{mn} x_n = b_m \\ x_1, x_2, \cdots, x_n \geq 0 \end{cases} \tag{3.18}$$

以下用 $x_i(i = 1, 2, \cdots, m)$ 表示基变量，用 $x_j(j = m + 1, m + 2, \cdots, n)$ 表示非基变量。把第 i 个约束方程移项，就可以用非基变量来表示基变量 x_i

$$x_i = b_i - a_{i,m+1} x_{m+1} - a_{i,m+2} x_{m+2} - \cdots - a_{i,n} x_n$$

$$= b_i - \sum_{j=m+1}^{n} a_{ij} x_j (i = 1, 2, \cdots, m) \tag{3.19}$$

把式（3.19）代入式（3.17），就有

$$z = \sum_{i=1}^{m} c_i x_i + \sum_{j=m+1}^{n} c_j x_j$$

$$= \sum_{i=1}^{m} c_i \left(b_i - \sum_{j=m+1}^{n} a_{ij} x_j \right) + \sum_{j=m+1}^{n} c_j x_j$$

$$= \sum_{i=1}^{m} c_i b_i - \sum_{j=m+1}^{n} \left(c_j - \sum_{i=1}^{m} c_i a_{ij} \right) x_j$$

$$= z_0 + \sum_{j=m+1}^{n} (c_j - z_j) x_j = z_0 + \sum_{j=m+1}^{n} \sigma_j x_j$$

其中

$$z_0 = \sum_{i=1}^{m} c_i b_i$$

$$\sigma_j = c_j - z_j$$

$$z_j = \sum_{i=1}^{m} c_i a_{ij} = c_1 a_{1j} + c_2 a_{2j} + \cdots + c_m a_{mj} = (c_1, c_2, \cdots, c_m) \begin{bmatrix} a_{1j} \\ a_{2j} \\ \vdots \\ a_{mj} \end{bmatrix}$$

$$= (c_1, c_2, \cdots, c_m) p_j$$

上面假设 $x_1, x_2, \cdots, x_m$ 是基变量,即第 i 行约束方程的基变量正好是 x_i。而经过若干次迭代后,基发生了若干次变化,一般不会是上述假设的情况了,因此上述计算 z_j 的式子也应改变。如果迭代后的第 i 行约束方程的基变量为 x_{Bi}(不一定是 x_i),而与 x_{Bi} 相对应的目标函数系数为 C_{Bi},而迭代后的系数列向量为 $\boldsymbol{P}'_j (j = 1, 2, \cdots, n)$,则

$$z_j = (\boldsymbol{C}_{B1}, \cdots, \boldsymbol{C}_{Bn}) \boldsymbol{P}'_j = \boldsymbol{C}_B p'_j$$

式中:$\boldsymbol{C}_B$——由第 1 列第 m 行各行约束方程中的基变量相应的目标函数依次组成的有序行向量。

②最优解判别定理

在求最大目标函数的问题中,对于某个基本可行解,如果所有检验数 $\sigma_j \leq 0$,则这个基本可行解是最优解。

下面来解释最优解判别定理。设用非基变量表示的目标函数为如下形式

$$z_j = z_0 + \sum_{j \in J} \sigma_j x_j \tag{3.20}$$

式中:z_0——常数项。

J——所有非基变量的下标集。

由于所有的 x_j 的取值范围为大于等于 0,当所有的 σ_j 都小于等于 0 时,可知 $\sum_{j \in J} \sigma_j x_j$ 是一个小于等于 0 的数,要使式(3.20)的值最大,显然只有 $\sum_{j \in J} \sigma_j x_j$ 为 0。这些 x_j 取为非基变量,即令这些 x_j 的值等于 0,所求得的基本可行解就使目标函数值最大为 z_0。

对于求目标函数最小值的情况,只需把上述定理中的 $\sigma_j \leq 0$ 改成 $\sigma_j \geq 0$ 即可。至于如何来判断无最优解的方法将在后面用具体事例予以阐述。

(3)基变换

如果这个初始基本可行解不是最优解,那么如何进行基变换才能找到一个新的可行基呢? 具体的做法是从原可行基中换一个列向量,得到一个新的可行基,再求解得到新的基本可行解,使得其目标函数值更优。为了换基就要确定换入变量与换出变量。

①入基变量的确定。从最优解判别定理知道,当某个 $\sigma_j > 0$ 时,非基变量变为基变量不取 0 值可以使目标函数值增大,故要选基检验数大于 0 的非基变量换到基变量中去(称为入基变量)。若有两个以上的 $\sigma_j > 0$,则为了使目标函数值增加得更大些,一般选其中的 σ_j 最大者的非基变量为入基变量。

②出基变量的确定。确定出基变量的方法可以概括为:把已确定的入基变量在各约束方程中的正的系数除其所在约束方程中的常数项的值,把其中最小比值所在的约束方程中的原基变量确定为出基变量。这样在下一步迭代的矩阵变换中可确保新得到的 b_i 值都大于等于 0。

2.单纯形表

单纯形表是把单纯形法求出基本可行解、检验其最优性、迭代步骤都用表格的方式来计算求出,其表格的形式有些像增广矩阵,而其计算的方法也大致上使用矩阵的行初等变换。

(1)标准型

以下用单纯形表来求解例 3.1。

例 3.1 中的线性规划的标准型为

$$\max z = 50x_1 + 100x_2 + 0x_3 + 0x_4 + 0x_5$$

$$\text{s.t.}\begin{cases} x_1 + x_2 + x_3 = 300 \\ 2x_1 + x_2 + x_4 = 400 \\ x_2 + x_5 = 250 \\ x_1, x_2, x_3, x_4, x_5 \geq 0 \end{cases}$$

把上面的数据填入如表 3.3 所示的单纯形表,建立初始单纯形表。

表 3.3　初始单纯形表

迭代次数	基变量	C_B	x_1	x_2	x_3	x_4	x_5	b	比值 b_i/a_{i2}
			50	100	0	0	0		
0	x_3	0	1	1	1	0	0	300	300/1
	x_4	0	2	1	0	1	0	400	400/1
	x_5	0	0	①	0	0	1	250	250/1
	z_j		0	0	0	0	0	$z = 0$	
	$\sigma_j = c_j - z_j$		50	100	0	0	0		

在此表的第一列是迭代次数栏,由于是求初始基本可行解,还没有进行迭代,所以此栏填 0。此表的第四列的第一行依次填上此标准型的所有变量,第二行填上这些变量在目标函数中的系数,在第三行中填上约束方程的系数矩阵,在 b 栏中填上对应的约束方程的常数项。在基变量这一栏中填入每个约束方程的基变量,如在本例的约束方程的系数矩阵中包含了一个 $m \times m$ 单位矩阵,即确定此单位阵为基,相应的变量 x_3、x_4、x_5 为基变量。由于第一个约束方程中只含有基变量 x_3,第二个约束方程中只含有基变量 x_4,第三个约束方程中只含有基变量 x_5,所以在此栏中相应填上 x_3、x_4、x_5,在 x_3、x_4、x_5 的右边 C_B 列中填入这些基变量在目标函数中相应的系数。在 z_j 行中填入把系数矩阵中的第 j 列与 C_B 列中对应元素相乘、相加所得的值,如 $z_1 = 0 \times 1 + 0 \times 2 + 0 \times 0 = 0$,$z_2 = 0 \times 1 + 0 \times 1 + 0 \times 1 = 0$,$z_3 = 0 \times 1 + 0 \times 0 + 0 \times 0 = 0$,$z_4 = 0 \times 0 + 0 \times 1 + 0 \times 0 = 0$,$z_5 = 0 \times 0 + 0 \times 0 + 0 \times 1 = 0$。在 $\sigma_j = c_j - z_j$ 行中填入变量 x_j,在目标函数中的系数 c_j 减去所求出的 z_j 所得的值,如 $\sigma_1 = 50 - 0 = 50$,$\sigma_2 = 100 - 0 = 100$,$\sigma_3 = 0 - 0 = 0$,$\sigma_4 = 0 - 0 = 0$,$\sigma_5 = 0 - 0 = 0$。再在 b 栏下填上 z 的值,z 表示把初始基本可行解代入目标函数所得的目标函数值。z 的值就等于约束方程的常数项 b_i 乘以约束方程的基变量在目标函数中的系数之和,在这里,$z = 300 \times 0 + 400 \times 0 + 250 \times 0 = 0$。

填完表 3.3 后,可以从基变量这一栏和 b 栏直接读取初始基本可行解:$X^{(0)} = (0, 0, 300, 400, 250)^{\mathrm{T}}$(因 x_1、x_2 为非基变量,非基变量取 0 值),其目标函数值 $z_0 = 0$,同时在 $\sigma_j = c_j - z_j$ 栏中可知各变量的检验数分别为:$\sigma_1 = 50$,$\sigma_2 = 100$,$\sigma_3 = \sigma_4 = \sigma_5 = 0$。因为 $\sigma_2 > \sigma_1 > 0$,故上述基本可行解不是最优解,应选 σ_2 为入基变量。在确定了入基变量之后,把 b 列中的元素除以对应的 x_2 的正系数所得的比值填进表格的最后一列。由于 $250/1 = 250$ 最小,故确定 x_5 为出基变量。把入基变量所在列和出基变量所在行的交点处的元素称为主元,即 $a_{32} = 1$ 是主元。

以下进行第一次迭代,其基变量为 x_3、x_4、x_2,通过矩阵行的初等变换,求出一个新的基本可行解。具体做法是用初等行变换使得 x_2 的系数向量 P_2 变换成单位向量 $(0,0,1)^T$,也就是主元要变成 1。这样我们又得到第一次迭代后的单纯形表如表 3.4 所示。

表 3.4 第一次迭代后的单纯形表

迭代次数	基变量	C_B	x_1	x_2	x_3	x_4	x_5	b	比值 b_i/a_{i1}
			50	100	0	0	0		
1	x_3	0	①	0	1	0	-1	50	50/1
	x_4	0	2	0	0	1	-1	150	150/2
	x_2	100	0	1	0	0	1	250	—
	z_j		0	100	0	0	100	$z=25\ 000$	
	$\sigma_j = c_j - z_j$		50	0	0	0	-100		

从表 3.4 中得第一次迭代后的基本可行解为 $X^{(1)} = (0,250,50,150,0)^T$,这时 $z=50\times0+150\times0+250\times100=25\ 000$。从 $\sigma_1=50>0$ 可知这个基本可行解也不是最优解,而 $\sigma_1=50$ 又是所有非基变量的检验数中最大的,所以还可以选 x_1 为入基变量;再从最后一列比值中看到 $b_1/a_{11}=50$ 这一列中最小的正数,故确定 x_3 为出基变量,这样表中的主元就是 a_{11}。接着进行第二次迭代如表 3.5 所示。

表 3.5 第二次迭代后的单纯形表

迭代次数	基变量	C_B	x_1	x_2	x_3	x_4	x_5	b	比值 b_i/a_{i2}
			50	100	0	0	0		
2	x_1	50	1	0	1	0	-1	50	
	x_4	0	0	0	-2	1	1	50	
	x_2	100	0	1	0	0	1	250	
	z_j		50	100	50	0	50	$z=27\ 500$	
	$\sigma_j = c_j - z_j$		0	0	-50	0	-50		

从表 3.5 中可知第二次迭代后得到的基本可行解为 $X^{(2)}=(50,250,0,50,0)^T$,这时 $z=50\times50+50\times0+250\times100=27\ 500$。由于检验数 σ_j 都小于等于 0,此基本可行解为最优解,$z=27\ 500$ 为最优目标函数值。

(2)人工变量法

下面阐述如何用单纯形表的方法来求解要求目标函数值最小的线性规划问题例 3.2。已知其数学模型如下

$$\min z = 2x_1 + 3x_2$$

$$\text{s.t.} \begin{cases} x_1 + x_2 \geqslant 350 \\ x_1 \geqslant 125 \\ 2x_1 + x_2 \leqslant 600 \\ x_1, x_2 \geqslant 0 \end{cases}$$

为了化为标准型,在约束条件中添加了松弛变量和剩余变量得到新的约束条件,并

把求最小值化为求最大值,即令 $z' = -z$。

$$\max \ z = -2x_1 - 3x_2$$

$$\text{s.t.} \begin{cases} x_1 + x_2 - x_3 = 350 \\ x_1 - x_4 = 125 \\ 2x_1 + x_2 + x_5 = 600 \\ x_1, x_2, x_3, x_4, x_5 \geq 0 \end{cases}$$

用单纯形法求解线性规划问题的第一步就是要找到一个初始基本可行解,在标准型的约束方程的系数矩阵中,找不到三阶单位阵,在系数矩阵里只有 x_5 的系数是单位向量的一个列向量。在第 1 个、第 2 个约束方程中没有初始基变量,这样就分别在第 1 个、第 2 个约束方程中加上人工变量 a_1、a_2,这样的约束方程就变成了如下的形式

$$\begin{cases} x_1 + x_2 - x_3 + a_1 = 350 \\ x_1 - x_4 + a_2 = 125 \\ 2x_1 + x_2 + x_5 = 600 \\ x_1, x_2, x_3, x_4, x_5, a_1, a_2 \geq 0 \end{cases}$$

加上人工变量后,在约束方程的系数矩阵中就可以找到单位向量了。这时可知基变量为 x_5、a_1、a_2,初始基本可行解为 $x_1 = 0$,$x_2 = 0$,$x_3 = 0$,$x_4 = 0$,$x_5 = 600$,$a_1 = 350$,$a_2 = 125$。

要注意到人工变量是与松弛变量、剩余变量不同的。松弛变量、剩余变量可以取 0,也可以取正值,而人工变量只能取 0。一旦人工变量取正值,那么有人工变量的约束方程和原始的约束方程就不等价了,所求得的解就不是原线性规划的解了。为了尽力地要求人工变量为 0,规定人工变量在目标函数中的系数为 $-M$,这里 M 为任意大的数。这样只要人工变量大于 0,所求的目标函数最大值就是一个任意小的数。因此,为了使目标函数实现最大就必须把人工变量从基变量中换出。如果一直到最后,人工变量仍不能从基变量中换出,也就是说人工变量仍不为 0,则该问题无可行解。

经过上述处理后,此例的数学模型如下所示

$$\max \ z' = -2x_1 - 3x_2 - Ma_1 - Ma_2$$

$$\text{s.t.} \begin{cases} x_1 + x_2 - x_3 + a_1 = 350 \\ x_1 - x_4 + a_2 = 125 \\ 2x_1 + x_2 + x_5 = 600 \\ x_1, x_2, x_3, x_4, x_5, a_1, a_2 \geq 0 \end{cases}$$

像这样,为了构造初始可行基得到初始可行解,把人工变量"强行"地加到原来的约束方程中去,又为了尽力地把人工变量从基变量中替换出来,就令人工变量在求最大值的目标函数中的系数为 $-M$,这个方法叫作 M 法,M 叫作罚因子。下面我们就用 M 法来求解此题(如表 3.6 所示)。

表 3.6 M 法求解过程

迭代次数	基变量	C_B	x_1	x_2	x_3	x_4	x_5	a_1	a_2	b	比值
			-2	-3	0	0	0	$-M$	$-M$		
0	a_1	$-M$	1	1	-1	0	0	1	0	350	350/1
	a_2	$-M$	①	0	0	-1	0	0	1	125	125/1
	x_5	0	2	1	0	0	1	0	0	600	600/2
	z'_j		$-2M$	$-M$	M	M	0	$-M$	$-M$	$z'=$ $-475M$	
	$\sigma_j=c_j-z'_j$		$-2+2M$	$-3+M$	$-M$	$-M$	0	0	0		
1	a_1	$-M$	0	1	-1	1	0	1	-1	225	225/1
	x_1	-2	1	0	0	-1	0	0	1	125	—
	x_5	0	0	1	0	②	1	0	-2	350	350/2
	z'_j		-2	$-M$	M	$-M+2$	0	$-M$	$M-2$	$z'=$ $-225M$ -250	
	$\sigma_j=c_j-z'_j$		0	$-3+M$	$-M$	$M-2$	0	0	$-2M+2$		
2	a_1	$-M$	0	$\frac{1}{2}$	-1	0	$-\frac{1}{2}$	1	0	50	100
	x_1	-2	1	$\frac{1}{2}$	0	0	$\frac{1}{2}$	0	0	300	600
	x_4	0	0	$\frac{1}{2}$	0	1	$\frac{1}{2}$	0	-1	175	350
	z'_j		-2	$-\frac{M}{2}-1$	M	0	$-\frac{M}{2}-1$	$-M$	0	$z'=$ $-50M$ -600	
	$\sigma_j=c_j-z'_j$		0	$\frac{M}{2}-2$	$-M$	0	$\frac{M}{2}+1$	0	$-M$		
3	x_2	-3	0	1	-2	0	-1	2	0	100	
	x_1	-2	1	0	1	0	1	-1	0	250	
	x_4	0	0	0	1	1	1	-1	-1	125	
	z'_j		-2	-3	4	0	1	-4	0	$z'=-800$	
	$\sigma_j=c_j-z'_j$		0	0	-4	0	-1	$-M+4$	$-M$		

注意:在第二次迭代的检验数中 x_2 的检验数为 $M/2-2$,x_5 的检验数为 $M/2+1$,由于 M 为任意大的数,我们可以认为这两个数一样大,这时最好选决策变量而不是松弛变量、剩余变量或人工变量为入基变量。这样就可能用较少次的迭代找到最优解,从表3.6中可知其基本可行解:$x_1=250$,$x_2=100$,$x_3=0$,$x_4=125$,$x_5=0$,$a_1=0$,$a_2=0$ 是本例题的最优解,其最优值为 $z=-z'=800$。

(3)线性规划解的几种特殊情况

①无可行解

 例 3.7

用单纯形表求解下列线性规划问题。

$$\max z = 20x_1 + 30x_2$$

$$\text{s.t.} \begin{cases} 3x_1 + 10x_2 \leqslant 150 \\ x_1 \leqslant 30 \\ 1 + x_2 \geqslant 40 \\ x_1 \geqslant 0, x_2 \geqslant 0 \end{cases}$$

解 在上述问题的约束条件中加入松弛变量、剩余变量、人工变量得到

$$\max z = 20x_1 + 30x_2 + 0x_3 + 0x_4 + 0x_5 - Ma_1$$

$$\text{s.t.} \begin{cases} 3x_1 + 10x_2 + x_3 = 150 \\ x_1 + x_4 = 30 \\ x_1 + x_2 - x_5 + a_1 = 40 \\ x_1, x_2, x_3, x_4, x_5, a_1 \geqslant 0 \end{cases}$$

填入单纯形表,计算得表 3.7。

表 3.7　求解例 3.7 的单纯形表

迭代次数	基变量	C_B	x_1	x_2	x_3	x_4	x_5	a_1	b	比值
			20	30	0	0	0	$-M$		
	x_3	0	3	⑩	1	0	0	0	150	150/10
	x_4	0	1	0	0	1	0	0	30	—
0	a_1	$-M$	1	1	0	0	-1	1	40	40/1
	z_j		$-M$	$-M$	0	0	M	$-M$	$z=-40M$	
	$\sigma_j = c_j - z_j$		$20+M$	$30+M$	0	0	$-M$	0		
	x_2	30	$\frac{3}{10}$	1	$\frac{1}{10}$	0	0	0	15	
	x_4	0	①	0	0	1	0	0	30	
1	a_1	$-M$	$\frac{7}{10}$	0	$-\frac{1}{10}$	0	-1	1	25	
	z_j		$9-\frac{7M}{10}$	30	$3+\frac{M}{10}$	0	M	$-M$	$z=$	
	$\sigma_j = c_j - z_j$		$11+\frac{7M}{10}$	0	$-3-\frac{M}{10}$	0	$-M$	0	$450-25M$	
	x_2	30	0	1	$\frac{1}{10}$	$-\frac{3}{10}$	0	0	6	
	x_1	20	1	0	0	1	0	0	30	
2	a_1	$-M$	0	0	$\frac{1}{10}$	$-\frac{7}{10}$	-1	1	4	
	z_j		20	30	$3+\frac{M}{10}$	$11+\frac{7M}{10}$	M	$-M$	$z=$	
	$\sigma_j = c_j - z_j$		0	0	$-3-\frac{M}{10}$	$-11-\frac{7M}{10}$	$-M$	0	$780-4M$	

从第二次迭代的检验数来看 σ_j 都小于等于 0,可知第二次迭代所得的基本可行解已经是最优解了。其最优解为: $x_1 = 30$, $x_2 = 6$, $x_3 = 0$, $x_4 = 0$, $x_5 = 0$, $a_1 = 4$。其最大目标函数值为 $780 - 4M$。我们把最优解 $x_5 = 0$, $a_1 = 4$ 代入第 3 个约束方程得 $x_1 + x_2 - 0 +$

$4=40$,即有 $x_1+x_2=36\leqslant 40$。并不满足原来的约束条件3,可知原线性规划问题无可行解,或者说其可行域为空集,当然更不可能有最优解了。

像这样只要线性规划的最优解里有人工变量大于0,则此线性规划无可行解。

②无界解

在求目标函数最大值的问题中,所谓无界解是指在约束条件下目标函数值可以取任意值。

例 3.8

用单纯形表求解下面线性规划问题。

$$\max z = x_1 + x_2$$
$$\text{s.t.}\begin{cases} x_1 - x_2 \leqslant 1 \\ -3x_1 + 2x_2 \leqslant 6 \\ x_1 \geqslant 0, x_2 \geqslant 0 \end{cases}$$

解 在上述问题的约束条件中加入松弛变量,得标准型如下

$$\max z = x_1 + x_2 + 0x_3 + 0x_4$$
$$\text{s.t.}\begin{cases} x_1 - x_2 + x_3 = 1 \\ -3x_1 + 2x_2 + x_4 = 6 \\ x_1, x_2, x_3, x_4 \geqslant 0 \end{cases}$$

填入单纯形表,计算得表3.8。

表 3.8 求解例 3.8 的单纯形表

迭代次数	基变量	C_B	x_1 1	x_2 1	x_3 0	x_4 0	b	比值
0	x_3	0	①	-1	1	0	1	1
	x_4	0	-3	2	0	1	6	—
	z_j		0	0	0	0	$z=0$	
	$\sigma_j=c_j-z_j$		1	1	0	0		
1	x_1	1	1	-1	1	0	1	
	x_4	0	0	-1	3	1	9	
	z_j		1	-1	1	0	$z=1$	
	$\sigma_j=c_j-z_j$		0	2	-1	0		

从单纯形表中,由第一次迭代的检验数 $\sigma_2=2$,可知所得的基本可行解不是最优解。同时我们可以看到如果进行第二次迭代,那么选 x_2 为入基变量,但是在选择出基变量时遇到了问题,找不到大于0的比值来确定出基变量。事实上如果我们碰到这种情况就可以断定这个线性规划问题是无界的,也就是说在线性规划的约束条件下,此目标函数值可以取到无限大。从第一次迭代的单纯形表中,得到约束方程(这是原约束方程经过一次选择行变换得到的)

$$\begin{cases} x_1 - x_2 + x_3 = 1 \\ -x_2 + 3x_3 + x_4 = 9 \end{cases}$$

移项可得

$$\begin{cases} x_1 = 1 + x_2 - x_3 \\ x_4 = x_2 - 3x_3 + 9 \end{cases}$$

不妨设 $x_2 = M$，$x_3 = 0$，可得一组解：$x_1 = M + 1$，$x_2 = M$，$x_3 = 0$，$x_4 = M+9$。

显然这是此线性规划的可行解，此时目标函数 $z = x_1 + x_2 = M+1+M = 2M+1$。

由于 M 可以是任意大的正数，可知此目标函数值无界。

上述例子告诉我们在单纯形表中识别线性规划问题是无界的方法：在某次迭代的单纯形表中，如果存在一个大于 0 的检验数 σ_j，并且该列的系数向量的每个元素 a_{ij}（$i=1,2,\cdots,m$）都小于或等于 0，则此线性规划问题是无界的。

③无穷多最优解

 例 3.9

用单纯形表求解下面线性规划问题。

$$\max z = 50x_1 + 50x_2$$

$$\mathrm{s.t.} \begin{cases} x_1 + x_2 \leqslant 300 \\ 2x_1 + x_2 \leqslant 400 \\ x_2 \leqslant 250 \\ x_1 \geqslant 0, x_2 \geqslant 0 \end{cases}$$

解 用单纯形表来求解此题。加入松弛变量 x_3、x_4、x_5，得到标准型

$$\max z = 50x_1 + 50x_2 + 0x_3 + 0x_4 + 0x_5$$

$$\mathrm{s.t.} \begin{cases} x_1 + x_2 + x_3 = 300 \\ 2x_1 + x_2 + x_4 = 400 \\ x_2 + x_5 = 250 \\ x_1, x_2, x_3, x_4, x_5 \geqslant 0 \end{cases}$$

填入单纯形表，计算得表 3.9。

表 3.9　求解例 3.9 的单纯形表

迭代次数	基变量	C_B	x_1	x_2	x_3	x_4	x_5	b	比值
2	x_1	50	1	0	1	0	-1	50	—
	x_4	0	0	0	-2	1	①	500	50/1
	x_2	50	0	1	0	0	1	250	250/1
	z_j		50	50	50	0	0	$z = 15\,000$	
	$\sigma_j = c_j - z_j$		0	0	-50	0	0		
3	x_1	50	1	0	-1	1	0	100	
	x_5	0	0	0	-2	1	1	50	
	x_2	50	0	1	2	-1	0	200	
	z_j		50	50	50	0	0	$z = 15\,000$	
	$\sigma_j = c_j - z_j$		0	0	-50	0	0		

以上第 2 次迭代中的检验数已全为正，故已得到最优解为 $x_1 = 50$，$x_2 = 250$，$x_3 = 0$，

$x_4 = 0, x_5 = 0$,最优值为 15 000。但注意到除基变量的检验数为 0 外,还有非基变量 x_5 的检验数也等于 0,这说明存在着可选择的另一种可能,因为 x_5 可以入基,继续第三次迭代可得另一最优解:$x_1 = 100, x_2 = 200, x_3 = 0, x_4 = 0, x_5 = 0$,最优值为 15 000。由于可行解是凸集,凸集中的两个相异的最优解的连线上的点都是最优解,因此本例有无穷多个最优解。线性规划问题有无穷多个最优解的情形,反映在单纯形表上就会出现非基变量的检验数为 0 的情况。

④退化的最优解

在单纯形法计算过程中,确定出基变量时有时存在两个以上相同的最小比值,这样在下一次迭代中就有一个或几个基变量等于 0,这称为退化。

例 3.10

用单纯形表求解

$$\max z = 2x_1 + \frac{3}{2}x_3$$

$$\text{s.t.} \begin{cases} x_1 - x_2 \leq 2 \\ 2x_1 + x_3 \leq 4 \\ x_1 + x_2 + x_3 \leq 3 \\ x_1, x_2, x_3 \geq 0 \end{cases}$$

解　先标准化为

$$\max z = 2x_1 + 0x_2 + \frac{3}{2}x_3 + 0x_4 + 0x_5$$

$$\text{s.t.} \begin{cases} x_1 - x_2 + x_4 = 2 \\ 2x_1 + x_3 + x_5 = 4 \\ x_1 + x_2 + x_3 + x_6 = 3 \\ x_1, x_2, x_3, x_4, x_5, x_6 \geq 0 \end{cases}$$

填入单纯形表,计算得表 3.10。

表 3.10　求解例 3.10 的单纯形表(一)

迭代次数	基变量	C_B	x_1	x_2	x_3	x_4	x_5	x_6	b	比值
			2	0	$\frac{3}{2}$	0	0	0		
0	x_4	0	①	−1	0	1	0	0	2	2/1
	x_5	0	2	0	1	0	1	0	4	4/2
	x_6	0	1	1	1	0	0	1	3	3/1
	z_j		0	0	0	0	0	0	$z = 0$	
	$\sigma_j = c_j - z_j$		2	0	$\frac{3}{2}$	0	0	0		

续表

迭代次数	基变量	C_B	x_1	x_2	x_3	x_4	x_5	x_6	b	比值
			2	0	$\frac{3}{2}$	0	0	0		
1	x_1	2	1	-1	0	1	0	0	2	—
	x_5	0	0	②	1	-2	1	0	0	0/2
	x_6	0	0	2	1	-1	0	1	1	1/2
	z_j		2	-2	0	0	0	0	$z=4$	
	$\sigma_j=c_j-z_j$		0	2	$\frac{3}{2}$	-2	0	0		
2	x_1	2	1	0	$\frac{1}{2}$	0	$\frac{1}{2}$	0	2	4
	x_2	0	0	1	$\left(\frac{1}{2}\right)$	-1	$\frac{1}{2}$	0	0	0
	x_6	0	0	0	0	1	-1	1	1	—
	z_j		2	0	1	0	1	0	$z=4$	
	$\sigma_j=c_j-z_j$		0	0	$\frac{1}{2}$	0	-1	0		

以上在 0 次迭代栏中,比值 $b_1/a_{11}=b_2/a_{21}=2$ 为最小比值,导致在第一次迭代中出现了退化,基变量 $x_5=0$。由于第一次迭代中的退化又导致第二次迭代栏中基变量 $x_2=0$,结果第二次迭代所取得的目标函数值并没有得到改善。如此连续迭代得不到目标函数的改善,降低了单纯形法的效率,但一般来说还是可以得到最优解的。例如继续迭代,如表 3.11 所示。

表 3.11　求解例 3.10 的单纯形表(二)

迭代次数	基变量	C_B	x_1	x_2	x_3	x_4	x_5	x_6	b	比值
3	x_1	2	1	-1	0	1	0	0	2	2/1
	x_3	$\frac{3}{2}$	0	2	1	-2	1	0	0	—
	x_4	0	0	0	0	①	-1	1	1	1/1
	z_j		2	1	$\frac{3}{2}$	-1	$\frac{3}{2}$	0	$z=4$	
	$\sigma_j=c_j-z_j$		0	-1	0	1	$-\frac{3}{2}$	0		
4	x_1	2	1	-1	0	0	1	-1	2	
	x_2	$\frac{3}{2}$	0	2	1	0	-1	2	2	
	x_4	0	0	0	0	1	-1	1	1	
	z_j		2	1	$\frac{3}{2}$	0	$\frac{1}{2}$	1	$z=5$	
	$\sigma_j=c_j-z_j$		0	-1	0	0	$-\frac{1}{2}$	-1		

这样可得到最优解:$x_1=1$,$x_2=0$,$x_3=2$,$x_4=1$,$x_5=0$,$x_6=0$,最优值为 5。但也有迭代过程总是重复循环,目标函数值总是不变,永远达不到最优解的情况出现。为了避

免这种现象,需要用到以下法则:

- 所有变量用 x_j 表示,一般松弛变量的下标号列在决策变量之后,人工变量的下标号列在松弛变量后;
- 在所有检验数大于 0 的非基变量中,选一个下标最小的作为入基变量;
- 存在两个或两个以上最小比值时,选一个下标最小的基变量作为出基变量。

◀ 第二节 运输问题

运输问题在实践中有着广泛的应用,它是一类特殊的线性规划问题。对于运输问题,当然可以用前面所介绍的单纯形法进行求解,但由于这类线性规划问题在结构上有其特殊性,可以找到比标准单纯形法更简单有效的专门方法。本节介绍运输问题的数学模型、表上作业法以及运输问题的一些实际应用。

一、运输问题的数学模型

一般的运输问题就是要解决把某种产品从若干个产地调运到若干个销地,在每个产地的供应量与每个销地的需求量已知,并知道各地之间的单位运价的前提下,如何确定一个使得总的运输费用最小的方案。

例 3.11

某公司从两个产地 A_1、A_2 将产品运往三个销地 B_1、B_2、B_3,各产地的产量、各销地的销量和各产地运往各销地的单位运价如表 3.12 所示。问如何调运能使得总运输费最少?

表 3.12 产量、销量和单位运价表(例 3.11)

	B_1	B_2	B_3	产量/件
A_1	6	4	6	190
A_2	6	5	5	310
销量/件	150	170	180	

注:表中 A_i 所在行与 B_j 所在列交叉处的数字表示产品从产地运到销地的单位运价。

解 从表中可以看到,A_1、A_2 两个产地的总产量为 500 件;B_1、B_2、B_3 三个销地的总销量为 500 件,因此这是一个产销平衡的运输问题。把 A_1、A_2 的产量全部分配给 B_1、B_2、B_3,正好满足这三个销地的需要。

设 x_{ij} 表示从产地 A_i 调运到销地 B_j 的运输量($i=1,2;j=1,2,3$),则可以写出此运输问题的数学模型,即

$$\min z = 6x_{11} + 4x_{12} + 6x_{13} + 6x_{21} + 5x_{22} + 5x_{23}$$

$$\text{s.t.}\begin{cases} x_{11}+x_{12}+x_{13}=190 \\ x_{21}+x_{22}+x_{23}=310 \\ x_{11}+x_{21}=150 \\ x_{12}+x_{22}=170 \\ x_{13}+x_{23}=180 \\ x_{ij}\geqslant 0\,(i=1,2;j=1,2,3) \end{cases}$$

此数学模型当然可用线性规划的常用方法求解(比如单纯形法),但求解的程序相对复杂。

求解运输问题,这里介绍一种简便的解法——表上作业法。在此之前,先给出一般运输问题的线性规划模型。

运输问题的一般描述:

某商品有 m 个产地、n 个销地,各产地的产量分别为 $a_1,\cdots,a_m$,各销地的需求量分别为 $b_1,\cdots,b_n$。若该商品由 i 产地运到 j 销地的单位运价为 c_{ij},如何调运才能使总运费最少?

引入变量 x_{ij},其取值为由 i 产地运往 j 销地的该商品数量,产销平衡的运输问题的线性规划模型为

$$\min z=\sum_{i=1}^{m}\sum_{j=1}^{n}c_{ij}x_{ij}$$

$$\text{s.t.}\begin{cases} \sum_{j=1}^{n}x_{ij}=a_i,i=1,2,\cdots,m \\ \sum_{i=1}^{m}x_{ij}=b_j,j=1,2,\cdots,n \\ x_{ij}\geqslant 0 \end{cases}$$

这可以用单纯形法求解,但对产销平衡的运输问题,由于有以下关系式存在

$$\sum_{j=1}^{n}b_j=\sum_{i=1}^{m}\left(\sum_{j=1}^{n}x_{ij}\right)=\sum_{j=1}^{n}\left(\sum_{i=1}^{m}x_{ij}\right)=\sum_{i=1}^{m}a_i$$

其约束条件的系数矩阵相当特殊,可用比较简单的计算方法,习惯上称为表上作业法(由康托洛维奇和希奇柯克两人独立地提出,简称康-希表上作业法)。

有时上述问题的一般模型会发生如下一些变化:

(1)求目标函数值的最大值而不是最小值。在有些运输问题中,目标是找出利润最大或营业额最大的调运方案,这时要求目标函数的最大值。

(2)当某些运输线路对运输能力有一定限制时,这时要在线性规划模型的约束条件上加上运输能力限制的约束条件。

(3)当生产总量不等于销量总量,即产销不平衡时,需要通过一个假想仓库或假想生产地来转化成产销平衡的问题,具体做法在后面阐述。

二、表上作业法

表上作业法计算过程如下:

(1)求初始调运方案(初始基可行解)。对于有 m 个产地 n 个销地的产销平衡的问

题,从其线性规划的模型上可知其有 $m+n$ 个约束方程,但由于产销平衡,前 m 个约束方程之和等于后 n 个约束方程之和,所以其模型最多只有 $m+n-1$ 个独立的约束方程。实际上其正好是 $m+n-1$ 个独立的约束方程,也就是说运输问题的约束方程组系数矩阵的秩等于 $m+n-1$,因此其基可行解中基变量的个数为 $m+n-1$。从表上作业法中找初始基可行解,就是在 $m×n$ 产销平衡表上找出 $m+n-1$ 个数字格,其相应的调运量就是基变量,格子中所填写的值即为基变量的值。

（2）求表中各空格（对应于非基变量）的检验数以判定当前解是否最优,若已是最优解则停止计算;否则转到下一步。

（3）确定入基变量与出基变量。从一个基可行解转换成另一个"更好"的基可行解,即进行方案调整。

（4）重复（2）、（3）直至得到最优解。

下面以例子来说明。

例 3.12

某公司有三个生产分厂 A_1、A_2、A_3,有四个销售分公司 B_1、B_2、B_3、B_4,其各分厂每日的产量、各分销售公司每日的销量以及各分厂到各分销售公司的单位运价如表 3.13 所示。问该公司在调运产品满足各销点的需求量的前提下,如何使总运费最少?

表 3.13　产量、销量和单位运价表（例 3.12）

	B_1	B_2	B_3	B_4	产量/件
A_1	3	11	3	10	7
A_2	1	9	2	8	4
A_3	7	4	10	5	9
销量/t	3	6	5	6	

注:表 3.13~表 3.20 中 A_i 所在行与 B_j 所在列交叉处的数字表示产品从分厂运到销售分公司的单位运价。

1.求初始调运方案——最小元素法

求初始调运方案,也就是求初始基可行解有多种方法,在此只介绍最小元素法。该方法的基本思想是采用"优先安排单位运价最小的产地与销地之间的运输业务"这个规则来确定初始基可行解。

我们直接在运输表中的格子里填数表示基变量。为了把初始基可行解与运价分开,把运价放在每一栏的右上角,每一栏的中间填上初始基可行解（调运量）,如表 3.14 所示。

表 3.14　初始基可行解(例 3.12)

	B$_1$		B$_2$		B$_3$		B$_4$		产量/t
A$_1$		3		11	4	3	3	10	7 3 0
A$_2$	3	1		9	1	2		8	4 1 0
A$_3$		7	6	4		10	3	5	9 3 0
销量/t	3 0		6 0		5 4 0		6 3 0		

在表上找到单位运价最小的 x_{21} 开始分配运输量,并使 x_{21} 取尽可能大的值,即取 $x_{21}=\min(4,3)=3$,把 x_{21} 所在空格里填上 3,然后把 A$_2$ 的产量改写为 $4-3=1$,把 B$_1$ 的销量改写为 $3-3=0$,并把 B$_1$ 列划去。在剩下的 3×3 矩阵里找到单位运价最小的变量 x_{23},取 $x_{23}=\min(1,5)=1$,A$_2$ 的产量改为 $1-1=0$,B$_3$ 的销量改为 $5-1=4$,并把 A$_2$ 行划去。在剩下的矩阵里找到单位运价最小的变量 x_{13},取 $x_{13}=\min(7,4)=4$,A$_1$ 的产量改为 3,B$_3$ 的销量改为 0,并把 B$_3$ 列划去。在剩下的矩阵里再找到单位运价最小的变量 x_{32},取 $x_{32}=\min(9,6)=6$,A$_3$ 的产量改为 3,B$_2$ 的销量改为 0,并把 B$_2$ 列划去。接着在剩下的表中找到单位运价最小的变量,取 $x_{34}=\min(3,6)=3$,A$_3$ 的产量改为 0,B$_4$ 的销量改为 3,并把 A$_3$ 行划去。最后在剩下的表中找到单位运价最小的变量 x_{14},取 $x_{14}=\min(3,3)=3$,A$_1$ 的产量改为 0,B$_4$ 的销量改为 0,并把 A$_1$ 行划去。这就得到一个初始基可行解,有 6 个基变量,其中 $x_{13}=4,x_{14}=3,x_{21}=3,x_{23}=1,x_{32}=6,x_{34}=3$,其总运费为 $3\times4+10\times3+1\times3+2\times1+4\times6+5\times3=86$。

在用最小元素法确定初始基可行解时要注意两个问题:

(1)当确定 x_{ij} 的值后,会出现 A$_i$ 的产量与 B$_j$ 的销量都改为 0 的情况,这时只能划去 A$_i$ 行或 B$_j$ 列,但不能同时划去 A$_i$ 行和 B$_j$ 列。

(2)可能会出现只剩一行或一列的所有格均未填数或未被划掉的情况,此时在这一行或列中除去已填的数外均填 0,不能按空格划掉。这样可以保证基变量的个数为 $m+n-1$ 个。

2.最优解的判别方法——位势法

所谓位势法,即为运输表上的每一行赋予一个数值 u_i,为每一列赋予一个数值 v_j,它们的数值是由基变量 x_{ij} 的检验数 $\lambda_{ij}=c_{ij}-u_i-v_j=0$ 所决定的,则非基变量 x_{ij} 的检验数就可用公式 $\lambda_{ij}=c_{ij}-u_i-v_j$ 求出。

下面用位势法对本例的初始基可行解求检验数。对给出的初始基可行解作一个表,如表 3.15 所示,把原来表中的最后一列的产量改为 u_i 值,最后一行的销量改为 v_j 值,表中每一栏的右上角仍表示运价,栏中表示调运量,栏中无数值的表示此栏为非基变量,调运量为 0。

先给 u_1 赋个任意数值,不妨令 $u_1=0$,则从基变量 x_{13} 的检验数 $\lambda_{13}=c_{13}-u_1-v_3=0$,求得 $v_3=c_{13}-u_1=3-0=3$。

同样:

从 $\lambda_{14}=c_{14}-u_1-v_4=0$,得 $v_4=c_{14}-u_1=10-0=10$;

从 $\lambda_{23}=c_{23}-u_2-v_3=0$,得 $u_2=c_{23}-v_3=2-3=-1$;

从 $\lambda_{34}=c_{34}-u_3-v_4=0$,得 $u_3=c_{34}-v_4=5-10=-5$;

从 $\lambda_{21}=c_{21}-u_2-v_1=0$,得 $v_1=c_{21}-u_2=1-(-1)=2$;

从 $\lambda_{32}=c_{32}-u_3-v_2=0$,得 $v_2=c_{32}-u_3=4-(-5)=9$。

然后,利用所求得的 u_i 与 v_i 值来计算非基变量的检验数

$$\lambda_{11}=c_{11}-u_1-v_1=3-0-2=1$$
$$\lambda_{12}=c_{12}-u_1-v_2=11-0-9=2$$
$$\lambda_{22}=c_{22}-u_2-v_2=9-(-1)-9=1$$
$$\lambda_{24}=c_{24}-u_2-v_4=8-(-1)-10=-1$$
$$\lambda_{31}=c_{31}-u_3-v_1=7-(-5)-2=10$$
$$\lambda_{33}=c_{33}-u_3-v_3=10-(-5)-3=12$$

把检验数填入表 3.15,当表中某个非基变量的检验数为负值时,表明未得最优解,要进行方案调整以得到更好的方案。

表 3.15　初始基可行解的检验数(例 3.12)

	B_1		B_2		B_3		B_4		u_i
A_1	①	3	②	11	4	3	3	10	0
A_2	3	1	①	9	1	2	(−1)	8	−1
A_3	⑩	7	6	4	(12)	10	3	5	−5
v_j	2		9		3		10		

3.方案的调整

首先选取所有为负值的检验数中的最小的负检验数,以它对应的非基变量为入基变量。本例中选取非基变量为入基变量,并以 x_{24} 所在格为出发点找一条闭回路,如表 3.16 所示。闭回路的确定方法为:以入基变量所在格为起点,用水平或垂直线向前划,遇到适当数字格则转 90° 后继续前进,直到回到起始空格为止。可以证明,这样的闭回路一定存在而且唯一。

表 3.16　以 x_{24} 为出发点的闭回路(例 3.12)

	B_1	B_2	B_3	B_4	产量/t
A_1			4(+1)	3(−1)	7
A_2	3		1(−1)	(+1)	4
A_3		6		3	9
销量/t	3	6	5	6	

在表 3.16 中,由于 $\lambda_{24}=-1$,表明增加一个单位的 x_{24} 的运输量使总运输量减少 1。

所以,应尽量多增加 x_{24} 的运输量,但为了保证运输方案的可行性(即所有的调运量必须大于等于 0),所以在出发点 x_{24} 所在空格为 1 的闭回路顶点的序号中,找出所有偶数的顶点的调运量:$x_{14}=3$,$x_{23}=1$。取其中的最小值为 x_{24} 的值,即 $x_{24}=\min(3,1)=1$。为了使产销平衡,把所有的闭回路上为偶数顶点的运输量都减去这个值,而其他的闭回路上的为奇数顶点的运输量都加上这个值,即得到了调整后的运输方案,如表 3.17 所示。

表 3.17　调整后的运输方案(例 3.12)

	B_1	B_2	B_3	B_4	产量/t
A_1			5	2	7
A_2	3			1	4
A_3		6		3	9
销量/t	3	6	5	6	

对表 3.17 给出的运输方案,再用位势法进行检验,如表 3.18 所示。

表 3.18　调整方案后的检验数(例 3.12)

	B_1		B_2		B_3		B_4		u_i
A_1	(0)	3	②	11	5	3	2	10	0
A_2	3	1	②	9	①	2	1	8	−2
A_3	⑨	7	6	4	(12)	10	3	5	−5
v_j	3		9		3		10		

表中带圈的数字是非基变量的检验数,可知所有检验数都大于等于 0(基变量的检验数都等于 0),此解是最优解,这时最小总运输费用为 85 元。具体的运输方案如下:A_1 分厂运 5 t 给销售公司 B_3,运 2 t 给销售公司 B_4;A_2 分厂运 3 t 给销售公司 B_1,运 1 t 给销售公司 B_4;A_3 分厂运 6 t 给销售公司 B_2,运 3 t 给销售公司 B_4。

4.如何找多个最优方案

与单纯形表法一样,表上作业法求解运输问题也会存在多个最优方案的情况。这对决策者来说是很重要的,其可以考虑与模型无关的其他因素,从而确定最后的方案。

识别是否有多个最优解的方法与单纯形表法一样,只需看最优方案中是否存在非基变量的检验数为 0。如有,此运输问题有多个最优解。如在例 3.12 中给出的运输方案中 x_{11} 的检验数 $\lambda_{11}=0$,可知此运输问题有多个最优解。为求另一个最优解,只要把检验数为 0 的非基变量(如 x_{11})入基,调整运输方案,就可得到另一个最优方案。例 3.12 的另一个最优解如表 3.19 所示。新的最优方案如表 3.20 所示。其最小费用为 $3×2+1×1+4×6+3×5+8×3+5×3=85$。

表 3.19 另一个最优解(例 3.12)

	B_1	B_2	B_3	B_4
A_1	(+2)		5	2(-2)
A_2	3(-2)			1(+2)
A_3		6		3

表 3.20 新的最优方案(例 3.12)

	B_1	B_2	B_3	B_4
A_1	2		5	
A_2	1			3
A_3		6		3

三、运输模型的应用

由于使用表上作业法解运输问题比单纯形法简便得多,所以在解决实际问题时,人们还常常尽可能把某些线性规划问题转化为运输问题。下面介绍几个运输问题的应用例题。

💡 例 3.13

设有 3 个水泥厂 A、B、C,供应 4 个地区(编号为 Ⅰ、Ⅱ、Ⅲ、Ⅳ)的水泥。各水泥厂年产量(单位:万 t)、各地区年需求量(单位:万 t)及从各水泥厂到各地区运送水泥的单位运价(万元/万 t)如表 3.21 所示。试求出总运费最小的水泥调拨方案。

表 3.21 产量、需求量和单位运价表(例 3.13)

	Ⅰ	Ⅱ	Ⅲ	Ⅳ	产量/万 t
A	16	13	22	17	50
B	14	13	19	15	60
C	19	20	13	—	50
最低需求/万 t	30	70	0	10	
最高需求/万 t	50	70	30	60	

注:表 3.21~表 3.23 中 A、B、C 所在行与 Ⅰ、Ⅱ、Ⅲ、Ⅳ 所在列交叉处的数字表示水泥从水泥厂运到不同地区的单位运价。

解 这是一个产销不平衡的运输问题。总产量为 160 万 t,4 个地区的最低需求为 110 万 t,最高需求为无限。但根据现有产量,地区 Ⅳ 每年最多能分配到 60 万 t,这样最高需求为 210 万 t,大于产量。为了求得平衡,在产销平衡表中增加一个假想的水泥厂 D,其年产量为 50 万 t。

由于各地的需求量包含两部分,如地区 Ⅰ,其中 30 万 t 是最低需求,故不能由假想水泥厂 D 供给,令相应单位运价为 M(任意大的正数)。而另一部分 20 万 t 满足或不满足需求均可以,因此可以由假想水泥厂 D 供给,并令相应单位运价为 0。对凡是需求分两种情况的地区,实际上可按照两个地区看待。写出这个问题新的产销平衡表和单位运价表,如表 3.22 所示。

表 3.22　增加虚拟厂后的产销平衡和单位运价表(例 3.13)

	I′	I″	II	III	IV′	IV″	产量/万 t
A	16	16	13	22	17	17	50
B	14	14	13	19	15	15	60
C	19	19	20	23	M	M	50
D	M	0	M	0	M	0	50
销量/万 t	30	20	70	30	10	50	

用表上作业法,可求得这个问题的最优方案,如表 3.23 所示。

表 3.23　最优方案(例 3.13)

	I′	I″	II	III	IV′	IV″	产量/万 t
A			50				50
B			20		10	30	60
C	30	20	0				50
D				30		20	50
销量	30	20	70	30	10	50	

例 3.14

某种货物从产地 A_1、A_2 至销地 B_1、B_2、B_3 的单位运价及产销量表由表 3.24 给出。

表 3.24　单位运价及产销量表(例 3.14)

	B_1	B_2	B_3	产量/万 t
A_1	5	3	5	10
A_2	4	1	2	20
销量/万 t	10	10	10	

注:表 3.24~表 3.26 中 A_i 所在行与 B_j 所在列交叉处的数字表示货物从产地运到销地的单位运价。

现规定货物可以在 5 点中任一个进行中转,再运至销地,各点间运送单位货物的运价为: A_1、A_2 间为 1, A_1、A_2 到 B_1、B_2、B_3 为 2, B_1、B_2 间为 2, B_1、B_3 间为 1, B_2、B_3 间为 3。如何确定该种货物的运输方案,才能使运输费用最小?

解　转运地点既是产地又是销地。因此,把整个问题看成是有 5 个产地和 5 个销地的扩大的运输问题。

按给定条件,对扩大的运输问题建立单位运价表。因为从某地运单位货物到本地实际上不会发生,只是一种松弛行动,用来平衡相应的行或列的数字,所以对角线上的单位运价为 0。

由题设条件,允许转运的货物最多不能超过 30 个单位,而每个点都可以是转运点,故每行的发量和每列的收量均应加上 30 个单位。

按上面分析,可以建立该问题的产销平衡表和单位运价表,如表 3.25 所示。

表 3.25 加入转运点后的产销量和单位运价表(例 3.14)

	A_1	A_2	B_1	B_2	B_3	产量/万 t
A_1	0	1	5	3	5	40
A_2	1	0	4	1	2	50
B_1	5	4	0	2	1	30
B_2	3	1	2	0	3	30
B_3	5	2	1	3	0	30
销量/万 t	30	30	40	40	40	

用表上作业法,求出最优解,如表 3.26 所示。

表 3.26 最优解(例 3.14)

	A_1	A_2	B_1	B_2	B_3	产量/万 t
A_1	30	10				40
A_2		20		10	20	50
B_1			30			30
B_2				30		30
B_3			10		20	30
销量/万 t	30	30	40	40	40	

在最优解中,对角线格子中的数字是松弛变量的取值,只起平衡相应的行或列的作用。从对角线以外的数字可以看出,A_1 发 10 个单位货物至 A_2 转运;A_2 发 10 个单位货物至 B_2,发 10 个单位货物至 B_3,另运 10 个单位货物至 B_3 转运 B_1。总的运费为

$$z = 10 \times 1 + 10 \times 1 + 20 \times 2 + 10 \times 1 = 70$$

例 3.15

用表上作业法求表 3.27 给出的运输问题的最优解。

表 3.27 产销量及单位运价表(例 3.15)

	甲	乙	丙	丁	戊	产量/万 t
1	10	20	5	9	10	5
2	2	10	8	30	6	6
3	1	20	7	10	4	2
4	8	6	3	7	5	9
销量/万 t	4	4	6	2	4	

注:表 3.27~表 3.34 中 1、2、3、4 所在行与甲、乙、丙、丁、戊、己所在列交叉处的数字表示产品从产地运到销地的单位运价。

解 此问题是一个产销不平衡问题,由表 3.27 知,产大于销,所以增加一个假想销地己,令其单位运价为 0,其销量为

$$(5+6+2+9)-(4+4+6+2+4)=2$$

这样便得到产销平衡表和单位运价表,如表 3.28 所示。

表 3.28 增加销地后的产销量及单位运价表(例 3.15)

	甲	乙	丙	丁	戊	己	产量/万 t
1	10	20	5	9	10	0	5
2	2	10	8	30	6	0	6
3	1	20	7	10	4	0	2
4	8	6	3	7	5	0	9
销量/万 t	4	4	6	2	4	2	

对于此问题,用伏格尔求初始解。

(1)在表 3.28 中分别计算出各行和各列的次最小运费和最小运费的差额,填入该表的最右列和最下行,如表 3.29 所示。

表 3.29 各行和各列的次最小运费和最小运费的差额(例 3.15)

	甲	乙	丙	丁	戊	己	行差额
1	10	20	5	9	10	0	5
2	2	10	8	30	6	0	2
3	1	20	7	10	4	0	1
4	8	6	3	7	5	0	3
列差额	1	4	2	2	1	0	

(2)从行差额或列差额中选出最大者,选择它所在的行或列中的最小元素,在表 3.29 中产地 1 所在的行为最大差额行,产地 1 所在的行的最小元素为 0,由此可确定产地 1 的产品先供应己的需要,得到表 3.30,同时将单位运价表中的己列数字划去,得到表 3.31。

表 3.30 行、列差额中最大者(例 3.15)

	甲	乙	丙	丁	戊	己	产量/万 t
1						2	5
2							6
3							2
4							9
销量/万 t	4	4	6	2	4	2	

表 3.31 划去单位运价表中己列数字(例 3.15)

	甲	乙	丙	丁	戊	己	产量
1	10	20	5	9	10	~~0~~	5
2	2	10	8	30	6	~~0~~	6
3	1	20	7	10	4	~~0~~	2
4	8	6	3	7	5	~~0~~	9
销量	4	4	6	2	4	~~2~~	

(3)对表 3.31 中未划去的元素,分别计算各行和各列的次最小运费的差额,填入该表的最右列和最下列,重复地做(a)、(b),直到求得初始解为止。用此种方法求出表 3.27 的初始解,如表 3.32 所示。

表 3.32 初始解(例 3.15)

	甲	乙	丙	丁	戊	己	产量
1			3			2	5
2	4				2		6
3					2		2
4		4	3	2	0		9
销量	4	4	6	2	4	2	

下面用位势法进行检验:

(1)在对应表 3.32 的数字格处填入单位运价,并增加一行一列,在列中填入 u_i(i = 1,2,3,4),在行中填入 v_j(j = 1,2,3,4,5,6),先令 u_1 = 0,由 $u_i + v_j = c_{ij}$(i,$j \in N$,N 为非基,下同)来确定 u_i 和 v_j,得到表 3.33。

表 3.33 初始解的检验数(例 3.15)

	甲	乙	丙	丁	戊	己	u_i
1			5			0	0
2	2				6		−1
3					4		−3
4		6	3	7	5		−2
v_j	3	8	5	9	7	0	

(2)由 $\sigma_{ij} = c_{ij} - (u_i + v_j)$($i$,$j \in \mathbf{N}$,$\mathbf{N}$ 为非基,下同)计算所有空格的检验数并在每个格的右上角填入单位运价,得到表 3.34。

表 3.34　初始解的检验数（例 3.15）

	甲	乙	丙	丁	戊	己	u_i
1	10 7	20 12	5	9 0	10 3	0	0
2	2	10 3	8 4	30 22	6 1	0	−1
3	1 1	20 15	7 5	10 4	4 3	0	−3
4	8 7	6	3	7	5	0 2	−2
v_j	3	8	5	9	7	0	

由表 3.34 可以看出，所有的非基变量的检验数 $\sigma_{ij} \geqslant 0$，则此问题已达到最优解。又因为非基变量的检验数 = 0，则此问题有无穷多最优解。此时的总运费为

$$\min z = 4×2+3×5+4×6+3×3+2×7+2×4+2×6 = 90$$

由表 3.32 可以得到最优分配方案为

$$产地 1 \rightarrow \begin{cases} 丙\ 3 \\ 己\ 2 \end{cases}, 产地 2 \rightarrow \begin{cases} 甲\ 4 \\ 戊\ 2 \end{cases}, 产地 3 \rightarrow 戊\ 2, 产地 4 \rightarrow \begin{cases} 乙\ 4 \\ 丙\ 3 \\ 丁\ 2 \end{cases}$$

第三节　非线性规划

非线性规划的理论是在线性规划的基础上发展起来的。1951 年，库恩（H. W. Kuhn）和塔克（A. W. Tucker）等人提出了非线性规划的最优性条件，为它的发展奠定了基础。之后随着计算机的普遍使用，非线性规划的理论和方法有了很大的发展，其应用的领域也越来越广泛，特别是在经济、管理生产过程自动化、工程设计和产品优化设计等方面都有着重要的应用。

一、非线性规划的实例及数学模型

如果目标函数或约束条件中包含非线性函数，就称这种规划问题为非线性规划问题。一般来说，解非线性规划要比解线性规划困难得多，而且，也不像线性规划有单纯形法这一通用方法。非线性规划目前还没有适合于各种问题的一般算法，各个方法都有自己特定的适用范围。

例 3.16

厂址选择问题：设有 n 个市场，第 j 个市场位置为 (p_j, q_j)，它对某种货物的需要量为

$b_j(j=1,2,\cdots,n)$。现计划建立 m 个仓库，第 i 个仓库的存储容量为 $a_i(i=1,2,\cdots,m)$。试确定仓库的位置，使各仓库对各市场的运输量与路程乘积之和最小。

解　设第 i 个仓库的位置为 $(x_i,y_i)(i=1,2,\cdots,m)$，第 i 个仓库到第 j 个市场的货物供应量为 $z_{ij}(i=1,2,\cdots,m,j=1,2,\cdots,n)$，则第 i 个仓库到第 j 个市场的距离为

$$d_{ij}=\sqrt{(x_i-p_j)^2+(y_i-q_j)^2}$$

目标函数为

$$\sum_{i=1}^{m}\sum_{j=1}^{n}=z_{ij}d_{ij}=\sum_{i=1}^{m}\sum_{j=1}^{n}z_{ij}\sqrt{(x_i-p_j)^2+(y_i-q_j)^2}$$

约束条件为：

（i）每个仓库向各市场提供的货物量之和不能超过它的存储容量；

（ii）每个市场从各仓库得到的货物量之和应等于它的需要量；

（iii）运输量不能为负数。

因此，问题的数学模型为

$$\min\sum_{i=1}^{m}\sum_{j=1}^{n}z_{ij}\sqrt{(x_i-p_j)^2+(y_i-q_j)^2}$$

$$\text{s.t.}\begin{cases}\sum_{j=1}^{n}z_{ij}\le a_i,(i=1,2,\cdots,m)\\ \sum_{i=1}^{m}z_{ij}\le b_j,(j=1,2,\cdots,n)\\ z_{ij}\ge 0,(i=1,2,\cdots,m,j=1,2,\cdots,n)\end{cases}$$

例 3.17

投资决策问题：某企业有 n 个项目可供选择投资，并且至少要对其中一个项目进行投资。已知该企业拥有总资金 A 元，投资于第 $i(i=1,2,\cdots,n)$ 个项目需花资金 a_i 元，并预计可收益 b_i 元。试选择最佳投资方案。

解　设投资决策变量为

$$x_i=\begin{cases}1,\text{决定投资第 } i \text{ 个项目}\\ 0,\text{决定不投资第 } i \text{ 个项目}\end{cases},i=1,2,\cdots,n$$

则投资总额为 $\sum_{i=1}^{n}a_ix_i$，投资总收益为 $\sum_{i=1}^{n}b_ix_i$。因为该公司至少要对一个项目进行投资，并且总的投资金额不能超过总资金 A，故有限制条件

$$0<\sum_{i=1}^{n}a_ix_i\le A$$

另外，由于 $x_i(i=1,2,\cdots,n)$ 只取 0 或 1，所以还有

$$x_i(1-x_i)=0,(i=1,2,\cdots,n)$$

最佳投资方案应是投资额最小而总收益最大的方案，所以这个最佳投资决策问题归结为总资金以及决策变量（取 0 或 1）的限制条件下，极大化总收益和总投资之比。因此，其数学模型为

$$\max Q = \frac{\sum_{i=1}^{n} b_i x_i}{\sum_{i=1}^{n} a_i x_i}$$

$$\text{s.t.} \begin{cases} 0 < \sum_{i=1}^{n} a_i x_i \leqslant A \\ x_i(1 - x_i) = 0, i = 1, 2, \cdots, n \end{cases}$$

上面例题是求一个函数的最大值(或最小值)问题,其中目标函数或约束条件中至少有一个非线性函数,这类问题称为非线性规划问题,可概括为一般形式

$$\min f(X)$$

$$\text{s.t.} \begin{cases} h_j(X) \leqslant 0, j = 1, 2, \cdots, q \\ g_i(X) = 0, i = 1, 2, \cdots, p \end{cases}$$

式中:$X = (x_1, x_2, \cdots, x_n)^{\mathrm{T}}$ 称为模型的决策变量,f 称为目标函数,$g_i(i = 1, 2, \cdots, p)$ 和 h_j $(j = 1, 2, \cdots, q)$ 称为约束函数。另外,$g_i(X) = 0(i = 1, 2, \cdots, p)$ 称为等式约束,$h_j(X) \leqslant 0$ $(j = 1, 2, \cdots, q)$ 称为不等式约束。

与线性规划类似,把满足约束条件的解称为可行解。若记

$$\boldsymbol{\chi} \{X \mid h_j(X) \leqslant 0, j = 1, 2, \cdots, q; g_i(X) = 0, i = 1, 2, \cdots, p\}$$

则称 $\boldsymbol{\chi}$ 为可行域。因此上述模型可简化为

$$\min f(X)$$

$$\text{s.t.} \ X \in \boldsymbol{\chi}$$

当一个非线性规划问题的自变量 X 没有任何约束,或说可行域即是整个 n 维向量空间,即 $\boldsymbol{\chi} = \mathbf{R}^n$,则称这样的非线性规划问题为无约束问题,即 $\min f(X)$ 或 $\min\limits_{X \in \mathbf{R}^n} f(X)$。

有约束问题与无约束问题是非线性规划的两大类问题,它们在处理方法上有明显的不同。

二、无约束非线性规划问题

1.无约束极值条件

对于二阶可微的一元函数 $f(x)$,若 $f'(x^*) = 0, f''(x^*) > 0$,则 x^* 是局部极小点;若 $f'(x^*) = 0, f''(x^*) < 0$,则 x^* 是局部极大点。关于多元函数,也有与此类似的结果,这就是下述的一些定理。

考虑无约束极值问题:

$$\min f(X), X \in E^n$$

💡 **定义 3.1**

设 $\mathbf{R}$ 是 n 维欧氏空间 E^n 上的某一个开集,$f(X)$ 在 $\mathbf{R}$ 上有一阶连续偏导数,且在 $X^* \in \mathbf{R}$ 取得局部极值,则必有

$$\frac{\partial f(X^*)}{\partial x_1} = \frac{\partial f(X^*)}{\partial x_2} = \cdots = \frac{\partial f(X^*)}{\partial x_n} = 0$$

或

$$\nabla f(\boldsymbol{X}^*) = 0$$

上式中

$$\nabla f(\boldsymbol{X}^*) = \left(\frac{\partial f(\boldsymbol{X}^*)}{\partial x_1}, \frac{\partial f(\boldsymbol{X}^*)}{\partial x_2}, \cdots, \frac{\partial f(\boldsymbol{X}^*)}{\partial x_n} \right)$$

为函数 $f(\boldsymbol{X})$ 在点 $\boldsymbol{X}^*$ 处的梯度。

💡 定义 3.2　海赛（Hessen）矩阵

假定函数 $f(\boldsymbol{X}) = f(x_1, x_2, \cdots, x_n)$，函数 $f(\boldsymbol{X})$ 在 $\boldsymbol{X}^*$ 处的海赛矩阵为

$$H(\boldsymbol{X}^*) = \nabla^2 f(\boldsymbol{X}^*) = \begin{bmatrix} \dfrac{\partial^2 f(\boldsymbol{X}^*)}{\partial x_1^2} & \cdots & \dfrac{\partial^2 f(\boldsymbol{X}^*)}{\partial x_1 \partial x_n} \\ \vdots & \ddots & \vdots \\ \dfrac{\partial^2 f(\boldsymbol{X}^*)}{\partial x_n \partial x_1} & \cdots & \dfrac{\partial^2 f(\boldsymbol{X}^*)}{\partial x_n^2} \end{bmatrix}$$

💡 例 3.18

试计算以下各函数的梯度和海赛矩阵。

（1）$f(\boldsymbol{X}) = x_1^2 + x_2^2 + x_3^2$；

（2）$f(\boldsymbol{X}) = \ln(x_1^2 + x_1 x_2 + x_3^2)$；

（3）$f(\boldsymbol{X}) = \mathrm{e}^{x_1 x_2}$。

解　（1）$\nabla f(\boldsymbol{X}) = \left(\dfrac{\partial f}{\partial x_1}, \dfrac{\partial f}{\partial x_2}, \dfrac{\partial f}{\partial x_3} \right) = (2x_1, 2x_2, 2x_3)$，则

$$H(\boldsymbol{X}) = \begin{bmatrix} \dfrac{\partial^2 f}{\partial x_1^2} & \dfrac{\partial^2 f}{\partial x_1 \partial x_2} & \dfrac{\partial^2 f}{\partial x_1 \partial x_3} \\ \dfrac{\partial^2 f}{\partial x_2 \partial x_1} & \dfrac{\partial^2 f}{\partial x_2^2} & \dfrac{\partial^2 f}{\partial x_2 \partial x_3} \\ \dfrac{\partial^2 f}{\partial x_3 \partial x_1} & \dfrac{\partial^2 f}{\partial x_3 \partial x_2} & \dfrac{\partial^2 f}{\partial x_3^2} \end{bmatrix} = \begin{bmatrix} 2 & 0 & 0 \\ 0 & 2 & 0 \\ 0 & 0 & 2 \end{bmatrix}$$

（2）$\nabla f(\boldsymbol{X}) = \left(\dfrac{2x_1 + x_2}{x_1^2 + x_1 x_2 + x_2^2}, \dfrac{x_1 + 2x_2}{x_1^2 + x_1 x_2 + x_2^2} \right)$，则

$$H(\boldsymbol{X}) = \frac{1}{(x_1^2 + x_1 x_2 + x_2^2)^2} \begin{bmatrix} -2x_1^2 - 2x_1 x_2 + x_2^2 & -x_1^2 + 4x_1 x_2 - x_2^2 \\ -x_1^2 - 4x_1 x_2 - x_2^2 & x_1^2 - 2x_1 x_2 - 2x_2^2 \end{bmatrix}$$

（3）$\nabla f(\boldsymbol{X}) = (x_2 \mathrm{e}^{x_1 x_2}, x_1 \mathrm{e}^{x_1 x_2})$，则

$$H(\boldsymbol{X}) = \begin{bmatrix} \dfrac{\partial^2 f}{\partial x_1^2} & \dfrac{\partial^2 f}{\partial x_1 \partial x_2} \\ \dfrac{\partial^2 f}{\partial x_2 \partial x_1} & \dfrac{\partial^2 f}{\partial x_2^2} \end{bmatrix} = \begin{bmatrix} x_2^2 \mathrm{e}^{x_1 x_2} & \mathrm{e}^{x_1 x_2} + x_1 x_2 \mathrm{e}^{x_1 x_2} \\ \mathrm{e}^{x_1 x_2} + x_1 x_2 \mathrm{e}^{x_1 x_2} & x_1^2 \mathrm{e}^{x_1 x_2} \end{bmatrix}$$

💡 **定理 3.4 （必要条件）**

设 $f(X)$ 是 n 元可微实函数,如果 X^* 是以上问题的局部极小值点,则 $\nabla f(X^*) = 0$。

💡 **定理 3.5 （充分条件）**

设 $f(X)$ 是 n 元二次可微实函数,如果 X^* 是上述问题的局部最小值点,则 $\nabla f(X^*)$ $= 0$, $\nabla^2 f(X^*)$ 半正定;反之,如果在 X^* 点有 $\nabla f(X^*) = 0$, $\nabla^2 f(X^*)$ 正定,则 X^* 为严格局部最小值点。

💡 **定理 3.6**

设 $f(X)$ 是 n 元可微凸函数,如果 $\nabla f(X^*) = 0$,则 X^* 是上述问题的最小值点。

💡 **例 3.19**

试求二次函数 $f(x_1, x_2) = 2x_1^2 - 8x_1 + 2x_2^2 - 4x_2 + 20$ 的极小值点。

解 由极值存在的必要条件求出稳定点

$$\frac{\partial f}{\partial x_1} = 4x_1 - 8, \frac{\partial f}{\partial x_2} = 4x_2 - 4$$

则由 $\nabla f(X) = 0$,即

$$\left(\frac{\partial f}{\partial x_1} = 4x_1 - 8, \frac{\partial f}{\partial x_2} = 4x_2 - 4 \right) = (0, 0)$$

得

$$x_1 = 2, x_2 = 1$$

再用充分条件进行检验

$$\frac{\partial^2 f}{\partial x_1^2} = 4, \frac{\partial^2 f}{\partial x_2^2} = 4, \frac{\partial^2 f}{\partial x_1 \partial x_2} = \frac{\partial^2 f}{\partial x_2 \partial x_1} = 0$$

则由 $\nabla^2 f(X) = \begin{pmatrix} 4 & 0 \\ 0 & 4 \end{pmatrix}$ 为正定矩阵,得极小点为 $X^* = (2, 1)^T$。

2.无约束极值问题的解法

无约束极值问题可表述为

$$\min f(X), X \in E^n$$

求解上述问题的方法有梯度法、牛顿法等。

（1）梯度法

梯度法也称最速下降法。

对基本迭代格式

$$X^{(k+1)} = X^{(k)} + t_k p^{(k)}$$

我们总是考虑从点 $X^{(k)}$ 出发沿哪一个方向 $p^{(k)}$,使目标函数 f 下降得最快。由微积分的知识可知,点 $X^{(k)}$ 的负梯度方向

$$p^{(k)} = -\nabla f(X^{(k)})$$

是从点 $X^{(k)}$ 出发使 f 下降最快的方向。为此,称负梯度方向 $-\nabla f(X^{(k)})$ 为 f 在点 $X^{(k)}$ 处的最速下降方向。

按基本迭代格式,每一轮从点 $X^{(k)}$ 出发沿最速下降方向 $-\nabla f(X^{(k)})$ 做一维搜索,来建立求解无约束极值问题的方法,称为最速下降法。

这个方法的特点是,每一轮的搜索方向都是目标函数在当前点下降最快的方向。同时,以 $\nabla f(X^{(k)}) = 0$ 或 $\| \nabla f(X^{(k)}) \| \leqslant \varepsilon$ 作为停止条件。其具体步骤如下:

步骤 1:选取初始数据。选取初始点 $X^{(0)}$,给定终止误差,令 $k=0$。

步骤 2:求梯度向量。计算 $\nabla f(X^{(k)})$,若 $\| \nabla f(X^{(k)}) \|$,停止迭代,输出 $X^{(k)}$。否则,进行步骤 3。

步骤 3:构造负梯度方向。取

$$p^{(k)} = -\nabla f(X^{(k)})$$

步骤 4:进行一维搜索。求 t_k,使得

$$f(X^{(k)} + t_k p^{(k)}) = \min_{t \geqslant 0} f(X^{(k)} + t p^{(k)})$$

令 $X^{(k+1)} = X^{(k)} + t_k p^{(k)}$,$k := k+1$,转到步骤 2。

例 3.20

用梯度法求解无约束极值问题 $\min f(X) = (x_1 - 2)^2 + (x_2 - 1)^2$。取 $X^{(0)} = (0,0)^T$,终止误差 $\varepsilon = 0.01$。

解 $\nabla f(X) = (2(x_1 - 2), 2(x_2 - 1))^T$,

$\because X^{(0)} = (0,0)^T$,$\therefore \nabla f(X^{(0)}) = (-4, -2)^T$.

取 $p^{(0)} = -\nabla f(X^{(0)}) = (4,2)^T$,由

$$X^{(0)} + t_0 p^{(0)} = \begin{pmatrix} 0 \\ 0 \end{pmatrix} + t_0 \begin{pmatrix} 4 \\ 2 \end{pmatrix} = \begin{pmatrix} 4t_0 \\ 2t_0 \end{pmatrix}$$

得

$$f(X^{(0)} + t_0 p^{(0)}) = (4t_0 - 2)^2 + (2t_0 - 1)^2$$

再由

$$\frac{df}{dt_0} = 8(4t_0 - 2) + 4(2t_0 - 1) = 0$$

可得 $t_0 = 0.5$。

$$X^{(1)} = X^{(0)} + t_0 p^{(0)} = \begin{pmatrix} 0 \\ 0 \end{pmatrix} + 0.5 \begin{pmatrix} 4 \\ 2 \end{pmatrix} = \begin{pmatrix} 2 \\ 1 \end{pmatrix}$$

由于 $\nabla f(X^{(1)}) = (0,0)^T$,$\| \nabla f(X^{(1)}) \| = 0 < \varepsilon$,

故 $X^{(1)}$ 为极小值点,极小值为 $f(X^{(1)}) = 0$。

(2)牛顿法

考虑目标函数 f 在点 $X^{(k)}$ 处的二次逼近式

$$f(X) \approx Q(X) = f(X^{(k)}) + \nabla f(X^{(k)})^T (X - X^{(k)}) + \frac{1}{2}(X - X^{(k)})^T \nabla^2 f(X^{(k)})(X - X^{(k)})$$

假定海赛矩阵

$$\nabla^2 f(\boldsymbol{X}^{(k)}) = \begin{bmatrix} \dfrac{\partial^2 f(\boldsymbol{X}^{(k)})}{\partial x_1^2} & \cdots & \dfrac{\partial^2 f(\boldsymbol{X}^{(k)})}{\partial x_1 \partial x_n} \\ \vdots & \ddots & \vdots \\ \dfrac{\partial^2 f(\boldsymbol{X}^{(k)})}{\partial x_n \partial x_1} & \cdots & \dfrac{\partial^2 f(\boldsymbol{X}^{(k)})}{\partial x_n^2} \end{bmatrix}$$

正定。

由于 $\nabla^2 f(\boldsymbol{X}^{(k)})$ 正定,函数 Q 的稳定点 $\boldsymbol{X}^{(k+1)}$ 是 $Q(\boldsymbol{X})$ 的最小点。为求此最小点,令

$$\nabla Q(\boldsymbol{X}^{(k+1)}) = \nabla f(\boldsymbol{X}^{(k)}) + \nabla^2 f(\boldsymbol{X}^{(k)})(\boldsymbol{X}^{(k+1)} - \boldsymbol{X}^{(k)}) = 0$$

即可解得

$$\boldsymbol{X}^{(k+1)} = \boldsymbol{X}^{(k)} - [\nabla^2 f(\boldsymbol{X}^{(k)})]^{-1} \nabla f(\boldsymbol{X}^{(k)})$$

对照基本迭代格式,可知从点 $\boldsymbol{X}^k$ 出发沿搜索方向

$$\boldsymbol{p}^{(k)} = -[\nabla^2 f(\boldsymbol{X}^{(k)})]^{-1} \nabla f(\boldsymbol{X}^{(k)})$$

并取步长 $t_k = 1$ 即可得 $Q(\boldsymbol{X})$ 的最小点 $\boldsymbol{X}^{(k+1)}$。通常,把方向 $\boldsymbol{p}^{(k)}$ 叫作从点 $\boldsymbol{X}^{(k)}$ 出发的牛顿方向。从初始点开始,每一轮从当前迭代点出发,沿牛顿方向并取步长为 1 的求解方法,称为牛顿法。其具体步骤如下:

步骤 1:选取初始数据。选取初始点 $\boldsymbol{X}^{(0)}$,给定终止误差 $\varepsilon > 0$,令 $k = 0$。

步骤 2:求梯度向量。计算 $\nabla f(\boldsymbol{X}^{(k)})$,若 $\| \nabla f(\boldsymbol{X}^{(k)}) \| \leqslant \varepsilon$,停止迭代,输出 $\boldsymbol{X}^{(k)}$。否则,进行步骤 3。

步骤 3:构造牛顿方向。计算 $[\nabla^2 f(\boldsymbol{X}^{(k)})]^{-1}$,取

$$\boldsymbol{p}^{(k)} = -[\nabla^2 f(\boldsymbol{X}^{(k)})]^{-1} \nabla f(\boldsymbol{X}^{(k)})$$

步骤 4:求下一迭代点。令 $\boldsymbol{X}^{(k+1)} = \boldsymbol{X}^{(k)} + \boldsymbol{p}^{(k)}$,$k := k+1$,转到步骤 2。

例 3.21

用牛顿法求解无约束极值问题

$$\min f(\boldsymbol{X}) = x_1^2 + x_2^2 + x_3^2$$

初始点为 $(2, -2, 1)$,终止误差 $\varepsilon = 0.01$。

解 $\nabla f(\boldsymbol{X}) = (2x_1, 2x_2, 2x_3)^{\mathrm{T}}$,则

$$\because \boldsymbol{X}^{(0)} = (2, -2, 1)^{\mathrm{T}}, \therefore \nabla f(\boldsymbol{X}^{(0)}) = (4, -4, 2)^{\mathrm{T}}$$

因为

$$H(\boldsymbol{X}^{(0)}) = \begin{bmatrix} 2 & 0 & 0 \\ 0 & 2 & 0 \\ 0 & 0 & 2 \end{bmatrix}$$

所以

$$H(\boldsymbol{X}^{(0)})^{-1} = \begin{bmatrix} \dfrac{1}{2} & 0 & 0 \\ 0 & \dfrac{1}{2} & 0 \\ 0 & 0 & \dfrac{1}{2} \end{bmatrix}$$

$$X^{(1)} = X^{(0)} - H(X^{(0)})^{-1} \nabla f(X^{(0)})$$

$$= \begin{bmatrix} 2 \\ -2 \\ 1 \end{bmatrix} - \begin{bmatrix} \dfrac{1}{2} & 0 & 0 \\ 0 & \dfrac{1}{2} & 0 \\ 0 & 0 & \dfrac{1}{2} \end{bmatrix} \begin{bmatrix} 4 \\ -4 \\ 2 \end{bmatrix} = \begin{bmatrix} 0 \\ 0 \\ 0 \end{bmatrix}$$

由于 $\nabla f(X^{(1)}) = (0,0,0)^{\mathrm{T}}$，$\| \nabla f(X^{(1)}) \| = 0 < \varepsilon$，
故 $X^{(1)}$ 为极小值点，极小值为 $f(X^{(1)}) = 0^2 + 0^2 + 0^2 = 0$。
目标函数的值为 $f(X) = 0^2 + 0^2 + 0^2 = 0$。

三、约束非线性规划问题

前面介绍了无约束问题的最优化方法，但在实际问题中，大多数是有约束条件的问题。求解带有约束条件的问题比起无约束问题要困难得多，也复杂得多。在每次迭代时，不仅要使目标函数值有所下降，而且要使迭代点都落在可行域内（个别算法除外）。求解带有约束的极值问题的常用方法是：将约束问题化为一个或一系列的无约束极值问题；将非线性规划化为近似的线性规划；将复杂问题变为较简单问题；等等。

1.凸规划问题

约束问题的情况较为复杂，先讨论其中的一种较为特殊的情况，即凸规划问题。

一般来说，非线性规划的局部最优解和全局最优解是不同的。但是，对于凸规划问题，局部最优解就是全局最优解。

定义 3.3

设 $f(X)$ 为定义在非空凸集 $S \subseteq E^n$ 上的实值函数，如果对于任意的两点 $X^{(1)} \in S$，$X^{(2)} \in S$ 和任意实数 $\lambda \in (0,1)$，恒有
$$f(\lambda X^{(1)} + (1-\lambda)X^{(2)}) \leqslant \lambda f(X^{(1)}) + (1-\lambda)f(X^{(2)})$$
则称 $f(X)$ 为 S 上的凸函数。

定理 3.7

设 S 是 n 维欧氏空间 E^n 上的一个开凸集，$f(X)$ 是定义在 S 上的具有二阶连续导数的函数，那么，$f(X)$ 在 S 上为凸函数的充要条件是：对所有的 $X \in S$，海赛矩阵 $\nabla^2 f(X)$ 都是半正定的；如果对所有的 $X \in S$，$\nabla^2 f(X)$ 都是正定的，则 $f(X)$ 在 S 上为严格凸函数。

定义 3.4

非线性规划问题
$$\min f(X), X \in E^n$$
$$\text{s.t. } g_i(X) \leqslant 0, i = 1, 2, \cdots, m$$
中，如果 $f(X)$ 和 $g_i(X)(i=1,2,\cdots,m)$ 为 X 的凸函数，则称此问题为一凸规划问题。

凸规划具有两个重要性质：

（1）凸规划的可行集是凸集；

（2）凸规划的局部最优解即为全局最优解，而且其最优解的集合形成一个凸集。

当凸规划的目标函数 $f(X)$ 为严格凸函数时，其最优解必定唯一（假定最优解存在）。由此可见，凸规划是一类比较简单而又具有重要理论意义的非线性规划。

例 3.22

验证下述非线性规划为凸规划

$$\min f(X) = x_1^2 + x_2^2 - 4x_1 + 4$$

$$\text{s.t.} \begin{cases} g_1(X) = x_1 - x_2 + 2 \geq 0 \\ g_2(X) = -x_1^2 + x_2 - 1 \geq 0 \\ g_3(X) = x_1 \geq 0 \\ g_4(X) = x_2 \geq 0 \end{cases}$$

解 第 1、3、4 三个约束条件为线性函数，因此也是凸函数；第 2 个约束条件应写成 $g_2(X) = x_1^2 - x_2 + 1 \leq 0$，则

$$\frac{\partial g_2(X)}{\partial x_1} = 2x_1, \frac{\partial g_2(X)}{\partial x_2} = -1$$

$$\frac{\partial^2 g_2(X)}{\partial x_1^2} = 2, \frac{\partial^2 g_2(X)}{\partial x_2^2} = 0, \frac{\partial^2 g_2(X)}{\partial x_1 \partial x_2} = 0$$

因此海赛矩阵为 $\nabla^2 g_2(X) = \begin{pmatrix} 2 & 0 \\ 0 & 0 \end{pmatrix}$，$\nabla^2 g_2(X) = \begin{vmatrix} 2 & 0 \\ 0 & 0 \end{vmatrix} = 0$，为半正定，故 $g_2(X)$ 为凸函数。

同理，$\nabla^2 f(X) = \begin{pmatrix} 2 & 0 \\ 0 & 0 \end{pmatrix}$，$\nabla^2 f(X) = \begin{vmatrix} 2 & 0 \\ 0 & 2 \end{vmatrix} = 4 > 0$，为正定，故 $f(X)$ 也为凸函数。

所以，该非线性规划为凸规划。

2.其他类型的约束非线性规划问题

考虑只含不等式约束条件下求极小值问题的数学模型

$$\min f(X), X \in E^n$$

$$\text{s.t.} \ g_i(X) \geq 0, i = 1, 2, \cdots, m$$

或写成

$$\min_{X \in \chi} f(X)$$

其中可行域 $\chi = \{X \mid X \in E^n, g_i(X) \geq 0, i = 1, 2, \cdots, m\}$。

定义 3.5

对于上述问题，设 $\overline{X} \in \chi$：若有 $g_i(\overline{X}) = 0 (1 \leq i \leq m)$，则称不等式约束 $g_i(X) \geq 0$ 为点 $\overline{X}$ 处的起作用约束；若有 $g_i(\overline{X}) > 0 (1 \leq i \leq m)$，则称不等式约束 $g_i(X) \geq 0$ 为点 $\overline{X}$ 处的不起作用约束。

定义 3.6

对于上述非线性规划问题,如果可行点 $\overline{X}$ 处,各起作用约束的梯度向量线性无关,则称 $\overline{X}$ 是约束条件的一个正则点。

库恩–塔克条件是非线性规划领域中的重要理论成果之一,是确定某点为局部最优解的一阶必要条件,只要是最优点就必满足这个条件。但一般来说它不是充分条件,即满足这个条件的点不一定是最优点。但对于凸规划,库恩–塔克条件既是必要条件也是充分条件。对于只含有不等式约束的非线性规划问题,有定理如下。

定理 3.8

设 X^* 是非线性规划问题

$$\min_{X \in \chi} f(X)$$
$$\chi = \{X \mid X \in E^n, g_i(X) \geqslant 0, i = 1, 2, \cdots, m\}$$

的极小点,若 X^* 起作用约束的梯度 $\nabla g_i(X^*)$ 线性无关(即 X^* 是一个正则点),则 $\exists \boldsymbol{\Gamma} = (\gamma_1^*, \gamma_2^*, \cdots, \gamma_m^*)^{\mathrm{T}}$,使下式成立

$$\begin{cases} \nabla f(X^*) - \sum_{i=1}^{m} \gamma_i^* \cdot \nabla g_i(X^*) = 0 \\ \gamma_i^* \cdot \nabla g_i(X^*) = 0, i = 1, 2, \cdots, m \\ \gamma_i^* \geqslant 0, i = 1, 2, \cdots, m \end{cases}$$

对同时含有等式与不等式约束的问题

$$\min f(X)$$
$$\text{s.t.} \begin{cases} g_i(X) \geqslant 0, (i = 1, 2, \cdots, m) \\ h_j(X) = 0, (j = 1, 2, \cdots, l) \end{cases}$$

为了利用以上定理,将 $h_j(X) = 0$,用

$$\begin{cases} h_j(X) \geqslant 0 \\ -h_j(X) \geqslant 0 \end{cases}$$

来代替。这样即可得到同时含有等式与不等式约束条件的库恩–塔克条件,具体如下:

设 X^* 为上述问题的极小点,若 X^* 起作用约束的梯度 $\nabla g_i(X^*)$ 和 $\nabla h_j(X^*)$ 线性无关,则 $\exists \boldsymbol{\Gamma}^* = (\gamma_1^*, \gamma_2^*, \cdots, \gamma_m^*)^{\mathrm{T}}$ 和 $\boldsymbol{\Lambda}^* = (\lambda_1^*, \lambda_2^*, \cdots, \lambda_m^*)$,使下式成立

$$\begin{cases} \nabla f(X^*) - \sum_{i=1}^{m} \gamma_i^* \cdot \nabla g_i(X^*) - \sum_{j=1}^{m} \lambda_j^* \cdot \nabla h_j(X^*) = 0 \\ \gamma_i^* \cdot \nabla g_i(X^*) = 0, i = 1, 2, \cdots, m \\ \gamma_i^* \geqslant 0, i = 1, 2, \cdots, m \end{cases}$$

例 3.23

求下列非线性规划问题的库恩–塔克条件并求解。

(1) $\max f(x) = (x-3)^2, 1 \leqslant x \leqslant 5$

（2）$\min f(x)=(x-3)^2,1\leqslant x\leqslant 5$

解 （1）等同于

$$\min f(x)=-(x-3)^2$$

$$\text{s.t.}\begin{cases}g_1(x)=x-1\geqslant 0\\g_2(x)=-x+5\geqslant 0\end{cases}$$

写出目标函数和约束函数的梯度

$$\nabla f(x)=-2(x-3),\ \nabla g_1(x)=1,\ \nabla g_2(x)=-1$$

对第一个和第二个约束条件分别引入广义拉格朗日乘子 γ_1^*、γ_2^*，得库恩–塔克(K-T)点为 x^*，则有

$$\begin{cases}-2(x^*-3)-\gamma_1^*+\gamma_2^*=0\\\gamma_1^*(x^*-1)=0\\\gamma_2^*(5-x^*)=0\\\gamma_1^*,\gamma_2^*\geqslant 0\end{cases}$$

①令 $\gamma_1^*\neq 0,\gamma_2^*\neq 0$，无解；

②令 $\gamma_1^*\neq 0,\gamma_2^*=0$，解得 $x^*=1,\gamma_1^*=4$ 是 K-T 点，目标函数值 $f(x^*)=-4$；

③令 $\gamma_1^*=0,\gamma_2^*\neq 0$，解得 $x^*=5,\gamma_2^*=4$ 是 K-T 点，$f(x^*)=-4$；

④令 $\gamma_1^*=\gamma_2^*=0$，则 $x^*=3$ 为 K-T 点，$f(x^*)=0$，但不最优。

此问题不为凸规划，故极小点 1 和 5 是最优点。

（2）等同于

$$\min f(x)=(x-3)^2$$

$$\text{s.t.}\begin{cases}g_1(x)=x-1\geqslant 0\\g_2(x)=5-x\geqslant 0\end{cases}$$

$$\nabla f(x)=2(x-3),\ \nabla g_1(x)=1,\ \nabla g_2(x)=-1$$

引入广义拉格朗日乘子 γ_1^*、γ_2^*，设 K-T 点为 x^*，则有

$$\begin{cases}2(x^*-3)-\gamma_1^*+\gamma_2^*=0\\\gamma_1^*(x^*-1)=0\\\gamma_2^*(5-x^*)=0\end{cases}$$

①令 $\gamma_1^*\neq 0,\gamma_2^*\neq 0$，无解；

②令 $\gamma_1^*\neq 0,\gamma_2^*=0$，解得 $x^*=1,\gamma_1^*=-4$ 不是 K-T 点；

③令 $\gamma_1^*=0,\gamma_2^*\neq 0$，解得 $x^*=5,\gamma_2^*=-4$ 不是 K-T 点；

④令 $\gamma_1^*=\gamma_2^*=0$，则 $x^*=3$，为 K-T 点，目标函数值 $f(x^*)=(3-3)^2=0$。

由于该非线性规划问题为凸规划，故 $x^*=3$ 是全局极小点。

本章思考题

1.什么是线性问题？什么是非线性问题？

2.运输问题模型的约束矩阵与一般线性规划约束矩阵有什么不同？

3.运用迭代格式

$$X^{(k+1)} = X^{(k)} + t_k p^{(k)}$$

求解一维非线性寻优问题 $\min f(x)$ 时,其迭代停止准则有哪些？

第四章

遗传与进化

神奇的大自然向我们展示了进化的奇迹。在自然进化这根魔术棒的指挥下,地球上的生物从低级走向高级。优化问题求解的过程,能否借用自然进化这根魔术棒呢?

答案是肯定的。借鉴自然进化的理念,问题的优化过程可以看成类似于生物进化的过程。通过模拟自然界的生物进化,研究者提出了一种解决优化问题的创造性方法——遗传算法(Genetic Algorithm,GA)。

遗传算法是计算智能领域一个举足轻重的分支,其思想源于生物科学的进化理论和遗传变异理论,是通过模仿自然界的进化活动,设计出能够有效解决优化问题的系统方法。

◀ 第一节　基本遗传算法

一、遗传算法的基本原理

遗传算是由美国密歇根大学心理学教授、电子工程学和计算机科学教授约翰·H.霍兰(John H. Holland)首先提出的一种随机自适应的全局搜索算法。早在 1962 年,Holland 就提出了关于遗传算法的基本思想。之后,相继有学者在相关的研究成果中提到了遗传算法的概念,例如霍兰的学生巴格利(Bagley)于 1967 年在他的博士论文中第一次采用了"遗传算法"这个术语。但遗传算法的数学框架和理论基础直到 20 世纪70 年代初期才形成。霍兰于 1975 年在其专著《自然与人工系统中的适应——理论分析及其在生物、控制和人工智能中的应用》(*Adaptation in Nature and Artificial Systems:An Introductory Analysis with Applications to Biology*,*Control*,*and Artificial Intelligence*)中对这种理论方法进行了系统且详细的论述。

遗传算法吸收了生命科学与工程学科中的重要理论成果,用于解决复杂优化问题。

其中,达尔文(Darwin)的进化理论和以孟德尔(Mendel)的遗传学说为基础的现代遗传学对算法的提出具有最为重要的影响。

地球生命自诞生以来,就处于漫长而深远的进化历程,经历了从低级到高级、从单一到多样、从简单到复杂、从缺陷到完善的发展过程。达尔文的进化论提出自然界"自然选择"和"优胜劣汰"的进化规律。图 4.1 揭示了生物的进化过程。生物的进化过程是一个不断往复的循环过程。在每个循环中,由于自然环境的恶劣、资源的短缺和天敌的侵害等因素,个体必须接受自然的选择。在选择过程中,一部分对自然环境具有较高适应能力的个体得以保存下来形成新的种群;而另一部分个体由于不适应自然环境而面临被淘汰的危险。经过选择保存下来的群体构成种群,种群中的生物个体进行交配繁衍,保证了种群的发展。交配产生的子代继承了父代的部分特性,而且一般来说,子代要比父代具有更强的环境适应能力。进化过程伴随着种群的变异,种群中部分个体发生基因变异,成为新的个体。这样,经过选择、交配和变异后的种群取代原来的群体,进入下一个进化循环。

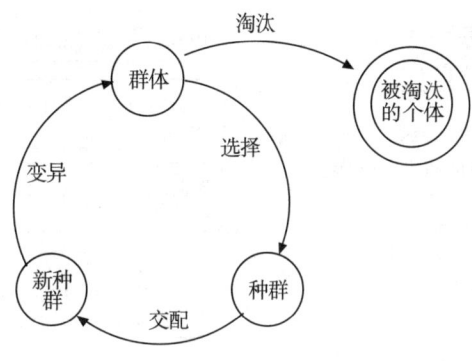

图 4.1　生物的进化过程

以孟德尔的遗传学说为基础的现代遗传学提出了遗传信息的重组模式。在生物体的遗传过程中,染色体是基因的载体。基因在染色体上按照一定的次序组合父代交配产生子代时,子代从父代继承的遗传基因以染色体的形式重新组合,子代的性状由遗传基因决定。图 4.2 简单描述了遗传基因重组的过程。

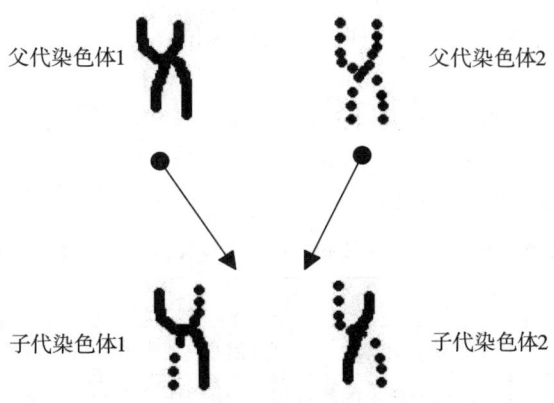

图 4.2　遗传基因重组的过程

来源于生物科学的这两个重要理论,为霍兰寻求有效方法研究人工自适应系统提供了宝贵的思想源泉。在前人运用计算机进行生物模拟的基础上,霍兰发现了自然界的生物遗传进化系统同人工自适应系统的相似性,成功地建立了遗传算法的模型,并对遗传算法搜索的有效性进行了理论证明。图4.3揭示了遗传算法的思想来源及建立过程。

遗传算法正是通过模拟自然界中生物的遗传进化过程,对优化问题的最优解进行搜索。算法维护一个代表问题潜在解的群体,对于群体的进化,算法引入了类似自然进化中选择、交叉以及变异等算子。遗传算法搜索全局最优解的过程是一个不断迭代的过程(每一次迭代相当于生物进化中的一次循环)直到满足算法的终止条件为止。

在遗传算法中,问题的每一个有效解被称为一个"染色体(Chromosome)",也称为"串"。染色体的具体形式是一个使用特定编码方式生成的编码串。编码串中的每一个编码单元称为"基因(Gene)"。

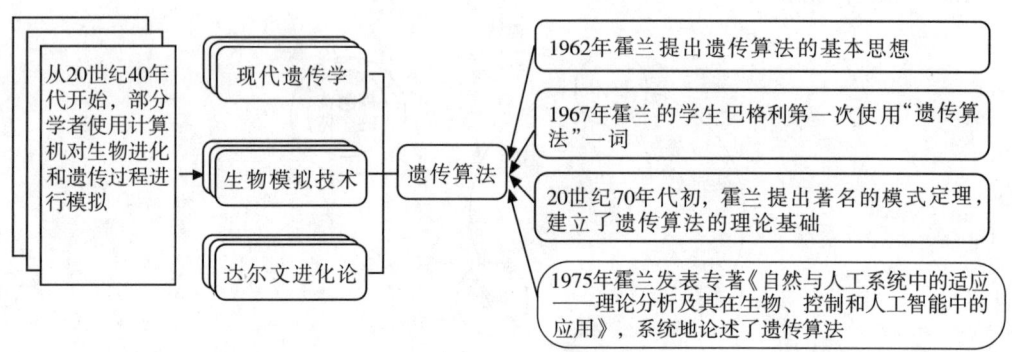

图4.3　遗传算法的思想来源及建立过程

遗传算法通过比较适应值(Fitness Value)区分染色体的优劣,适应值越大的染色体越优秀。评估函数(Evaluation Function)用来计算并确定染色体对应的适应值。

选择算子(Selection)按照一定的规则对群体的染色体进行选择,得到父代种群。一般地,越优秀的染色体被选中的次数越多。

交叉算子(Crossover)作用于每两个成功交配的染色体,染色体交换各自的部分基因,产生两个子代染色体。子代染色体取代父代染色体进入新种群,而没有交配的染色体直接进入新种群。

变异算子(Mutation)使新种群进行小概率的变异。染色体发生变异的基因改变数值,得到新的染色体。经过变异的新种群替代原有群体进入下一次进化。

表4.1给出了生物遗传进化的基本生物要素和遗传算法基本要素定义的对照。

表4.1　生物遗传进化的基本生物要素和遗传算法的基本要素定义对照表

生物遗传进化	遗传算法
群体	问题搜索空间的一组有效解(表现为群体规模 N)
种群	经过选择产生的新群体(规模同样为 N)
染色体	问题有效解的编码串

续表

生物遗传进化	遗传算法
基因	染色体的一个编码单元
适应能力	染色体的适应值
交配	两个染色体交换部分基因得到两个新的子代染色体,即交叉操作
变异	染色体某些基因的数值发生改变,即变异操作
进化结束	算法满足终止条件时结束,输出全局最优解

对于遗传算法的基本原理,霍兰给出了著名的模式定理(Schema Theory),为遗传算法提供了理论支持。

模式(Schema)是指群体中编码的某些位置具有相似结构的染色体集合。假设染色体的编码是由 0 或 1 组成的二进制符号序列,模式 01 * * *0 则表示以 01 开头且以 0 结尾的编码串对应的染色体的集合,即｛010000,010010,010100,010110,011000,011010,011100,011110｝。模式中具有确定取值的基因个数叫作模式的阶(Schema Order),如模式 01 * * *0 的阶为 3。模式的定义长度(Schema Defining Length)是指模式中第一个具有确定取值的基因到最后一个具有确定取值的基因的距离,例如模式 01 * * *0 的定义长度为 5,而 *1 * * * * 的定义长度为 0。

霍兰的模式定理提出,遗传算法的实质是通过选择、交叉和变异算子对模式进行搜索,低阶、定义长度较小且平均适应值高于群体平均适应值的模式在群体中的比例将呈指数级增长,即随着进化的不断进行,较优染色体的个数将快速增加。

模式定理证明了遗传算法寻求全局最优解的可能性,但不能保证算法一定能找到全局最优解。Goldberg 在 1989 年提出了积木块假设(Building Block Hypothesis),对模式定理做了补充,说明遗传算法具有能够找到全局最优解的能力。

积木块(Building Block)是指低阶、定义长度较小且平均适应值高于群体平均适应值的模式。积木块假设认为在遗传算法运行过程中,积木块在遗传算子的影响下能够相互结合,产生新的更加优秀的积木块,最终接近全局最优解。

目前的研究还不能够对积木块假设是否成立给出一个严整的论断和证明,但是大量的实验和应用为积木块假设提供了支持。

二、简单遗传算法的基本流程

简单遗传算法(Simple Genetic Algorithms, SGA),又称基本遗传算法或标准遗传算法,是由 Goldberg 总结出的一种最基本的遗传算法,其遗传进化操作过程简单,容易理解,是其他一些遗传算法的雏形和基础。简单遗传算法的组成:

(1)染色体的编码;

(2)种群的初始化;

(3)适应值评价;

(4)遗传算子(选择、交叉和变异)。

选择算子、交叉算子和变异算子的具体实现与算法搜索全局最优解的效果息息相关。在处理不同优化问题时,可能需要根据问题的特定情况采用不同的方法实现,以提高遗算法的性能。

1.染色体编码

GA 是通过某种编码机制把对象抽象为由特定符号并按一定顺序排成的串。研究生物遗传是从染色体着手，而染色体是由基因排成的串。SGA 使用二进制串进行编码。

二进制编码方法产生的染色体是一个二进制符号序列，染色体的每一个基因只能取值 0 或 1。假定问题定义的有效解取值空间为 $[U_{\min}, U_{\max}]^D$，其中 D 为有效解的变量维数，使用 L 位二进制符号串表示解的一维变量，则我们可以得到如表 4.2 所示的编码方式。

表 4.2　染色体的二进制编码方法

二进制符号串	对应的实际取值
$0000\cdots0000$	$U_{\min}$
$1111\cdots1111$	$U_{\max}$
$X_L - X_{L-1} \cdots X_2 X_1$	$U_{\min} + \dfrac{(U_{\max} - U_{\min}) \sum\limits_{j=1}^{L} X_j 2^{j-1}}{2^L - 1}$

举一个简单的例子，假设 $[U_{\min}, U_{\max}]$ 为 $[1,64]$，采用 6 位二进制符号串进行编码，则某个二进制符号串 010101 代表了数值 22。

因此采用 L 位进行编码时的精度为 $\dfrac{U_{\max} - U_{\min}}{2^L - 1}$，可见该种方法在编码的精度方面是较差的。当要求采用较高的精度或表示较大范围的数时，必须通过增加 L 来达到要求。可是当 L 变得很大时，将急剧增加算法操作的复杂度。所以二进制编码方法虽然符合 De Jong 提出的两个指导原则，且经常被使用，但是在解决某些精度要求较高或解含有较多变量的优化问题时，人们不得不寻求另外一种更好的编码方法，如浮点数编码方法。

在浮点数编码方法中，染色体的长度等于问题定义的解的变量个数，染色体的每一个基因等于解的每一维变量。例如，待求解问题的一个有效解为 $X_i = (x_i^1, x_i^2, \cdots, x_i^{D-1}, x_i^D)$，其中 D 为有效解的变量维数，有效则该解对应的染色体编码为 $(x_i^1, x_i^2, \cdots, x_i^{D-1}, x_i^D)$。

浮点数编码方法适合于表示取值范围比较大的数值，对降低采用遗传算法对染色体进行处理的复杂性起到了很好的作用。

2.种群的初始化

遗传算法在一个给定的初始进化种群中进行迭代搜索。在简单遗传算法中，采用随机方法生成若干个个体的集合，该集合称为初始种群。初始种群中个体的数量称为种群规模。随机方法是采用生成随机数的方法。对染色体的每一维变量进行初始化赋值。初始化染色体时必须注意染色体是否满足优化问题对有效解的定义。

如果在进化开始时保证初始群体已经是一定程度上的优良群体的话，将能够有效提高算法找到全局最优解的能力。这就好比一个优良的物种在自然进化过程中，常常占据有利的位置，且保持较快、较好的进化程度。到目前为止，已有部分学者尝试在保证搜索空间完备性的基础上,通过某种方法在算法的开始得到一个平均适应值相对较高的初始群体再进行进化来提高算法的求解性能,并取得了一定的成效。

3.适应值评价

遗传算法对一个个体(解)的好坏用适应度函数值来评价,适应度函数值越大,解的质量越好。适应度函数是遗传算法进化过程的驱动力,也是进行自然选择的唯一标准,它的设计应结合求解问题本身的要求而定。适应度函数一般要求非负,可以将目标函数映射成一个值域为非负的函数。在求解函数优化问题时,如果问题定义的目标函数本身是非负的,可以直接使用目标函数作为适应度函数。对于其他优化问题,问题定义的目标函数表达式必须经过一定的变换。例如,应用遗传算法求解某个函数的最小值,可对问题定义的目标函数 $f(X)$ 进行以下变换,得到算法的评估函数 $Eval(C)$

$$Eval(C) = -f(X)$$

式中:X——一个有效解。

C——X 对应的染色体。

4.选择算子

遗传算法使用选择运算来实现对群体中的个体进行优胜劣汰操作:适应度高的个体,被遗传到下一代群体中的概率大;适应度低的个体,被遗传到下一代群体中的概率小。选择操作的任务就是按某种方法从父代群体中选取一些个体,遗传到下一代群体。SGA 中选择算子采用轮盘赌选择(Roulette Wheel Selection)算法,其基本思想是基于概率的随机选择。

轮盘赌选择算法首先根据群体中每个染色体的适应值得到群体所有染色体的适应值总和,并分别计算每个染色体适应值与群体适应值总和的比 P_i;其次假设一个具有 N 个扇区的轮盘,每个扇区对应群体中的一个染色体,扇区的大小与对应染色体的 P_i 值成正比关系。图 4.4 给出了具有 4 个扇区的轮盘赌模型。

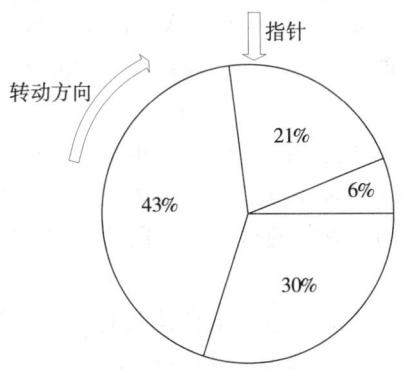

图 4.4 具有 4 个扇区的轮盘赌模型

每选择转动一次轮盘,轮盘转动停止时指针停留的扇区对应的染色体即被选中进入种群,依次进行 N 次选择即可得到规模同样为 N 的种群。

设群体大小为 N,染色体 i 的适应度为 F_i。轮盘赌选择算法的实现步骤如下:

步骤 1:计算群体中所有染色体的适应度函数值 $F_i(i=1,\cdots,N)$。

步骤 2:利用比例选择算子的公式,计算每个染色体被选中遗传到下一代群体的概率 P_i

$$P_i = \frac{F_i}{\sum_{i=1}^{N} F_i}$$

步骤 3:计算积累概率 q_i

$$q_i = \sum_{j=1}^{i} P_j$$

步骤 4:采用模拟赌盘操作(即生成 0 到 1 之间的随机数与每个染色体遗传到下一代群体的概率进行匹配)来确定各个染色体是否遗传到下一代群体中。

轮盘赌选择算法可用如下过程模拟来实现:

(1)在 $[0,1]$ 内产生一个均匀分布的随机数 r。

(2)若 $r \leqslant q_1$,则第 1 个染色体被选中。

(3)若 $q_{k-1} < r \leqslant q_k (2 \leqslant k \leqslant N)$,则第 k 个染色体被选中。

从轮盘赌选择的机制中可以看到,较优染色体的 P 值较大,被选择的概率就相对较大。但由于选择过程具有随机性,并不能保证每次选择均选中这些较优的染色体,因此也给予了较差染色体一定的生存空间。

5.交叉算子

交叉运算,是指对两个相互配对的染色体依据交叉概率 P_c 按某种方式相互交换其部分基因,从而形成两个新的个体。交叉运算是遗传算法区别于其他进化算法的重要特征,它在遗传算法中起关键作用,是产生新个体的主要方法。SGA 中交叉算子采用单点交叉算子。

单点交叉通过选取两个染色体,在随机选择的位置点上进行分割并交换右侧的部分,从而得到两个不同的子染色体。单点交叉是经典的交叉形式,与多点交叉或均匀交叉相比,它交叉混合的速度较慢(因为将染色体分成两段进行交叉,这种方式交叉粒度较大)。然而对于选取交叉点位置具有一定内在含义的问题而言,单点交叉可以造成更小的破坏。

每个染色体能否进行交叉由交叉概率 P_c(一般取值为 0.4~0.99)决定,其具体过程为:对于每个染色体,如果 $Random(0,1)$ 小于 P_c,则表示该染色体可进行交叉操作,其中 $Random(0,1)$ 为 $[0,1]$ 内均匀分布的随机数产生器,否则染色体不参与交叉直接复制到新种群中。

每两个按照 P_c 交叉概率选择出来的染色体进行交叉,经过交换各自的部分基因,产生两个新的子代染色体。其具体操作是随机产生一个有效的交叉位置,染色体交换位于该交叉位置后的所有基因。图 4.5 是染色体交叉示意图。

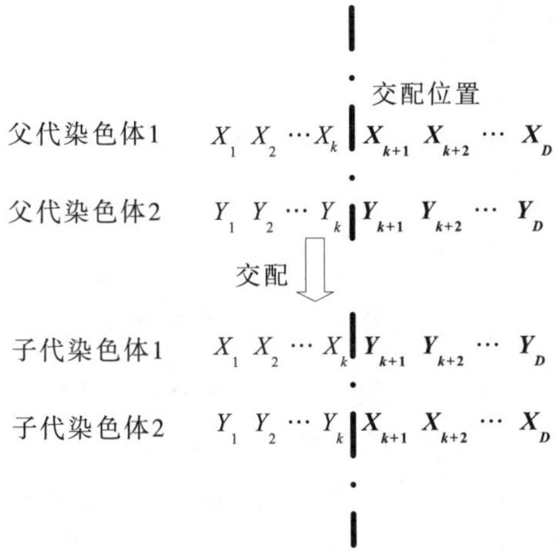

图4.5 染色体交叉示意图

交叉操作应该注意产生的子代染色体应满足问题对有效解的定义。从以上介绍可以看出,参与交叉的父代染色体个数与产生的子代染色体个数一样,因此新种群的规模依然为 N。

6.变异算子

变异运算,是指依据变异概率 P_m 将个体编码串中的某些基因值用其他基因值来替换,从而形成一个新的个体。遗传算法中的变异运算是产生新个体的辅助方法,它决定了遗传算法的局部搜索能力,同时保持种群的多样性。交叉运算和变异运算的相互配合,共同完成对搜索空间的全局搜索和局部搜索。SGA 中变异算子采用基本位变异算子。

基本位变异算子是指对个体编码串随机指定的某一位或某几位基因做变异运算。对于基本遗传算法中用二进制编码符号串所表示的个体,若需要进行变异操作的某一基因座上的原有基因值为 0,则变异操作将其变为 1;反之,若原有基因值为 1,则变异操作将其变为 0。

具体实现是,对于交叉后新种群中染色体的每一位基因,根据变异概率 P_m 判断该基因是否进行变异。如 $Random(0,1)$ 小于 P_m,则改变该基因的取值,其中 $Random(0,1)$ 为[0.1]内均匀分布的随机数产生器;否则该基因不发生变异,保持不变。图4.6 是采用二进制编码方式的染色体变异过程示意图,其中黑色箭头所指位置的基因发生变异。对于采用浮点数编码形式的染色体,若某基因发生变异,则可使用前面初始群体化时采用的随机数方法随机产生一个满足问题定义的数值取代该基因现有的值。

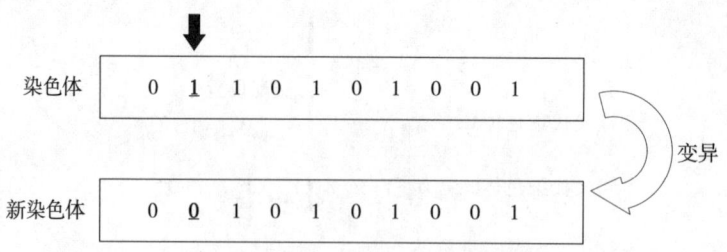

图4.6　采用二进制编码方式的染色体变异过程示意图

为了保持遗传算法较好的运行性能,变异概率 P_m 应该设置在一个合适的范围。变异操作通过改变原有染色体的基因,在提高群体多样性方面具有明显的促进作用。如果 P_m 过小,算法容易早熟,但是在算法运行的过程中,已找到的较优解可能在变异过程中遭到破坏。如果 P_m 的值过大,可能会导致算法目前所处的较好的搜索状态倒退回原来较差的情况。因此,我们应该将种群的变异限制在一定范围内。一般地,P_m 可设定在 $0.001 \sim 0.1$。

7.算法流程

以上对遗传算法各个组成部分进行了详细的介绍,接下来我们给出遗传算法的基本步骤:

步骤1:初始化规模为 N 的群体,其中染色体每个基因的值采用随机数产生器生成并满足问题定义的范围。当前进化代数 $Generation = 0$。

步骤2:采用评估函数对群体中所有染色体进行评价,分别计算每个染色体的适应值,保存适应值最大的染色体 $Best$。

步骤3:采用轮盘赌选择算法对群体的染色体进行选择操作,产生规模同样为 N 的种群。

步骤4:按照概率 P_c 从种群中选择染色体进行交叉。每两个进行交叉的父代染色体交换部分基因,产生两个新的子代染色体,子代染色体取代父代染色体进入新种群。没有进行交叉的染色体直接复制进入新种群。

步骤5:按照概率 P_m 对新种群中染色体的基因进行变异操作。发生变异的基因数值发生改变。变异后的染色体取代原有染色体进入新群体,未发生变异的染色体直接进入新群体。

步骤6:变异后的新群体取代原有群体,重新计算群体中各个染色体的适应值。倘若群体的最大适应值大于 $Best$ 的适应值,则用该最大适应值对应的染色体替代 $Best$。

步骤7:当前进化代数 $Generation$ 加1。如果 $Generation$ 超过规定的最大进化代数或 $Best$ 达到规定的误差要求,算法结束;否则返回步骤3。

图4.7 给出了遗传算法的流程图。

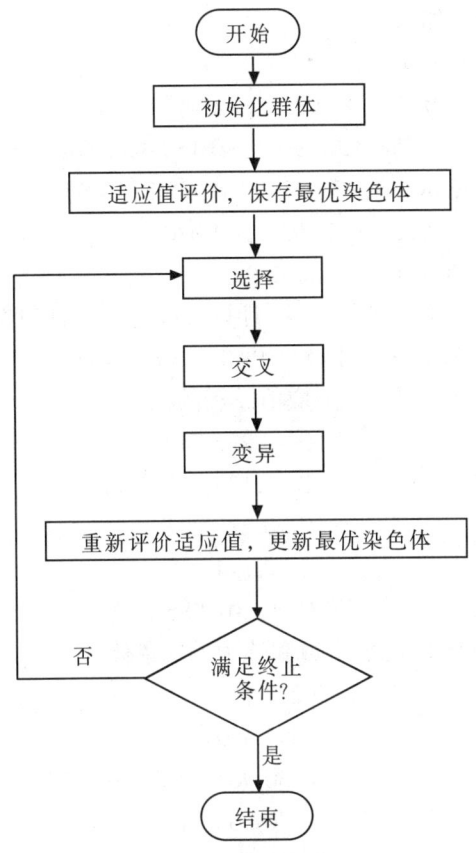

图 4.7 遗传算法的流程图

下面通过一个简单的函数优化的例子,说明遗传算法的执行过程。

例 4.1

已知函数 $y=f(x_1,x_2,x_3,x_4)=\dfrac{1}{x_1^2+x_2^2+x_3^2+x_4^2+1}$,其中 $-5\leqslant x_1,x_2,x_3,x_4\leqslant 5$,用遗传算法求解 y 的最大值,请写出关键的执行步骤。

解 使用遗传算法求解的步骤如下。

步骤 1:初始化群体。假设群体规模为 5;使用浮点数编码方式构造染色体,即每个染色体以 (x_1,x_2,x_3,x_4) 的形式表示。初始化群体的染色体,得到

$$C_1=(-2.135\ 1,2.091\ 7,-0.132\ 7,-4.100\ 6)$$
$$C_2=(1.015\ 2,-3.981\ 1,-2.663\ 8,3.753\ 5)$$
$$C_3=(4.058\ 9,2.190\ 4,-0.150\ 3,0.002\ 3)$$
$$C_4=(-3.409\ 8,-3.071\ 4,-0.900\ 8,-4.371\ 2)$$
$$C_5=(0.207\ 3,2.993\ 2,-4.080\ 2,1.879\ 4)$$

步骤 2:适应值评价。选择评估函数

$$Eval(C)=y=f(x_1,x_2,x_3,x_4)=\frac{1}{x_1^2+x_2^2+x_3^2+x_4^2+1}$$

计算每个染色体的适应值如下

$$Eval(C_1) = (-2.135\ 1, 2.091\ 7, -0.132\ 7, -4.100\ 6) = 0.037\ 360\ 3$$
$$Eval(C_2) = (1.015\ 2, -3.981\ 1, -2.663\ 8, 3.753\ 5) = 0.025\ 598\ 8$$
$$Eval(C_3) = (4.058\ 9, 2.190\ 4, -0.150\ 3, 0.002\ 3) = 0.448\ 529$$
$$Eval(C_4) = (-3.409\ 8, -3.071\ 4, -0.900\ 8, -4.371\ 2) = 0.023\ 821\ 4$$
$$Eval(C_5) = (0.207\ 3, 2.993\ 2, -4.080\ 2, 1.894) = 0.033\ 131\ 9$$

因此 $Best = C_3$; $Eval(Best) = 0.044\ 852\ 9$

步骤3:选择。采用轮盘赌选择算法,计算群体适应值总和为

$$0.037\ 360\ 3 + 0.025\ 598\ 8 + 0.044\ 852\ 9 + 0.023\ 821\ 4 + 0.033\ 131\ 9 = 0.164\ 765\ 3$$

分别计算每个染色体适应值同群体适应值总和的比

$$C_1: 0.226\ 749$$
$$C_2: 0.155\ 365$$
$$C_3: 0.272\ 223$$
$$C_4: 0.144\ 578$$
$$C_5: 0.201\ 085$$

下面是5次选择产生的$[0,1]$的随机数和选中的染色体

$$0.278\ 756 \quad C_2$$
$$0.604\ 389 \quad C_3$$
$$0.230\ 964 \quad C_2$$
$$0.376\ 263 \quad C_2$$
$$0.858\ 791 \quad C_5$$

因此得到种群为

$$C'_1 = (1.015\ 2, -3.981\ 1, -2.663\ 8, 3.753\ 5)$$
$$C'_2 = (4.058\ 9, 2.190\ 4, -0.150\ 3, 0.002\ 3)$$
$$C'_3 = (1.015\ 2, -3.981\ 1, -2.663\ 8, 3.753\ 5)$$
$$C'_4 = (1.015\ 2, -3.981\ 1, -2.663\ 8, 3.753\ 5)$$
$$C'_5 = (0.207\ 3, 2.993\ 2, -4.080\ 2, 1.879\ 4)$$

步骤4:交叉。假设交叉的概率为0.88。下面是对每个染色体生成的$[0,1]$的随机数,决定染色体是否参加交叉。

$$C'_1 \quad 0.341\ 044 < 0.88 \ 参加交叉$$
$$C'_2 \quad 0.613\ 797\ 1 < 0.88 \ 参加交叉$$
$$C'_3 \quad 0.963\ 042 > 0.88 \ 不参加交叉$$
$$C'_4 \quad 0.347\ 545 < 0.88 \ 参加交叉$$
$$C'_5 \quad 0.593\ 677 < 0.88 \ 参加交叉$$

即 C'_1 和 C'_2、C'_3 和 C'_4 进行交叉。每对染色体交叉时随机生成 $0 \sim 3$ 的自然数作为交叉位。以下是各对染色体的交叉位和得到的子代染色体。

(1) $C'_1 = (1.015\ 2, -3.981\ 1, -2.663\ 8, 3.753\ 5)$ 和 $C'_2 = (4.058\ 9, 2.190\ 4, -0.150\ 3, 0.002\ 3)$ 交叉位为1。子代染色体为

$$C''_1 = (1.015\ 2, -3.981\ 1, -0.150\ 3, 0.002\ 3), C''_2 = (4.058\ 9, 2.190\ 4, -2.663\ 8, 3.753\ 5)$$

（2）$C'_4 = (1.015\,2, -3.981\,1, -2.663\,8, 3.753\,5)$ 和 $C'_5 = (0.207\,3, 2.993\,2, -4.080\,2,$
$1.879\,4)$ 交叉位为 2。子代染色体为

$C''_4 = (1.015\,2, -3.981\,1, -2.663\,8, 1.879\,4)$，$C''_5 = (0.207\,3, 2.993\,2, -4.080\,2, 3.753\,5)$
故交叉后的新种群为

$$C''_1 = (1.015\,2, -3.981\,1, -0.150\,3, 0.002\,3)$$
$$C''_2 = (4.058\,9, 2.190\,4, -2.663\,8, 3.753\,5)$$
$$C''_3 = (1.015\,2, -3.981\,1, -2.663\,8, 3.753\,5)$$
$$C''_4 = (1.015\,2, -3.981\,1, -2.663\,8, 1.879\,4)$$
$$C''_5 = (0.207\,3, 2.993\,2, -4.080\,2, 3.753\,5)$$

步骤 5：变异。假设变异的概率为 0.1。对于每个染色体的每个基因随机生成 [0, 1] 的随机数，若该随机数小于 0.1，则改变基因的值，否则不改变基因的值。以下是发生变异的染色体和基因改变的过程。

$C''_3 = (\underline{1.015\,2}, -3.981\,1, -2.663\,8, 3.753\,5) \rightarrow C'''_3 = (\underline{3.095\,3}, -3.981\,1, -2.663\,8, 3.753\,5)$
$C''_4 = (1.015\,2, \underline{-3.981\,1}, -2.663\,8, 1.879\,4) \rightarrow C'''_4 = (1.015\,2, \underline{0.015\,3}, -2.663\,8, 1.879\,4)$
故得到的新群体为

$$C'''_1 = (1.015\,2, -3.981\,1, -0.150\,3, 0.002\,3)$$
$$C'''_2 = (4.058\,9, 2.190\,4, -2.663\,8, 3.753\,5)$$
$$C'''_3 = (3.095\,3, -3.981\,1, -2.663\,8, 3.753\,5)$$
$$C'''_4 = (1.015\,2, 0.015\,3, -2.663\,8, 1.879\,4)$$
$$C'''_5 = (0.207\,3, 2.993\,2, -4.080\,2, 3.753\,5)$$

步骤 6：重新评价染色体适应值，更新 Best。计算每个染色体的适应值如下
$$Eval(C'''_1) = f(1.015\,2, -3.981\,1, -0.150\,3, 0.002\,3) = 0.055\,858\,5$$
$$Eval(C'''_2) = f(4.058\,9, 2.190\,4, -2.663\,8, 3.753\,5) = 0.023\,011\,2$$
$$Eval(C'''_3) = f(3.095\,3, -3.981\,1, -2.663\,8, 3.753\,5) = 0.021\,001\,9$$
$$Eval(C'''_4) = f(1.015\,2, 0.015\,3, -2.663\,8, 1.879\,4) = 0.078\,996\,2$$
$$Eval(C'''_5) = f(0.207\,3, 2.993\,2, -4.080\,2, 3.753\,5) = 0.024\,546\,5$$

因为

$\mathrm{Max}(0.055\,858\,5, 0.023\,011\,2, 0.021\,001\,9, 0.078\,996\,2, 0.024\,546\,5) = 0.078\,996\,2 >$
$Eval(Best)$

故更新 $Best$：$Best = C'''_4$，$Eval(Best) = 0.078\,996\,2$。

步骤 7：判断结束。如果满足算法终止条件，则输出找到最优解 Best 并退出程序；否则返回步骤 3 继续执行。

◀ 第二节　基本遗传算法的改进

遗传算法简单、可操作性强，具有较强的鲁棒性和普适性以及潜在的并行性，并且拥有较好的全局搜索能力，能够以较大的概率得到全局最优解，因此多个领域的复杂问

题相继采用了遗传算法进行解决,进而促进了遗传算法理论研究的不断发展。遗传算法从提出到现在不过几十年的时间,成功的应用案例展示了其作为一种随机全局搜索算法的强大优势和能力,同时,在应用中出现的问题也暴露了现有遗传算法的局限和不足。因此,大量的对算法进行改进的研究活动从未停止过,人们一直致力于提高和拓展算法的能力。

在本节中,我们将从以下几个重要方面阐述关于遗传算法的改进,其中包括编码方式、遗传算子、控制参数和执行策略。

一、编码方式的改进

在使用遗传算法解决具体问题的时候,采用何种编码方案并不是一概而论的,而应该尽量分析问题的特点,制定可行的编码方案,同时也可借鉴运用遗传算法已成功求解的类似问题的编码先例。目前,用于染色体编码的方法除了二进制编码和浮点数编码外,还有格雷码编码、字母编码、多参数交叉编码、排列编码等。

二、遗传算子的改进

首先是选择操作。种群的选择是遗传算法中一项重要的操作。自然选择保存下来的物种决定了生物的进化程度。同样地,选择的效率如何,即是否能够保证留下来的染色体是具有进化发展潜力的染色体或是目前较好的染色体,对遗传算法的性能具有主要的决定作用。

在遗传算法的基本流程中,我们给出的选择算子是基于轮盘赌选择算法的。轮盘赌选择算法由于其思想简单、实现容易而成为遗传算法最常用的选择算子。从轮盘赌选择的实现机制可以看到,较优染色体的 P 值较大,被选择的概率相对较大。同时由于选择的随机性,当前较差的染色体也具有一定的生存空间。这正是人们倾向于使用轮盘赌选择算法的原因,但轮盘赌选择算法并不是一种完美的方法。随机地选择会导致选择误差较大,有时候可能选不上适应值较高的染色体。

选择算法的研究一直是改进遗传算法的重要内容之一。各种不同的选择算法和模型相继推出。常见的选择算法模型有最佳个体保存模型、排挤模型、确定性采样、期望值模型、无回放余数随机采样、随机锦标赛模型、排序模型等。

其次是交叉操作。在遗传算法的流程中给出的交叉规则属于单点交叉(One-point Crossover)。随着对遗传算法研究的深入,人们提出了一些其他的交叉算子,并进行了大量的改进。典型的交叉算子有:两点交叉(Two-point Crossover)、多点交叉(Multi-point Crossover)、均匀交叉(Uniform Crossover)、算术交叉(ArithmeticCrossover)。同时,学者在研究遗传算法的具体应用时,针对问题和具体的染色体编码方式开发出了许多独特的较为成功的交叉算子,这些交叉算子同样被广泛地借鉴和应用。如针对旅行商问题(Traveling Salesman Problem,TSP)基于路径表示的染色体编码方法,人们提出了部分匹配交叉算子、顺序交叉算子、循环交叉算子、边重组交叉算子和边集合交叉算子等。

最后是变异操作。在遗传算法的流程中涉及的二进制编码染色体和浮点数编码染色体的变异操作分别是简单基本位变异和均匀变异。对遗传算法的改进研究同样给出了一些新的变异算子,如边界变异、高斯变异和非均匀变异等。

三、控制参数的改进

遗传算法涉及的主要控制参数有群体规模 N、染色体的长度 L、基因的取值范围 R、交叉概率 P_c、变异概率 P_m、适应值评价、终止条件。

群体规模 N 的大小会影响算法的搜索能力和运行效率。若 N 设置较大，一次进化所覆盖的模式较多，可以保证群体的多样性，从而提高算法的搜索能力，但是由于群体中染色体的个数较多，势必增加算法的计算量，降低了算法的运行效率。若 N 设置较小，虽然降低了计算量，但是同时降低了每次进化中群体包含更多较好染色体的能力。N 一般设置为 20~100。

染色体的长度 L 影响算法的计算量和交叉变异操作的效果。L 的设置跟优化问题密切相关，一般由问题定义的解的形式和选择的编码方法决定。对于二进制编码方法，染色体的长度 L 根据解的取值范围和规定精度要求选择大小。对于浮点数编码方法，染色体的长度 L 跟问题定义的解的维数 D 相同。除了染色体长度一定的编码方法，Goldberg 等人还提出了一种变长度染色体遗传算法（Messy GA），其染色体的长度并不是固定的。

基因的取值范围 R 视采用的染色体编码方案而定。对于二进制编码方法，$R=\{0,1\}$；而对于浮点数编码方法，R 与优化问题定义的解每一维变量的取值范围相同。

交叉概率 P_c 决定了进化过程种群参加交叉的染色体平均数目 $P_c×N$。P_c 的取值一般为 0.4~0.99。也可采用自适应的方法调整算法运行过程中的 P_c 值。

变异是为了增加群体进化的多样性，决定了进化过程中群体发生变异的基因平均个数。变异概率 P_m 的值不宜过大，因为变异对已找到的较优解具有一定的破坏作用，如果 P_m 的值太大，可能会导致算法目前所处的较好的搜索状态倒退回原来较差的情况。P_m 的取值一般为 0.001~0.1。也可采用自适应的方法调整算法运行过程中的 P_m 值。

适应值评价会影响算法对种群的选择，恰当的评估函数应该能够对染色体的优劣做出合适的区分，保证选择机制的有效性，从而提高群体的进化能力。评估函数的设置同优化问题的求解目标有关。评估函数应满足较优染色体的适应值较大的规定。为了更好地提高选择的效能，可以对评估函数做出一定的修正。目前主要的评估函数修正方法有区线性变换、乘幂变换、指数变换等。

终止条件决定算法何时停止运行，输出找到的最优解。采用何种终止条件，跟具体问题的应用有关。可以使算法在达到最大进化代数时停止，最大进化代数一般可设置为 100~1 000，根据具体问题可对该建议值做相应的修改。也可以通过考察找到的当前最优解的情况来控制算法的停止。例如，当目前进化过程算法找到的最优解达到一定的误差要求，则算法可以停止，误差范围的设置同样跟具体的优化问题相关，或者是算法在持续很长的一段进化时间内所找到的最优解没有得到改善时，算法可以停止。

四、执行策略的改进

对遗传算法执行策略的改进方面，人们提出了混合遗传算法、并行遗传算法、免疫遗传算法、小生境遗传算法和单亲遗传算法等。下面简单介绍混合遗传算法和并行遗传算法。

混合遗传算法(Hybrid Genetic Algorithm,HGA)是将遗传算法同其他优化算法有机结合的混合算法,目的在于得到性能更优的算法,提高遗传算法求解问题的能力。

提出混合遗传算法思想的主要原因有两个。一是遗传算法存在局部搜索能力较弱的缺点,而遗传算法之外的其他搜索方法如爬山算法(Hillclimbing Algorithm)、最速下降算法(Steepest Descent Method)、局部搜索算法(Local Search Algorithm)和模拟退火算法(Simulated Annealing Algorithm)在局部搜索方面具有得天独厚的优势,将这些优化方法融入遗传算法可以成为改进遗传算法局部搜索能力的有效途径。二是虽然遗传算法对问题应用求解具有很强的普适性,但是应用于特定的专门领域问题时,遗传算法可能不是解决问题的最佳方法,并不能保证最佳的求解性能。但当人们试图向遗传算法中引入专门领域特定知识时,发现遗传算法的性能明显改善。

混合的思想能够成功地使得到的混合算法在性能上超过原有的遗传算法。混合遗传算法的成功实例有:并行组合模拟退火算法(Parallel Recombination Simulated Annealing,PRSA)、并行模拟退火遗传算法(Parallel Simulated Annealing and Genetic Algorithms,PSAGA)、贪婪遗传算法(Greedy Genetic Algorithm,GGA)、遗传比率切割算法(Genetic Ratio-Cut Algorithm,GRCA)、遗传爬山算法(Genetic Hillclimbing Algorithm,GHA)、引入局部改善操作的混合遗传算法,免疫遗传算法(Immune Genetic Algorithm,IGA)等。

并行遗传算法(Parallel Genetic Algorithm,PGA)是向遗传算法中引入并行计算技术。并行计算(Parallel Computing)区别于在单指令流单数据流(Single Instruction Single Data,SISD)处理器上执行的串行计算(Serial Computing),而是一种通过使用单指令流多数据流(Single Instruction Multiple Data,SIMD)计算机、多指令流多数据流(Multiple Instruction Multiple Data,MIMD)计算机或并行计算网络来快速解决大型而又复杂的计算问题的新的现代计算技术。并行计算能够充分利用各种计算资源和存储资源,是突破目前计算机计算瓶颈的可行技术之一。随着并行计算机和网络的飞速发展,并行计算的基础越来越稳固,并以较快的速度发展和完善。并行计算技术为解决遗传算法的计算效率问题提供了有效的技术手段。在遗传算法运行过程中,算法的计算量在群体规模较大时将急剧增加,尤其是染色体适应值的计算将占据 CPU 大量的计算时间,从而降低了算法的运行速度。遗传算法具有潜在的并行性,虽然算法从整体的流程上看仍然是串行的,但是算法运行过程中对每个染色体的处理是具有一定的相互独立性的,例如变异操作、适应值计算。这为向遗传算法中引入并行计算技术的实现提供了可行条件。因此,出现了并行遗传算法的概念。

接下来讨论如何将并行计算应用于遗传算法。在目前的研究应用中,并行遗传算法有两种表现形式,一种是标准型并行方法(Standard Parallel Approach,SPA),另一种是分解型并行方法(Decomposition Parallel Approach,DPA)。

标准型并行方法并没有根本改变遗传算法整体上的串行计算结构,只是在算法的某些操作中引入并行计算技术,这些操作包括适应值计算、选择操作、交叉操作、变异操作等。图4.8是标准型并行方法实现遗传算法各个操作并行化的示意图。

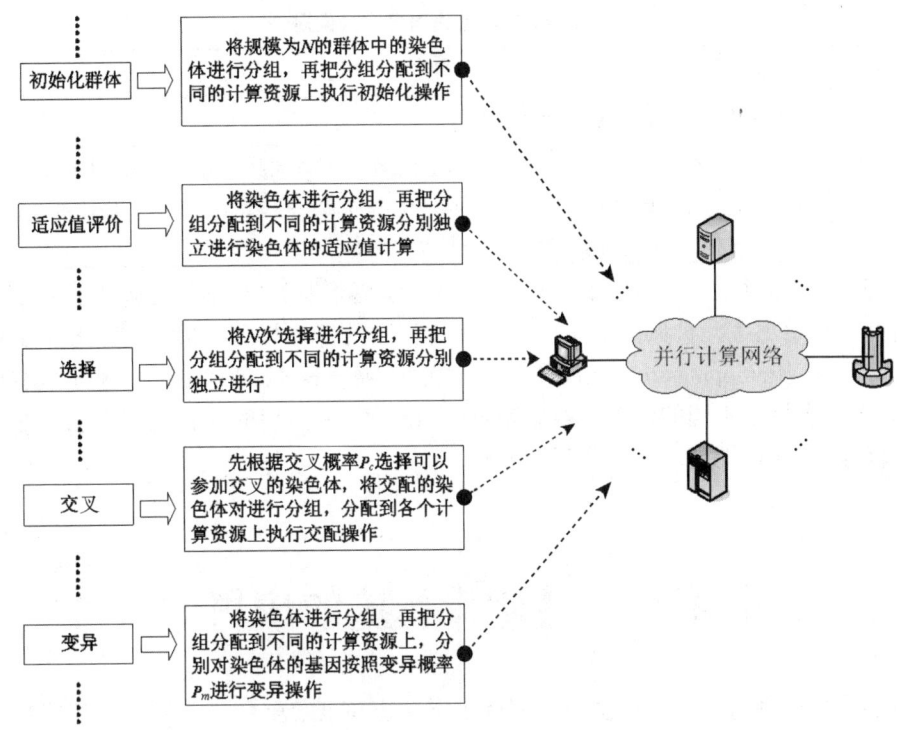

图 4.8　标准型并行方法实现遗传算法各个并行化的示意图

　　分解型并行方法的基本思想是将整个群体分解成几个子群体,各个子群体分配到不同的计算资源上分别独立地使用原有的遗传算法进行进化。可见,这种思想更贴近于自然界的生物进化系统。由于地域的限制,分布在不同地域的同一种生物的进化过程是不相同的,最终导致各种不同物种的出现。不同物种适应环境的能力不尽相同。同样地,独立进行进化的各个子群体在各个阶段的进化程度也是不同的。因此,分解型并行方法要求每隔一定的进化代数需要对各个子群体的进化结果信息进行交换。图4.9 给出了分解型并行方法简单示意图。

　　在分解型并行遗传算法中,各个子群体的信息交换是一个重要的操作。对于子群体之间如何交换进化信息,需要解决表4.3 中列出的几个重要问题。

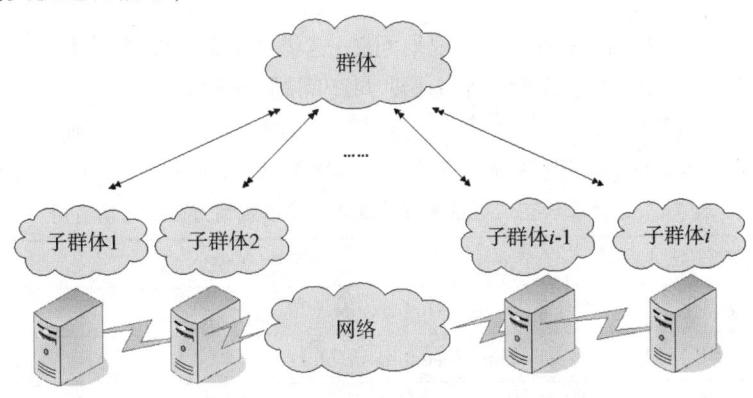

图 4.9　分解型并行方法简单示意图

表 4.3　子群体进化信息交换问题

问题	对应的定义
交换的时间	每隔多少个进化代数实行信息交换
交换的方式	每次参与信息交换的子群体如何确定,每个子群体和其他哪些子群体进行交换
交换的内容	可以是用子群体之间适应值最大的最优染色体取代参与交换的子群体的最优染色体,也可以是交换子群体的部分较优染色体等

围绕分解型并行遗传算法的信息交换操作,学者们提出了许多创造性的方法。目前的研究成果给出了几种典型的实现并行遗传算法的群体模型:岛屿模型(Island Model)、踏脚石模型(Stepping-stone Model)、邻居模型(Neighborhood Model)。基于这些群体模型,许多学者使用不同的信息交换策略,开发出了各种独特的并行遗传算法。这些算法各有优点,成功地提高了算法的运行效率。

◢ 第三节　遗传算法的应用

遗传算法最早用于研究和设计人工自适应系统和求解函数优化问题。随着对遗传算法的研究逐步深入,遗传算法的性能不断地得到改进和完善,算法的应用涉及更加广泛的领域,并表现出很好的解决问题的能力。目前,遗传算法的应用范围已延伸到组合优化、图像处理模式识别智能控制、神经网络、自动程序设计、机器学习、人工生命、数据挖掘、网络通信等多个领域,以及电子工程学、电力学、社会学、经济学和电磁学等各类学科。

1.优化与调度应用

大量实际工程系统的设计和优化问题可以转换为函数优化问题进行解决。函数优化问题是一类通过对函数变量进行数值的设置优化以达到函数优化目标的问题。函数优化是遗传算法的传统应用领域,随着对遗传算法的不断改进,遗传算法应用于解决函数优化问题已经越来越成熟。

实际生产生活中存在许多调度和规划问题,这类问题属于组合优化问题,通常涉及比函数优化更为复杂的优化目标,例如作业调度问题、旅行商问题、布局问题等。到目前为止,遗传算法已经成功地在许多调度和规划问题上给出了令人满意的解决结果。表 4.4 提供了遗传算法在工程系统设计优化与调度规划方面的成功应用。

表 4.4　遗传算法在工程系统设计优化与调度规划方面的成功应用

应用(中文)	应用(英文)
管道系统优化	Pipe System Optimization
车间作业调度问题	Job-shop Scheduling Problem
图划分问题	Graph Partitioning Problem

续表

应用(中文)	应用(英文)
木材切割优化问题	Lumber Cutting Optimization Problem
指派问题	Assignment Problem
网络划分问题	Network Partitioning Problem
映射问题	Mapping Problem
设备布局设计	Facility Layout Design
运输问题	Transportation Problem
背包问题	Knapsack Problem
最小生成树问题	Minimum Spanning Tree Problem
旅行商问题	Traveling Salesman Problem
影片递交问题	Film-copy Deliverer Problem
可靠性优化问题	Reliability Optimization Problem
流水车间问题	Flow Shop Problem
车辆路径问题	Vehicle Routing Problem
其他	Others

2.其他方面的应用

遗传算法的应用范围并不局限于函数优化和组合优化问题,而是广泛地应用于图像处理和模式识别、机器学习、智能控制、人工生命、自动程序设计等重要领域。目前关于遗传算法应用的研究和尝试活动依然蓬勃发展。随着遗传算法的不断发展,相信其能够有效地应用于更多的领域。

本章思考题

1.遗传算法中三种算子对于收敛性的影响作用。

2.改进遗传算法的途径。

3.利用遗传算法求 Rosenbrock 函数的极大值。

$$\begin{cases} f_2(x_1,x_2) = 100(x_1^2 - x_2)^2 + (1-x_1)^2 \\ -2.048 \leqslant x_i \leqslant 2.048 \quad (i=1,2) \end{cases}$$

第五章
群集智能优化

对群集智能的研究是受以蚂蚁、蜜蜂等为代表的社会性昆虫行为的启发,从事计算研究的学者通过对社会性昆虫的模拟产生了一系列对传统问题的新的解决方法,这些研究就是群集智能的研究。

群体 (Swarm) 指的是一组相互之间可以进行直接通信或者间接通信的主体,这组主体能够合作求解分布问题。群集智能 (Swarm Intelligence) 指的是个体的行为很简单(智能很低),他们通过协同工作(合作)能够凸显出非常复杂(智能)的行为特征。

群集智能优化算法主要模拟了昆虫、兽群、鸟群和鱼群的群集行为,这些群体按照一种合作的方式寻找食物,群体中的每个成员通过学习它自身的经验和其他成员的经验来不断地改变搜索的方向。群集智能优化算法的突出特点就是利用了种群的群体智慧进行协同搜索,从而在解空间内找到最优解。典型的群集智能系统由一群简单的主体构成,每个主体和其他主体以及它们的环境做局部的交互。尽管通常没有集中控制机制来指示这些主体如何协作,但这些简单的局部交互行为通常能涌现出复杂的全局行为。

群集智能优化算法的基本特点:

(1)控制是分布式的,不存在中心控制。因而它更能够适应当前网络环境下的工作状态,并且具有较强的鲁棒性,即不会由于某一个或几个个体出现故障而影响集群对整个问题的求解。

(2)集群中每个个体都能够改变环境,这是个体之间间接通信的一种方式,这种方式被称为激发。由于集群智能可以通过非直接通信的方式进行信息的传输与合作,因而随着个体数目的增加,通信开销的增幅较小,因此它具有较好的可扩充性。

(3)集群中每个个体的能力或遵循的行为规则非常简单,因而集群智能的实现比较方便,具有简单性的特点。

(4)集群表现出来的复杂行为是通过简单个体的交互过程凸显出来的智能。因此,集群具有自组织性。群集智能可以在适当的进化机制引导下通过个体交互以某种突现形式发挥作用。这是个体以及可能的个体智能难以做到的。

群集智能优化算法的优点:灵活性,群体可以适应随时变化的环境;稳健性,即使个体失败,整个群体仍能完成任务;自我组织,活动既不受中央控制,也不受局部监管。

群集智能典型算法有蚁群优化算法和粒子群优化算法。

第一节　蚁群优化算法

自然界中蚂蚁总是成群结队地寻找食物并进行搬运,它们是如何确立寻找路线的?是如何与同伴合作交流的? 会不会也是一种优化行为呢? 我们能据此设计出一种最优化搜索算法吗?

蚂蚁群体寻找食物的过程可以看作一种启发式搜索过程。蚂蚁之间通过一种被称为信息素(Pheromone)的物质实现了相互的间接通信,从而能够合作发现从蚁穴到食物源的最短路径。

通过对这种群体智能行为的抽象建模,研究者提出了蚁群优化算法(Ant Colony Optimization,ACO),为最优化问题,尤其是组合优化问题的求解提供了一种强有力的手段。

蚁群优化算法作为一种全局最优化搜索方法,同遗传算法一样来源于自然界的启示,并有着良好的搜索性能。不同的是,蚁群优化算法通过模拟蚂蚁觅食的过程,是一种天然的解决离散组合优化问题的方法,在解决典型组合优化问题,如旅行商问题(Traveling Salesman Problem,TSP)、车辆路径问题(Vehicle Routing Problem,VRP)、车间作业调度问题(Job-shop Scheduling Problem,JSP)时具有明显的优越性。目前针对蚁群优化算法在数学理论、算法改进、实际应用等方面的研究是计算智能领域的热点,并取得了一定的进展。

一、蚁群优化算法简介

自然界常常是人类创新思想的源泉。自然界中蕴含的内在规律、生物的作息规则往往被借鉴,并诞生新的学科。许多这种在自然界启示下诞生的新学科新方法都在数学基础没有被完全证明的情况下,通过仿真实验验证了其有效性,因为神奇的生物界常常可以通过自身的演化解决许多在人类看来十分复杂的优化问题。而在这些方法被验证有效性后,科学家们又不断尝试着给出其数学理论的证明。在对数学理论基础探索的过程中,不论是这些思想和方法本身,还是自然界生物界的理论,都会不断地发展和完善。

蚁群优化算法(Ant Colony Optimization,ACO)由多里戈(Dorigo)等人于1991年在第一届欧洲人工智能会议(European Conference on Artificial Intelligence,ECAI)上提出,是模拟自然界真实蚂蚁觅食过程的一种随机搜索算法。蚁群优化算法与遗传算法(Genetic Algorithm,GA)、粒子群优化算法(Particle Swarm Optimization,PSO)、免疫算法(Immune Algorithm,IA)等同属于仿生优化算法,具有鲁棒性强、全局搜索、并行分布式计算、易与其他方法结合等优点,在典型组合优化问题如旅行商问题(TSP)、车辆路径问题(VRP)、车间作业调度问题(JSP)和动态组合规划问题如通信领域的路由问题中均得到了成功的应用。

在对自然界蚂蚁觅食过程的观察中,我们不禁要提出两个疑问:(1)蚂蚁没有发育完全的视觉感知系统,甚至很多种类完全没有视觉,它们在寻找食物的过程中是如何选择路径的呢?(2)蚂蚁往往像军队般有纪律、有秩序地搬运食物,它们通过什么方式进行群体间的交流协作呢?仿生学家经过长期的试验与研究告诉我们问题的答案:无论是蚂蚁与蚂蚁之间的协作还是蚂蚁与环境之间的交互,均依赖于一种化学物质——信息素。蚂蚁在寻找食物的过程中往往是随机选择路径的,但它们能感知当前地面上的信息素浓度,并倾向于往信息素浓度高的方向行进。信息素由蚂蚁自身释放,是实现蚁群内间接通信的物质。由于较短路径上蚂蚁的往返时间比较短,单位时间内经过该路径的蚂蚁多,所以信息素的积累速度比较长路径快。因此,当后续蚂蚁在路口时,就能感知先前蚂蚁留下的信息,并倾向于选择一条较短的路径前行。这种正反馈机制使得越来越多的蚂蚁在巢穴与食物之间的最短路径上行进。由于其他路径上的信息素会随着时间蒸发,最终所有的蚂蚁都在最优路径上行进。蚂蚁群体的这种自组织工作机制适应环境的能力特别强,假设最优路径上突然出现障碍物,蚁群也能够绕行并且很快重新探索出一条新的最优路径。

图 5.1 是蚁群通过传递信息素寻找食物的过程示意图。蚂蚁 1 正处于一个路口,它将根据"自己瞧瞧"(启发式信息)和"兄弟们的气息"(信息素浓度)来选择前进的路线。选择是个概率随机的过程,启发式信息多、信息素浓度大的路线有更大的概率被选中。当小概率事件发生时,例如蚂蚁 2 选择了一条非常长的路径,它只会产生很少的信息素(并且信息素在不断蒸发),使得后面的蚂蚁选择这条路径的概率降低甚至不再选择这条路径。而当某只蚂蚁(蚂蚁 3)发现了一条当前最短的路径时,它将产生最多的信息素,并且由于之后的蚂蚁选择这条路径的概率较大,这条路径上爬过的蚂蚁较多(蚂蚁4、蚂蚁5……),信息素浓度将不断增加,以至于最后所有的蚂蚁都在这条路上行进。但考虑到当前最短的路径有可能是一条局部最优路径,蚂蚁 6 的探索行为也是必需的。通过对自然界蚁群觅食过程进行抽象建模,我们可以对蚁群觅食现象和蚁群优化算法中的各个要素建立一一对应关系,如表 5.1 所示。

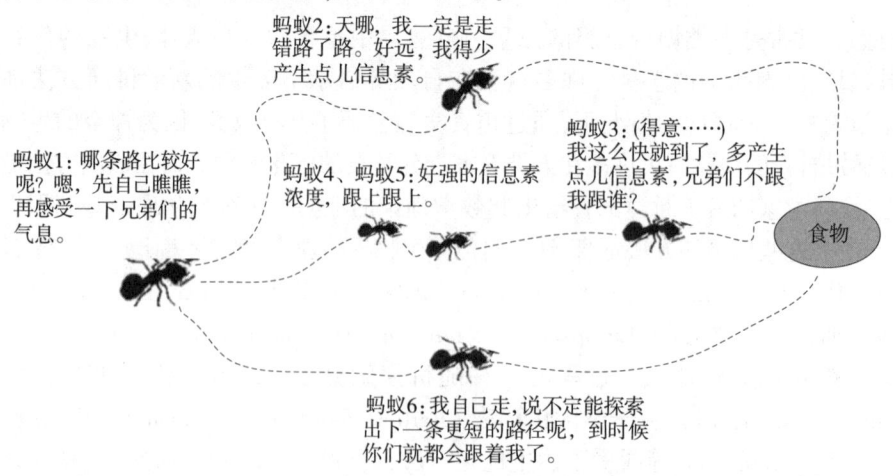

图 5.1　蚁群通过传递信息素寻找食物的过程示意图

表 5.1 蚁群觅食现象和蚁群优化算法的基本定义对照表

蚁群觅食现象	蚁群优化算法
蚁群	搜索空间的一组有效解(表现为种群规模 m)
觅食空间	问题的搜索空间(表现为问题的规模、解的维数 n)
信息素	信息素浓度变量
蚁巢到食物的一条路径	一个有效解
找到的最短路径	问题的最优解

第一个 ACO 算法——蚂蚁系统(Ant System,AS)是以 NP 难的 TSP 问题作为应用实例而提出的。AS 算法初步形成的时候虽然能找到问题的优化结果,但其算法的执行效率在当时并不优于其他传统方法,因此 ACO 并未受到国际学术界的广泛关注。1992—1996 年,关于蚁群优化算法的研究处于停滞状态,直到 1996 年多里戈详细地介绍了 AS 的基本原理和算法流程,并对 AS 的三个版本,即蚂蚁密度(Ant-density)、蚂蚁数量(Ant-quantity)和蚂蚁圈(Ant-cycle)进行了性能比较。在蚂蚁密度和蚂蚁数量这两种 AS 版本中,蚂蚁都是每到达一个城市就释放信息素,而在蚂蚁圈中,蚂蚁是在构建了一条完整的路径之后再根据路径的长短信息来释放信息素的。现在一般我们所讲的 AS 就是蚂蚁圈,另外两者由于性能不佳已经被淘汰。多里戈还在该文中将算法的应用领域由旅行商问题延伸到指派问题和车间作业调度问题,并将 AS 的性能与爬山算法、模拟退火算法、禁忌搜索算法、遗传算法等进行了仿真实验比较,发现在大多数情况下,AS 的寻优能力都是最优的。这是蚁群优化算法发展历史上的一个里程碑,此后 ACO 在国际上受到了越来越多的关注。

AS 是蚁群优化算法的雏形,它的出现为各种改进算法的提出提供了灵感。之后诞生了许多改进的 ACO 算法,如精英蚂蚁系统(Elitist AS, EAS)、最大最小蚂蚁系统(MAX-MIN AS, MMAS)、基于排列的蚂蚁系统(Rank Based AS, AS_{rank})等,它们大多是在 AS 上直接进行改进。通过修正信息素的更新方式和增添信息素维护过程中的额外细节,ACO 算法的性能得到了提高。1997 年,ACO 的创始人多里戈提出了一种大幅度改动 AS 特征的算法——蚁群系统(Ant Colony System,ACS)。实验结果表明,ACS 的算法性能明显优于 AS。ACS 是蚁群优化算法发展史上的又一里程碑。之后蚁群优化算法继续发展,新拓展算法不断出现,例如采用下限技术的 ANTS 算法、超立方体框架 AS 算法等。传统的 ACO 算法是解决离散空间的组合优化问题的,到了 21 世纪,各种连续蚁群优化算法的出现,进一步扩展了蚁群优化算法的应用领域。

二、蚁群优化算法的基本流程

蚂蚁系统是以 TSP 作为应用实例提出的,虽然它的算法性能不及之后的各种扩展算法(如 MMAS、ACS 等)优秀,但它是最基本的 ACO 算法,比较易于学习和掌握。下面将以蚂蚁系统求解 TSP 问题的基本流程为例来描述蚁群优化算法的工作机制。

TSP 问题是数学领域中的著名问题之一。问题可以概述为:假设有一个旅行商人要拜访 n 个城市,他必须选择所要走的路径,路径的限制是每个城市只能拜访一次,而且最后要回到原来出发的城市。路径的选择目标是要求得的路径的路程为所有路径之中的最小值。

1.基本流程

AS 算法求解 TSP 问题的基本思路:

(1)根据具体问题(城市数量)设置多只蚂蚁,分头并行搜索。

(2)每只蚂蚁完成一次周游后,在行进的路上释放信息素,信息素量与解的质量成正比。

(3)蚂蚁路径的选择根据信息素强度大小(初始信息素量设为相等),同时考虑两点之间的距离,采用随机的局部搜索策略。这使得距离较短的边,其上的信息素量较大,后来的蚂蚁选择该边的概率也较大。

(4)每只蚂蚁只能走合法路线(经过每个城市一次且仅一次),为此设置禁忌表来控制。

(5)所有蚂蚁都搜索完一次就是迭代一次,每迭代一次就对所有的边做一次信息素更新。原来的蚂蚁死掉,新的蚂蚁进行新一轮搜索。

(6)更新信息素包括原有信息素的蒸发和经过的路径上信息素的增加。

(7)到预定的迭代步数,或出现停滞现象(所有蚂蚁都选择同样的路径,解不再变化),则算法结束,以当前最优解作为问题的最优解。

AS 算法求解 TSP 问题的两大关键步骤:路径构建和信息素更新。

已知 n 个城市的集合 $C_n = \{c_1, c_2, \cdots, c_n\}$,任意两个城市之间均有路径连接,$d_{ij}(i,j = 1, 2, \cdots, n)$ 表示城市 i 与 j 之间的距离(或者城市的坐标集合为已知,d_{ij} 即为城市 i 与 j 之间的欧几里得距离)。TSP 的目的是找到从某个城市 c_i 出发,访问所有城市且只访问一次,最后回到 c_i 的最短封闭路线。

(1)路径构建

每只蚂蚁都随机选择一个城市作为其出发城市,并维护一个路径记忆向量,用来存放该蚂蚁依次经过的城市。蚂蚁在构建路径的每一步中,按照一个随机比例规则选择下一个要到达的城市。

💡 定义 5.1

AS 中的随机比例规则(Random Proportional):对于每只蚂蚁 k,路径记忆向量 $\boldsymbol{R}_k$(即禁忌表 $tabu_k$)按照访问顺序记录了所有 k 已经经过的城市序号,亦称为城市序列。设在时刻 t,蚂蚁 k 当前所在城市为 i,则其选择城市 j 作为下一个访问对象的概率为:

$$p_k(i,j) = \begin{cases} \dfrac{[\tau(i,j)]^{\alpha}[\eta(i,j)]^{\beta}}{\sum\limits_{u \in J_k(i)} [\tau(i,u)]^{\alpha}[\eta(i,u)]^{\beta}}, & j \in J_k(i) \\ 0, & \text{其他} \end{cases} \tag{5.1}$$

式中:$J_k(i)$——从城市 i 可以直接到达的且又不在蚂蚁访问过的城市序列 $\boldsymbol{R}_k$ 中的城市集合。

$\eta(i,j)$——一个启发式信息,通常由 $\eta(i,j) = 1/d_{ij}$ 直接计算。

$\tau(i,j)$——边 (i,j) 上的信息素量。

由式(5.1)我们知道,长度越短、信息素浓度越大的路径被蚂蚁选择的概率越大。α和β是两个预先设置的参数,用来控制启发式信息与信息素浓度作用的权重关系。当$\alpha=0$时,算法演变成传统的随机贪婪算法,最邻近城市被选中的概率最大。当$\beta=0$时,蚂蚁完全只根据信息素浓度确定路径,算法将快速收敛,这样构建出的最优路径往往与实际目标有着较大的差异,算法的性能比较糟糕。实验表明,在 AS 中设置 $\alpha=1,\beta=2\sim5$ 比较合适。

(2)信息素更新

在算法初始化时,问题空间中所有的边上的信息素都被初始化为 τ_0。如果 τ_0 太小,算法容易早熟,即蚂蚁很快就全部集中在一条局部最优的路径上;反之,如果 τ_0 太大,信息素对搜索方向的指导作用太低,也会影响算法性能。对 AS 来说,我们使用 $\tau_0=m/C^m$,m 是蚂蚁的个数,C^m 是由贪婪算法构造的路径的长度。

当所有蚂蚁构建完路径后,算法将会对所有的路径进行全局信息素的更新。注意,我们所描述的是 AS 的 ant-cycle 版本更新,是在全部蚂蚁均完成了路径的构造后才进行的,信息素的浓度变化与蚂蚁在这一轮中构建的路径长度相关。实验表明,Ant-cycle 比Ant-density 和 Ant-quantity 的性能要好很多。

信息素的更新也有两个步骤:首先,每一轮过后,问题空间中的所有路径上的信息素都会蒸发,我们为所有边上的信息素乘上一个小于 1 的常数。信息素蒸发是自然界本身固有的特征,在算法中能够帮助避免信息素的无限积累,使得算法可以快速丢弃之前构建过的较差的路径。随后所有的蚂蚁根据自己构建的路径长度在它们本轮经过的边上释放信息素。蚂蚁构建的路径越短、释放的信息素就越多;一条边被蚂蚁爬过的次数越多、它所获得的信息素也越多。AS 中城市 i 与城市 j 的相连边上的信息素量 τ_{ij} 按如下公式进行更新

$$\tau(i,j)=(1-\rho)\cdot\tau(i,j)+\sum_{k=1}^{m}\Delta\tau_k(i,j)$$

$$\Delta\tau_k(i,j)=\begin{cases}(C_k)^{-1},&(i,j)\in R_k\\0,&\text{其他}\end{cases}\tag{5.2}$$

式中:m——蚂蚁个数。

ρ——信息素的蒸发率,规定 $0<\rho\leqslant1$,在 AS 中通常设置为 $\rho=0.5$。

$\Delta\tau_k(i,j)$——第 k 只蚂蚁在它经过的边上释放的信息素量,它等于蚂蚁 k 本轮构
建路径长度的倒数。

C_k——路径长度,它是 R_k 中所有边的长度和。

AS 求解 TSP 的基本步骤如下,流程图如图 5.2 所示。

步骤 1:初始化参数;开始时每条边的信息素量都等于 C,即 $\tau_0=C$。

步骤 2:将各蚂蚁放置于各顶点,禁忌表为对应的顶点。

步骤 3:蚂蚁计算转移概率 $p_k(i,j)$ 按轮盘赌的方式选择下一个顶点,更新禁忌表,再计算概率,再选择顶点,再更新禁忌表,直至遍历所有顶点一次。

步骤 4:计算该只蚂蚁留在各边的信息素量 $\Delta\tau_k(i,j)$,该蚂蚁死去。

步骤 5:重复(3)~(4),直至 m 只蚂蚁都周游完毕。

步骤6:计算各边的信息素增量 $\sum_{k=1}^{m} \Delta\tau_k(i,j)$,并更新信息素量 $\tau(i,j)$。

步骤7:记录本次迭代的路径,更新当前的最优路径,清空禁忌表。

步骤8:判断是否达到预定的迭代步数,或者是否出现停滞现象。若是,算法结束,输出当前最优路径;否则,转(2),进行下一次迭代。

最后,我们讨论一下路径的两种构建方式:顺序构建和并行构建。顺序构建是指当一只蚂蚁完成一轮完整的构建并返回到初始城市之后,下一只蚂蚁才开始构建;并行构建是指所有蚂蚁同时开始构建,每次所有蚂蚁各走一步(从当前城市移动到下一个城市)两种构建方式对 AS 算法来说是等价的,但对于之后的一些改进 ACO 算法就不等价了。请读者思考,图5.2所示的流程使用的是哪种构建方式呢?

2.参数设置

蚂蚁数目 m 影响着算法的搜索能力和计算量。蚂蚁数目过多时,每轮迭代的计算量大且被搜索过的路径上信息素变化比较平均,此时算法的全局随机搜索能力得到增强,但收敛速度减小。蚂蚁数目过少时,算法的探索能力变差,容易出现早熟现象。特别是当问题规模很大时,算法的全局寻优能力会变得十分糟糕。多里戈等人通过实验表明,在用 AS、EAS、ASrank 和 MMAS 求解 TSP 问题时,m 取值等于城市数目 n,算法有较好性能;而对于 ACS,$m=10$ 比较合适。

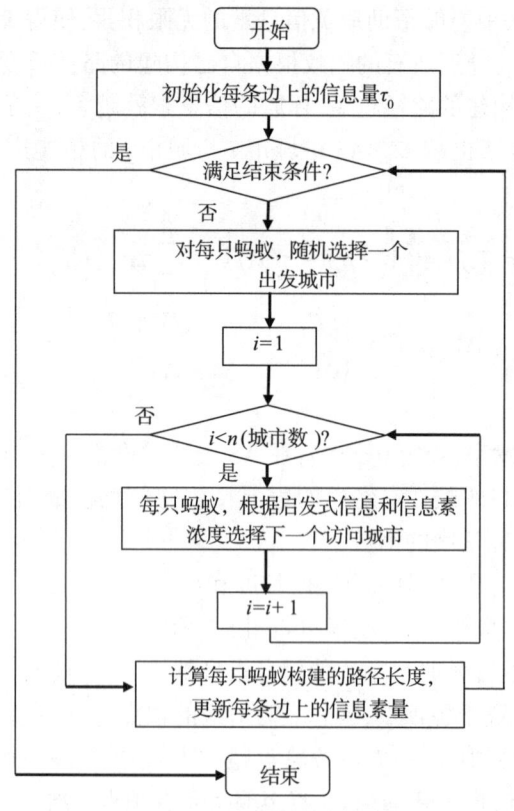

图 5.2 AS 求解 TSP 的流程图

信息素权重 α 与启发式信息权重 β 决定算法搜索的导向,影响算法的搜索能力。α

越小,最邻近城市被选中的概率越大,蚂蚁越注重"眼前利益"。$\alpha=0$ 时,算法等同于随机贪婪算法。β 越小,蚂蚁越倾向于根据信息素浓度确定路径,算法收敛越快。$\beta=0$ 时,构建出的最优路径与实际目标有着较大差异,算法的性能比较糟糕。多里戈等人通过实验表明,在各类 ACO 算法中设置 $\alpha=1,\beta=2\sim5$ 比较合适。

信息素挥发因子 ρ 影响蚂蚁个体之间相互影响的强弱,关系到算法的全局搜索能力和收敛速度。ρ 较大时,信息素挥发速率大,那些从未被蚂蚁选择过的边上的信息素急剧减小到接近 0,降低算法的全局探索能力。ρ 较小时,算法具有较高的全局搜索能力,但是由于各个路径的信息素浓度差距拉大较慢,算法收敛速度较慢。多里戈等人通过实验表明,对于 AS 和 EAS,$\rho=0.5$;对于 AS_{rank},$\rho=0.1$;对于 MMAS,$\rho=0.02$;对于 ACS,$\rho=0.1$,算法的综合性能较高。

初始信息素 τ_0 决定算法在初始化阶段的探索能力,影响算法的收敛速度。τ_0 太小,未被蚂蚁选择过的边上信息素太少,蚂蚁很快就全部集中在一条局部最优的路径上,算法容易早熟。τ_0 太大,信息素对搜索方向的引导能力增长得十分缓慢,算法收敛慢。多里戈等人通过实验推荐:对于 AS,$\tau_0=m/C^m$;对于 EAS,$\tau_0=(e+m)/(\rho C^m)$;对于 AS_{rank},$\tau_0=0.5r(r-1)/(\rho C^m)$;对于 MMAS,$\tau_0=1/(\rho C^m)$;对于 ACS,$\tau_0=1/(nC^m)$。

3.应用举例

下面通过一个简单的 TSP 的例子,说明蚁群优化算法的执行过程。

例 5.1

给出用蚁群优化算法求解一个四城市的 TSP 问题的执行步骤,四个城市 A、B、C、D 之间的距离矩阵如下

$$\boldsymbol{W}=\boldsymbol{d}_{ij}=\begin{bmatrix} 0 & 3 & 1 & 2 \\ 3 & 0 & 5 & 4 \\ 1 & 5 & 0 & 2 \\ 2 & 4 & 2 & 0 \end{bmatrix}$$

假设蚂蚁种群的规模 $m=3$,参数 $\alpha=1,\beta=2,\rho=0.5$。

解　步骤 1:初始化。

首先使用贪心算法得到路径$(ACDBA)$,则 $C^{nn}=f(ACDBA)=1+2+4+3=10$。求得 $\tau_0=m/C^{nn}=3/10=0.3$。初始化所有边上的信息素,$\tau_{ij}=\tau_0=0.3$。

步骤 2.1:为每只蚂蚁随机选择出发城市,假设蚂蚁 1 选择城市 A,蚂蚁 2 选择城市 B,蚂蚁 3 选择城市 D。

步骤 2.2:为每只蚂蚁选择下一访问城市。我们仅以蚂蚁 1 为例,当前城市 $i=A$,可访问城市集合 $J_1(i)=\{B,C,D\}$。计算蚂蚁 1 选择 B、C、D 作为下一访问城市的概率

$$A\Rightarrow\begin{cases} B:\tau_{AB}^{\alpha}\times\eta_{AB}^{\beta}=0.3^1\times(1/3)^2\approx0.033 \\ C:\tau_{AC}^{\alpha}\times\eta_{AB}^{\beta}=0.3^1\times(1/1)^2=0.3 \\ D:\tau_{AD}^{\alpha}\times\eta_{AD}^{\beta}=0.3^1\times(1/2)^2=0.075 \end{cases}$$

$$p(B)=0.033/(0.033+0.3+0.075)\approx0.081$$
$$p(C)=0.3/(0.033+0.3+0.075)\approx0.74$$

$$p(D) = 0.075/(0.033+0.3+0.075) \approx 0.18$$

用轮盘赌法则选择下一访问城市。假设产生的随机数 $q = random(0,1) = 0.05$，则蚂蚁 1 将会选择城市 B。

将同样的方法为蚂蚁 2 和蚂蚁 3 选择下一访问城市，假设蚂蚁 2 选择城市 D，蚂蚁 3 选择城市 A。

步骤 2.3：当前蚂蚁 1 所在城市 $i = B$，路径记忆向量 $R_1 = (AB)$，可访问城市集合 $J_1(i) = \{C,D\}$。计算蚂蚁 1 选择 C、D 作为下一城市的概率：

$$B \Rightarrow \begin{cases} C: \tau_{BC}^{\alpha} \times \eta_{BC}^{\beta} = 0.3^1 \times (1/5)^2 = 0.012 \\ D: \tau_{BD}^{\alpha} \times \eta_{BD}^{\beta} = 0.3^1 \times (1/4)^2 = 0.019 \end{cases}$$

$$p(C) = 0.012/(0.012+0.019) \approx 0.39$$

$$p(D) = 0.019/(0.012+0.019) \approx 0.61$$

用轮盘赌法则选择下一访问城市。假设产生的随机数 $q = random(0,1) = 0.67$，则蚂蚁 1 将会选择城市 D。用同样的方法为蚂蚁 2 和蚂蚁 3 选择下一访问城市，假设蚂蚁 2 选择城市 C，蚂蚁 3 选择城市 D。

步骤 2.4：实际上此时路径已经构造完毕：蚂蚁 1 构建的路径为 $(ABDCA)$；蚂蚁 2 构建的路径为 $(BDCAB)$；蚂蚁 3 构建的路径为 $(DACBD)$。

步骤 3：信息素更新。

计算每只蚂蚁构建的路径长度：$C_1 = 3+4+2+1 = 10$，$C_2 = 4+2+1+3 = 10$，$C_3 = 2+1+5+5 = 12$。更新每条边上的信息素

$$\tau_{AB} = (1-\rho) \times \tau_{AB} + \sum_{k=1}^{3} \Delta\tau_{AB}^{k} = 0.5 \times 0.3 + \left(\frac{1}{10} + \frac{1}{10}\right) = 0.35$$

$$\tau_{AB} = (1-\rho) \times \tau_{AC} + \sum_{k=1}^{3} \Delta\tau_{AC}^{k} = 0.5 \times 0.3 + \left(\frac{1}{12}\right) = 0.16$$

......

如上，根据式(5.2)依次计算出问题空间内所有边更新后的信息素量。

步骤 4：如果满足结束条件，则输出全局最优结果并结束程序，否则，转向步骤 2.1 继续执行。

三、蚁群优化算法的改进

由于蚂蚁系统只是蚁群优化算法的一个最初的版本，它的性能有待提高。在 AS 诞生后的十多年中，蚁群优化算法持续被改进，算法性能不断提高，应用领域不断扩张。各种改进版本的 ACO 算法有着各自的特点，最经典版本有：精英蚂蚁系统、基于排列的蚂蚁系统、最大最小蚂蚁系统以及蚁群系统。它们基本在 20 世纪 90 年代被提出，虽然算法性能在现在看来不一定是最优的，但这些算法的思想是全世界学者们源源不断的灵感的源泉。掌握这些算法，有助于我们对蚁群优化算法本身产生更深刻的理解。

1.精英蚂蚁系统

在 AS 算法中，蚂蚁在其爬过的边上释放与其构建路径长度成反比的信息素量，蚂蚁构建的路径越好，路径的各个边上所获得的信息素就越多，这些边在以后的迭代中被

蚂蚁选择的概率也就越大。但我们不难想象,当城市的规模较大时,问题的复杂度呈指数级增长,仅仅靠这样一个基础单一的信息素更新机制引导搜索偏向,搜索效率有瓶颈。我们能否能够通过一种"额外的手段"强化某些最有可能成为最优路径的边,让蚂蚁搜索的范围更快、更正确地收敛呢?

答案是肯定的。精英蚂蚁系统是对基础 AS 的第一次改进,它在原 AS 信息素更新原则的基础上增加了一个对至今最优路径的强化手段。在每轮信息素更新完毕后,搜索到至今最优路径(用 T_b 表示)的那只蚂蚁将会为这条路径添加额外的信息素。EAS 中城市 i 与城市 j 的相连边上的信息素量 $\tau(i,j)$ 的更新按如下公式进行

$$\tau(i,j) = (1 - \rho) \cdot \tau(i,j) + \sum_{k=1}^{m} \Delta\tau_k(i,j) + e\Delta\tau_b(i,j)$$

$$\Delta\tau_k(i,j) = \begin{cases} (C_k)^{-1}, & (i,j) \in R_k \\ 0, & \text{其他} \end{cases} \tag{5.3}$$

$$\Delta\tau_b(i,j) = \begin{cases} (C_b)^{-1}, & (i,j) \text{ 在路径 } T_b \text{ 上} \\ 0, & \text{其他} \end{cases}$$

除了式(5.2)中的各个符号定义,在 EAS 中,新增了 $\Delta\tau_b(i,j)$,并定义参数 e 作为 $\Delta\tau_b(i,j)$ 的权值。C_b 是算法开始至今最优路径的长度。可见,EAS 在每轮迭代中为属于 T_b 的边增加了额外的 e/C_b 的信息素量。

引入这种额外的信息素强化手段有助于更好地引导蚂蚁搜索的偏向,使算法更快收敛。多里戈等人对 EAS 求解 TSP 问题进行了实验仿真,结果表明 EAS 有着较 AS 更高的求解精度与更快的进化速度。

2.基于排列的蚂蚁系统

人们的思想总是与时俱进的,在精英蚂蚁系统被提出后,我们又会思考,有没有更好的一种信息素更新方式,能同样使得 T_b 各边的信息素浓度得到加强,且对其余边的信息素更新机制亦有改善?

基于排列的蚂蚁系统就是这样一种改进版本。它在 AS 的基础上给蚂蚁要释放的信息素大小 $\Delta\tau_k(i,j)$ 加上一个权值,进一步加大各边信息素量的差异,以指导搜索。在每一轮所有蚂蚁构建完路径后,它们将按照所得路径的长短进行排名,只有生成了至今最优路径的蚂蚁和排名在前($\omega-1$)的蚂蚁才被允许释放信息素,蚂蚁在边(i,j)上释放的信息素 $\Delta\tau_k(i,j)$ 的权值由蚂蚁的排名决定。AS_{rank} 中的信息素更新规则如式(5.4)所示

$$\tau(i,j) = (1 - \rho) \cdot \tau(i,j) + \sum_{k=1}^{\omega-1} (\omega - k)\Delta\tau_k(i,j) + \omega\Delta\tau_b(i,j)$$

$$\Delta\tau_k(i,j) = \begin{cases} (C_k)^{-1}, & (i,j) \in R_k \\ 0, & \text{其他} \end{cases} \tag{5.4}$$

$$\Delta\tau_b(i,j) = \begin{cases} (C_b)^{-1}, & (i,j) \text{ 在路径 } T_b \text{ 上} \\ 0, & \text{其他} \end{cases}$$

构建至今最优路径 T_b 的蚂蚁(该路径不一定出现在当前迭代的路径中,各种蚁群优化算法均假设蚂蚁有记忆功能,至今最优的路径总是能被记住)产生信息素的权值大

小为 ω，它将在 T_b 的各边上增加 ω/C_b 的信息素量，也就是说，路径 T_b 将获得最多的信息素量。其余的，在本次迭代中排名第 $k(k=1,2,\cdots,\omega-1)$ 的蚂蚁将释放 $(\omega-k)/C_k$ 的信息素。排名越靠前的蚂蚁释放的信息素量越大，权值 $(\omega-k)$ 对不同路径的信息素浓度差异起到了一个放大的作用，AS_{rank} 能更有力度地指导蚂蚁搜索。一般设置 $\omega=6$。

以往的实验结果表明 AS_{rank} 具有较 AS 以及 EAS 更高的寻优能力和更快的求解速度。

3.最大最小蚂蚁系统

在介绍最大最小蚂蚁系统之前，我们先思考两个问题：

问题一：对于大规模的 TSP，由于搜索蚂蚁的个数有限，而初始化时蚂蚁的分布是随机的，这会不会造成蚂蚁只搜索了所有路径中的小部分就以为找到了最好的路径，所有的蚂蚁都很快聚集在同一路径上，而真正优秀的路径并没有被探索到呢？

问题二：当所有蚂蚁都重复构建着同一条路径的时候，意味着算法已经进入停滞状态。此时，不论是基本 AS、EAS 还是 AS_{rank}，之后的迭代过程都不再可能有更优的路径出现。这些算法收敛的效果虽然是"单纯而快速的"，但我们都懂得"欲速则不达"的道理，我们有没有办法利用算法停滞后的迭代过程进一步搜索以保证找到更接近真实目标的解呢？

为了解决上面的两个问题，最大最小蚂蚁系统在基本 AS 算法的基础上进行了下列四项改进：

（1）只允许迭代最优蚂蚁（在本次迭代构建出最短路径的蚂蚁），或者至今最优蚂蚁释放信息素。

（2）信息素量大小的取值范围被限制在一个区间内。

（3）信息素初始值为信息素取值区间的上限，并伴随一个较小的信息素蒸发速率。

（4）每当系统进入停滞状态时，问题空间内所有边上的信息素量都会被重新初始化。

下面我们介绍这四项改进带来的优势。

改进（1）借鉴于精英蚂蚁系统，但又有细微的不同。在 EAS 中，只允许至今最优蚂蚁释放信息素，而在 MMAS 中，释放信息素的不仅有可能是至今最优蚂蚁，还有可能是迭代最优蚂蚁。实际上，迭代最优更新规则和至今最优更新规则在 MMAS 中会被交替使用。这两种规则使用的相对频率将会影响算法的搜索效果。如果只使用至今最优更新规则进行信息素的更新，则搜索的导向性很强，算法会很快收敛到 T_b 附近；反之，如果只使用迭代最优更新规则进行信息素的更新，则算法的探索能力会得到增强，但收敛速度会下降。实验结果表明，对于小规模的 TSP 问题，仅仅使用迭代最优更新规则即可。随着问题规模的增大，至今最优更新规则的使用变得越来越重要。一种好的方式是，在算法迭代过程中，逐渐加大至今最优更新的概率。需要指出的是，计算智能领域的各个算法大多是不确定搜索，我们不能完全通过理论的分析就判断出一种方法是好还是不好，不论是对遗传算法、蚁群优化算法还是下一节将要介绍的粒子群优化算法的研究与改进，往往都是一个"理论猜想→实验探索→理论分析总结"的过程。

在 MMAS 中，为了避免某些边上的信息素浓度增长过快，算法出现早熟现象，即所有的蚂蚁都搜索一条较优而不是最优的路径,提出了改进(2)。信息素量的大小被限定在区间$[\tau_{min},\tau_{max}]$内。我们知道,蚂蚁是依据启发式信息和信息素浓度选择下一城市节点的,其中启发式信息为蚂蚁当前所在城市i到下一可能城市j的距离d_{ij}的倒数,由于各个d_{ij}的大小是事先给定的,取值范围已经确定,所以当信息素浓度也被限制在一个范围内以后,位于当前城市的蚂蚁k选择一城市,作为下一城市的概率$p_k(i,j)$也将被限制在一个区间内。我们假设这个区间为$[p_{min},p_{max}]$(关于p_{min}和p_{max}的值,有兴趣的读者可以自行求解),在这里仅仅确定有$0<p_{min}\leqslant p_k(i,j)\leqslant p_{max}\leqslant 1$,当且仅当蚂蚁只剩下一个可以选择的城市时才会有$p_{min}=p_{max}=1$。实际上,我们无须计算$p_{min}$和$p_{max}$的值,只要知道$0<p_{min}\leqslant p_k(i,j)\leqslant p_{max}\leqslant 1$就可以确定算法已经有效避免了陷入停滞状态的可能性。

由改进(3)我们知道,算法在初始化阶段,问题空间内所有边上的信息素均被初始化为τ_{max}的估计值,且信息素蒸发速率非常小(在 MMAS 中,一般将ρ设置为 0.02)。这样一来,不同边上的信息素浓度差异只会缓慢地增加,因此在算法的初始化阶段,MMAS有着较基本 AS、EAS 和 AS_{rank} 更强的探索能力。增强算法在初始阶段的探索能力有助于蚂蚁"视野开阔地"进行全局范围内的搜索,随后逐渐缩小搜索范围,最后定格在一条全局最优路径上。

改进(2)和(3)为我们解决了前面提出的问题一。下面我们讨论问题二的解决方式:改进(4)之前的蚁群优化算法,不论是 AS、EAS 还是 AS_{rank},均属于"一次性探索",即随着算法的执行,某些边的信息素量变得越来越小,某些路径被选择的概率也越来越小,系统的探索范围不断减小直至陷入停滞状态。在 MMAS 中,当算法接近或是进入停滞状态时,问题空间内所有边上的信息素浓度都将被重新初始化,从而有效地利用系统进入停滞状态后的迭代周期继续进行搜索,使算法具有更强的全局寻优能力。我们通常通过对各条边上信息素量大小的统计或观察算法在指定次数的迭代内至今最优路径有无被更新来判断算法是否停滞。

最大最小蚂蚁系统具有较之前各种版本的蚂蚁系统更好的性能,是最受关注的ACO 算法之一,它对基本 AS 算法引入的四项改进规则或思想常常被后续的各种 ACO算法借鉴。

4.蚁群系统

前面我们已经介绍了三种改进版本的 AS 算法——精英蚂蚁系统、基于排列的蚂蚁系统和最大最小蚂蚁系统,它们均是对基本蚂蚁系统的信息素更新规则做了少量的修改而获得了更好的性能。1997 年,蚁群优化算法的创始人多里戈提出了一种具有全新机制的 ACO 算法——蚁群系统,进一步提高了 ACO 算法的性能。ACS 是蚁群优化算法发展史上的又一里程碑。

ACS 与蚂蚁系统的不同主要体现在三个方面:

(1)使用一种伪随机比例规则选择下一城市节点,建立开发当前路径与探索新路径之间的平衡;

(2)信息素全局更新规则只在属于至今最优路径的边上蒸发和释放信息素;

(3)新增信息素局部更新规则,蚂蚁每次经过空间内的某条边,它都会去除该边上一定量的信息素,以增加后续蚂蚁探索其余路径的可能性。

　　一般来说,ACS 是这样工作的:将 m 只蚂蚁随机或是均匀地分布在 n 个城市上,然后每只蚂蚁根据状态转移规则确定下一步要去的城市。蚂蚁倾向于选择信息素浓度高且距离短的路径。蚂蚁被设定为是有记忆的,每只蚂蚁都配有一张搜索禁忌表,在每轮的遍历中,它们不会去到自己已经经过的城市,且单个蚂蚁在遍历过程中会在它们经过的路径上进行信息素局部更新。在每轮所有的蚂蚁均完成汉密尔顿回路的构造后,需记录下这些回路中最短的一条,并按照信息素全局更新规则增加这条路径上的信息素。此后算法反复迭代直至满足终止条件。图 5.3 是 ACS 求解旅行商问题(TSP)的流程图,如遗传算法中有选择、交叉和变异三大基本算子一样,ACS 中有状态转移规则、信息素全局更新规则和信息素局部更新规则三大核心规则。接下来我们将一一介绍。

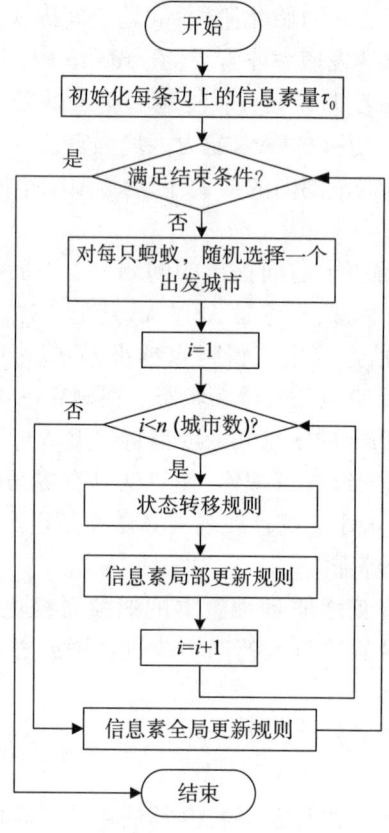

图 5.3　ACS 求解 TSP 的流程图

（1）状态转移规则

　　在 ACS 中,位于某个城市的某只蚂蚁 k 会根据定义 5.2 所示的伪随机比例规则选择下一城市节点 j。

🔅 定义 5.2

　　ACS 中的伪随机比例规则:对于每只蚂蚁 k,路径记忆向量 $\boldsymbol{R}_k$ 按照访问顺序记录了所有 k 已经经过的城市序号。设蚂蚁 k 当前所在城市为 i,则下一访问城市

$$j = \begin{cases} \arg \max_{j \in J_k(i)} \{ [\tau(i,j)], [\eta(i,j)]^\beta \}, & q \leqslant q_0 \\ S, & \text{其他} \end{cases} \tag{5.5}$$

式中：$J_k(i)$——从城市 i 可以直接到达的且又不在蚂蚁访问过的城市序列 R_k 中的城市集合。

$\eta(i,j)$——启发式信息。

$\tau(i,j)$——边 (i,j) 上的信息素量。

β——描述信息素浓度和路径长度信息相对重要性的控制参数。

q_0——区间 $[0,1]$ 内的参数。

当产生的随机数 $q \leqslant q_0$ 时，蚂蚁直接选择使启发式信息与信息素量的 β 指数乘积最大的下一城市节点，我们通常称之为开发（exploitation）；反之，当产生的随机数 $q > q_0$ 时，ACS 将和各种 AS 算法一样使用轮盘赌选择策略，式（5.6）是位于城市 i 的蚂蚁 k 选择城市 j 作为下一个访问对象的概率，我们通常将 $q > q_0$ 时的算法执行方式称为偏向探索。

$$p_k(i,j) = \begin{cases} \dfrac{[\tau(i,j)][\eta(i,j)]^\beta}{\sum_{u \in J_k(i)} [\tau(i,u)][\eta(i,u)]^\beta}, & j \in J_k(i) \\ 0, & \text{其他} \end{cases} \tag{5.6}$$

q_0 是 ACS 中引入的一个很重要的控制参数，在 ACS 的状态转移规则中，蚂蚁选择当前最优移动方向的概率为 q_0，同时，蚂蚁以 $(1-q_0)$ 的概率有偏向地搜索各条边。通过调整 q_0，我们能有效调节"开发"与"探索"之间的平衡，以决定算法是集中开发最优路径附近的区域，还是探索其他的区域。

（2）信息素全局更新规则

在 ACS 的信息素全局更新规则中，只有至今最优蚂蚁（构建出了从算法开始到当前迭代中最短路径的蚂蚁）被允许释放信息素，这个策略与伪随机比例状态转移规则一起作用，大大地增强了算法搜索的导向性。在每轮的迭代中，所有蚂蚁均构建完路径后，信息素全局更新规则才被使用，由下面的公式给出

$$\tau(i,j) = (1-\rho) \cdot \tau(i,j) + \rho \cdot \Delta\tau_b(i,j), \ \forall \ (i,j) \in T_b \tag{5.7}$$

式中：$\Delta\tau_b(i,j)$——新增加的信息素，$\Delta\tau_b(i,j) = 1/C_b$。要强调的是，不论是信息素的蒸发还是释放，都只在属于至今最优路径的边上进行，这里与 AS 有很大的区别。因为 AS 算法将信息素的更新应用到了系统的所有边上，信息素更新的计算复杂度为 $O(n^2)$，而 ACS 算法的信息素更新计算复杂度降低为 $O(n)$。

参数 ρ——信息素蒸发的速率。新增加的信息素 $\Delta\tau_b(i,j)$ 被乘上系数 ρ 后，更新后的信息素浓度被控制在旧信息素量与新释放的信息素量之间，用一种隐含的又更简单的方式实现了 MMAS 算法中对信息素量取值范围的限制。

同样，我们需要考虑在 ACS 中使用迭代最优更新规则和至今最优更新规则对算法性能造成的影响。实验结果表明，在优化小规模的 TSP 实例时，迭代最优更新和至今最优更新两者得到差不多的求解精度和收敛速度；然而，随着城市数目的增多，使用至今最优更新规则的优势越来越大；当城市数目超过 100 时，使用至今最优更新规则的性能

远远优于使用迭代最优更新规则,这与 MMAS 是类似的。

(3)信息素局部更新规则

ACS 在 AS 的基础上进行的另一项重大改进是信息素局部更新规则的引入。在路径构建过程中,对每一只蚂蚁,每当其经过一条边(i,j)时,它将立刻对这条边进行信息素的更新,更新所使用的公式如下

$$\tau(i,j) = (1-\xi) \cdot \tau(i,j) + \xi \cdot \tau_0 \qquad (5.8)$$

式中:ξ——信息素局部挥发速率,满足 $0<\xi<1$。

τ_0——信息素的初始值。通过实验我们发现,ξ 为 0.1,τ_0 取值为 $1/(nC^m)$ 时,算法对大多数实例有着非常好的性能。其中 n 为城市个数,C^m 是由贪婪算法构造的路径的长度。

由于 $\tau_0 = 1/(nC^m) \leqslant \tau(i,j)$,式(5.8)所计算出来的更新后的信息素相比更新前减少了,也就是说,信息素局部更新规则作用于某条边上会使得这条边被其他蚂蚁选中的概率减少。这种机制大大增加了算法的探索能力,后续蚂蚁倾向于探索未被使用过的边,有效地避免了算法进入停滞状态。

在前面对 AS 的介绍中我们曾提到过顺序构建和并行构建两种路径构建方式,对于 AS 算法,不同的路径构建方式不会影响算法的行为。但对于 ACS,由于信息素局部更新规则的引入,两种路径构建方式会造成算法行为的区别,通常我们选择让所有蚂蚁并行地工作,如图5.4所示。

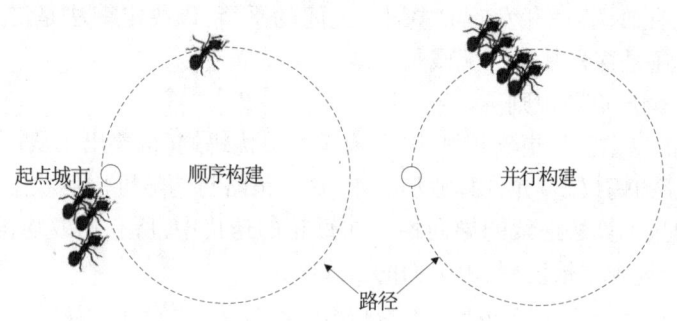

图 5.4　ACS 中的顺序构建与并行构建

5.蚁群优化算法的其他改进版本

从第一个蚂蚁系统诞生至今,蚁群优化算法已经发展了 30 多年,从意大利的一个实验室传播到了全世界千千万万的实验室中。蚁群优化算法作为一种新兴的仿生学算法,有着鲁棒性强、并行分布式计算、易于与其他方法结合等优点,但由于其搜索时间较长,易于陷入局部最优,因此还有待进一步的改进。我们介绍了精英蚂蚁系统、基于排列的蚂蚁系统、最大最小蚂蚁系统以及蚁群系统,它们大多由蚁群优化的创始人多里戈以及在蚁群优化界有着杰出贡献的 Stützle 等人提出,是经典的蚁群优化算法改进版本。之后世界上又出现了许多新的算法改进设计。

(1)近似非确定性树搜索(Approximate Non-deterministic Tree Search,ANTS)

ANTS 的名字来源于这种算法类似一种近似非确定性树搜索。ANTS 在三个方面对

AS 算法进行了修改：它使用部分解的完全代价估计的下界来计算各边的启发式信息；它使用加法而非乘法来实现启发式信息与信息素的结合；没有直观的信息素蒸发步骤，信息素增加量的计算公式也与之前各种 ACO 算法有很大不同。

（2）多态蚁群优化算法（Polymorphic Ant Colony Algorithm，PACA）

实际上，自然界中的蚁群是有组织、有分工的，这种自组织分工方式对蚁群完成复杂的任务起着十分重要的作用。我国的徐精明等人提出了一种多态蚁群优化算法，将蚁群中的蚂蚁分为三类：侦查蚁、搜索蚁和工蚁。侦查蚁的任务是在算法初期以每个城市为中心做局部区域观察，并将侦查结果与已有的先验知识结合，生成侦查素，问题空间内各边的初始信息素量与侦查素有关。搜索蚁是各类传统蚁群优化算法通常所指的蚂蚁，它根据启发式信息和信息素选择下一城市节点，直至构建出最佳路径。工蚁只负责从已经找到的最优路径上搬运食物，与算法最优路径的寻找无关。

（3）带聚类处理的蚁群算法（Clustering Processing Ant Colony Algorithm，CPACA）

蚁群优化算法对求解小规模的旅行商问题有非常好的算法性能。那么，如果我们找到一种方式，将大规模的 TSP 分解为小规模子问题分别用蚁群优化算法进行求解，再将各个小规模子问题的解合并，便可高效地得到原待求解问题的解。CPACA 就是这样一种方法，它对城市空间进行聚类处理，在每一个类中用蚁群优化算法求得类内最短路径，随后将各个类的中心看成一个 TSP，也用蚁群优化算法求解得类间最短路径，最后确定每个类的边界城市，通过边界城市将各个类连接起来。

（4）连续正交蚁群优化算法（Continuous Orthogonal Ant Colony，COAC）

近年来，将应用领域扩展到连续空间的蚁群优化算法也在发展，连续正交蚁群就是其中比较优秀的一种。COAC 通过在问题空间内自适应地选择和调整一定数量的区域，并利用蚂蚁在这些区域内进行正交搜索、在区域间进行状态转移，并更新各个区域的信息素来搜索问题空间中的最优解。COAC 的基本思想是利用正交试验的方法将连续空间离散化。

四、蚁群优化算法的应用

蚁群优化算法自 1991 年由多里戈提出并应用于 TSP 问题以来，已经发展了 30 多年。近年来，ACO 的应用领域不断扩张，如车间作业调度问题、车辆路径问题、分配问题、子集问题、网络路由问题、蛋白质折叠问题、数据挖掘、图像处理、系统辨识等。这些问题大多是 NP 难的组合优化问题，用传统算法难以求解或无法求解，各种蚁群优化算法及其改进版本的出现，为这些难题提供了有效而高效的解决手段。

（1）车间作业调度问题

车间作业调度问题（JSP）是生产与制造业的核心问题。它的本质是在时间上合理地分配系统的有限资源，以达到特定的目标。典型的 JSP 包括一个待加工的零件集合，每种零件都有一个工序集合，为了完成各个工序，需要在多台机器上执行操作。调度的目的就是为各个零件合理地分配机床等资源，合理地安排加工时间，在满足一些现实约束条件的同时，达到某些目标的最优化。车间作业调度问题是一个 NP 难问题，包括的种类也很多，蚁群优化算法在解决不同类别的 JSP 时所表现出来的性能也往往有一些差异。不过总的来说，ACO 是针对 JSP 的各种求解方法中非常优秀的一种，JSP 在 ACO

的应用研究中处于一个比较核心的地位。

（2）车辆路径问题

车辆路径问题（VRP）是运输组织优化的核心问题。它的一般描述是：对一系列指定的客户，确定车辆配送行驶路线，使得车辆从货仓出发，有序地经过一系列客户点，并返回货仓。要求在满足一定约束（如车辆载重、客户需求时间窗等）的条件下，使总运输成本最小。从 VRP 的定义中我们不难发现，VRP 实际上包含了 TSP 作为它的子问题，VRP 也是一个 NP 难问题，且它涉及了更多的约束，比 TSP 更难解。近年来，学者们对利用蚁群优化算法解决各种 VRP 问题进行了大量的研究，取得了丰富的成果。

（3）其他方面的应用

当今蚁群优化算法的应用领域非常地广泛，如分配问题、网络路由问题、子集问题、最短公共超序列问题、蛋白质折叠问题、数据挖掘、图像处理、系统辨识等。

第二节　粒子群优化算法

鸟群、鱼群的迁徙、觅食等群体行为是一个优化现象吗？是一种优化行为吗？这种行为能够为我们设计最优化算法提供灵感吗？

鸟群、鱼群的迁徙、觅食等行为属于群体智能行为，本身是一个最优化的过程。通过模拟这些群体智能行为，并融入社会心理学的个体认知和社会影响等概念，研究者提出了一种称为粒子群优化算法（Particle Swarm Optimization，PSO）的群体智能算法。

大自然是我们的老师，生物进化过程、群体智能活动等为我们设计一个又一个的优化算法提供了灵感的源泉。粒子群优化算法就是仿生算法的一个著名代表。它是一种模拟自然界的生物活动以及群体智能的随机搜索算法。

一、粒子群优化算法简介

粒子群优化算法已有作为进化计算的一个分支，是由 Eberhart 和 Kennedy 于 1995 年提出的一种全局搜索算法，同时它也是一种模拟自然界的生物活动以及群体智能的随机搜索算法。因此粒子群优化算法一方面吸取了人工生命（Artificial Life）、鸟群觅食（Birds Flocking）、鱼群学习（Fish Schooling）和群理论（Swarm Theory）的思想；另一方面又具有进化算法的特点，遗传算法、进化策略、进化规划等算法有相似的搜索和优化能力。

粒子群优化算法的发明，可以说是 Eberhart 和 Kennedy 在借鉴前人科学家对自然界生物群体活动的认识以及这些活动行为计算机可视化仿真的基础上，与各自的研究背景知识相结合的产物。Eberhart 是一位电子电气工程师，Kennedy 是一名社会心理学家，他们合作研究 PSO 的目的就是将社会心理学上的个体认知、社会影响群体智慧等思想融入组织性和规律性很强的群体行为中，开发一个可以用于工程实践的优化模型和优化工具。

在动物的群体行为中，科学家们很早就发现了自然界的鸟群、兽群、鱼群等在其迁徙、觅食过程中(如图 5.5 所示),往往表现出高度的组织性和规律性。这些现象受到了高度的重视和广泛的关注,吸引着大批生物学家、动物学家、计算机科学家、行为学家和社会心理学家等进行深入的研究。例如,1987 年,Reynolds 实现了鸟群运动的计算机可视化仿真;1990 年,动物学家 Heppner 和 Grenander 也对动物的群体活动规律进行了研究,包括大规模群体同步聚合,突然地改变方向,规律的分散与重组等相关的机制和潜在的规律。众多的研究成果都为粒子群优化算法的发明提供了思想来源,奠定了理论基础。

图 5.5 动物界中的鸟群、兽群和鱼群

在群体智慧方面,社会心理学在揭示人类以及动物的群体活动过程中所表现出来的智慧方面取得的研究成果也被引入 PSO 中。Wilson 在 20 世纪 70 年代就指出:"至少在理论上,在群体觅食的过程中,群体中的每一个个体都会受益于所有成员在这个过程中所发现和累积的经验。"因此 PSO 直接采用了这一思想。Eberhart 和 Kennedy 也指出,他们在设计 PSO 的时候,除了考虑模拟生物的群体活动之外,更重要的是融入了个体认知(Self-Cognition)和社会影响(Social Influence)这些社会心理学的理论。这些也许是 Kennedy 在结合了自身研究领域的优势和社会生物学家 Wilson 的启发后得到的成果。1996 年,Boyd 和 Richerson 在研究人类的决策过程时,也提出了个体学习和文化传递的概念。根据他们的研究结果,人们在决策过程中使用两类重要的信息:一是自身的经验,二是其他人的经验。也就是说,人们根据自身的经验和他人的经验进行决策。这也给 PSO 的合理性提供了另一个佐证。因此,粒子群优化算法是一种群体智能(Swarm Intelligence,SI)算法,它结合了动物的群体行为特性以及人类社会的认知特性。

二、粒子群优化算法的基本流程

1.基本原理

在自然界鸟群捕食的过程中,小鸟们是通过什么样的机制找到食物的呢? 事实上,捕食的鸟群都是通过各自的探索与群体的合作最终发现食物所在的位置的。可以考虑这样的一个情景,一群分散的鸟在随机地飞行觅食,它们不知道食物所在的具体位置,但是有一个间接的机制会让小鸟知道它当前的位置离食物的距离(例如食物香味的浓淡等)。于是各个小鸟就会在飞行的过程中不断地记录和更新它曾经到达的离食物最近位置,同时,它们通过信息交流的方式比较大家所找到的最好位置,得到一个当前整个群体已经找到的最佳位置。这样,每只小鸟在飞行的时候就有了一个指导的方向,它们会结合自身的经验和整个群体的经验,调整自己的飞行速度和所在位置,不断地寻找更加接近食物的位置,最终使得群体聚集到食物位置。

在粒子群优化算法中,鸟群中的每只小鸟被称为一个"粒子",通过随机产生一定规模的粒子作为问题搜索空间的有效解,然后进行迭代搜索,得到优化结果。和小鸟一样,每个粒子都具有速度和位置,可以由问题定义的适应度函数确定粒子的适应值,然后不断进行迭代,由粒子本身的历史最优解和群体的全局最优解来影响粒子的飞行速度和下一个位置,让粒子在搜索空间中探索和开发,最终找到全局最优解。鸟群觅食的基本生物要素和粒子群优化算法的基本定义如表 5.2 所示。

表 5.2　鸟群觅食的基本生物要素和粒子群优化算法的基本定义对照表

鸟群觅食	粒子群优化算法
鸟群	搜索空间的一组有效解(表现为种群规模 N)
觅食空间	问题的搜索空间(表现为维数 D)
飞行速度	解的速度向量 $\boldsymbol{v}_i=(v_i^1,v_i^2,\cdots,v_i^D)$
所在位置	解的位置向量 $\boldsymbol{x}_i=(x_i^1,x_i^2,\cdots,x_i^D)$
个体认知与群体协作	每个粒子 i 根据自身历史最优位置和群体的全局最优位置更新速度和位置
找到食物	算法结束,输出全局最优解

2.基本流程

粒子群优化算法(PSO)要求每个个体(粒子)在进化的过程中维护两个向量,就是速度向量 $\boldsymbol{v}_i=[v_i^1,v_i^2,\cdots,v_i^D]$ 和位置向量 $\boldsymbol{x}_i=[x_i^1,x_i^2,\cdots,x_i^D]$,其中 i 表示粒子的编号,D 是求解问题的维数。粒子的速度决定了其运动的方向和速率,位置则体现了粒子所代表的解在解空间中的位置,是评估该解质量的基础。算法同时还要求每个粒子各自维护一个自身的历史最优位置向量(用 *pBest* 表示),也就是说在进化的过程中,如果粒子到达了某个使得适应值更好的位置,则将该位置记录到该粒子的历史最位置优向量中,而且如果粒子能够不断地找到更优的位置的话,该向量也会不断地被更新。另外,群体还维护一个全局最优向量,用 *gBest* 表示,代表所有粒子的 *pBest* 中最优的那个。这个全局最优向量起到引导粒子向该全局最优区域收敛的作用。

粒子群优化算法和遗传算法相比,没有了选择算子、交叉算子和变异算子,而仅仅是通过速度更新公式和位置更新公式这两个公式[见式(5.9)和式(5.10)]不断地进化而到全局最优解,因此,PSO 的原理和机制更加简单,算法实现也相对的容易,运行效率更高。PSO 的算法步骤如下所述:

步骤 1:初始化所有的个体(粒子),以及它们的速度和位置,并且将个体的历史最优位置向量 **pBest** 设为当前位置,而群体中最优的个体作为当前的 **gBest**。

步骤 2:在每一代的进化中,计算各个粒子的适应度函数值。

步骤 3:如果该粒子当前的适应度函数值比其历史最优值要好,那么历史最优位置将会被当前位置所替代。

步骤 4:如果该粒子的历史最优比全局最优要好,那么全局最优位置将会被该粒子的历史最优位置所替代。

步骤 5:对每个粒子 i 的第 d 维的速度和位置分别按照式(5.9)和式(5.10)进行更新。

$$v_d^i = \omega \times v_i^d + c_1 \times rand_1^d \times (pBest_i^d - x_i^d) + c_2 \times rand_2^d \times (gBest_i^d - x_i^d) \tag{5.9}$$

$$x_i^d = x_i^d + v_i^d \tag{5.10}$$

步骤 6:如果还没有达到结束条件,转到(2),否则输出 **gBest** 并结束。

PSO 中粒子的速度与位置在二维空间中的关系及更新示意图如图 5.6 所示。

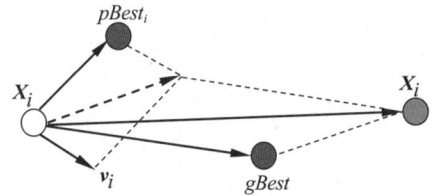

图 5.6　PSO 中粒子的速度与位置在二维空间中的关系及更新示意图

在式(5.9)中,ω 是惯量权重,一般初始值为 0.9,然后随着进化过程线性递减到 0.4;c_1 和 c_2 是加速系数(也称学习因子),传统上都是取固定值 2.0;$rand_1^d$ 和 $rand_2^d$ 是两个区间$[0,1]$上的随机数。需要注意的是,在更新过程中,PSO 要求采用一个由用户设定的 v_{max} 来限制速度的范围,v_{max} 的每一维 v_{max}^d 一般可以取相应维的取值范围的 10% ~ 20%。另外式(5.10)中的位置更新必须是合法的,所以在每次进行更新之后都要检查更新后的位置是否在问题空间之中,否则必须进行修正。一般的修正方法可以是重新随机设定或者限定在边界。

PSO 的流程图如图 5.7 所示。

3.参数设置

种群规模 N 影响着算法的搜索能力和计算量。PSO 对种群规模要求不高,一般取 20~40 就可以达到很好的求解效果,对于比较难的问题或者特定类别的问题,粒子数可以取到 100 甚至 200。

粒子的长度 D 由优化问题本身决定,就是问题解的长度。

粒子的范围 R 由优化问题本身决定,每一维可以设定不同的范围。

最大速度 v_{max} 决定粒子每一次的最大移动距离,制约着算法的探索和开发能力。v_{max} 的每一维 v_{max}^d 一般可以取相应维搜索空间的 10%~20%,甚至 100%。有研究者提出,可以将 v_{max} 按照进化代数从大到小递减地设置。

惯性权重 ω 控制着前一速度对当前速度的影响,用于平衡算法的探索和开发能力。一般将 ω 设置为从 0.9 线性递减到 0.4,也有非线性递减的设置方案,可以采用模糊控制的方式设定,或者在区间 $[0.5,1]$ 内随机取值。ω 设为 0.729 的同时将 c_1 和 c_2 设为 1.494 45,有利于算法的收敛。

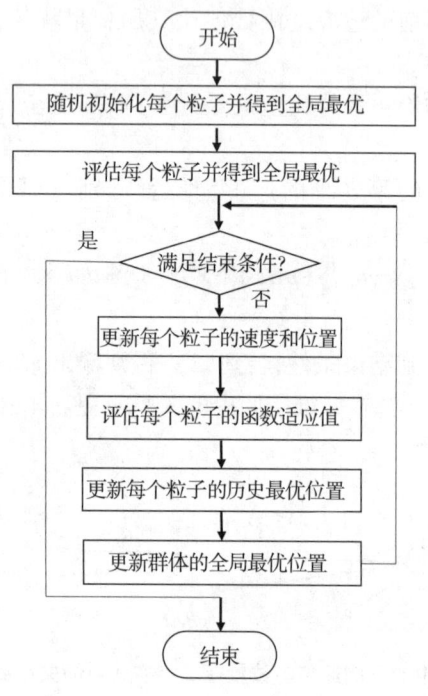

图 5.7　PSO 的流程图

压缩因子 χ 限制粒子的飞行速度的,保证算法的有效收敛。研究者们通过数学计算得到 χ 取值 0.729,同时将 c_1 和 c_2 设为 2.05。

加速系数 c_1 和 c_2 代表了粒子向自身极值 $pBest$ 和全局极值 $gBest$ 推进的加速权值。c_1 和 c_2 通常都等于 2,代表着对两个引导方向的同等重视。也存在一些 c_1 和 c_2 不相等的设置,但其范围都为 0~4。将 c_1 线性减少,c_2 线性增大的设置能动态平衡算法的多样性和收敛性。研究 c_1 和 c_2 的自适应调整方案对算法性能的增强有重要意义。

终止条件决定算法运行的结果,由具体的应用和问题本身确定。将最大循环数设定为 500、1 000、5 000,或者最大的函数评估次数等,也可以使用算法求解得到一个可接受的解作为终止条件,或者是当算法在很长一段迭代中没有得到任何改善时,终止算法。

全局和局部 PSO 决定算法如何选择两种版本的粒子群优化算法——全局版本 PSO 和局部版本 PSO。全局版本 PSO 速度快,不过有时会陷入局部最优;局部版本 PSO 的收敛速度慢一点,不过不容易陷入局部最优。在实际应用中,可以根据具体问题选择具体的算法版本。

同步和异步更新,两种更新方式的区别在于对全局的 **gBest** 或者局部的 **gBest** 的更新方式。在同步更新方式中,在每一代中,当所有粒子都采用当前的 **gBest** 进行速度和位置的更新之后才对粒子进行评估,更新各自的 **gBest**,再选最好的 **gBest** 作为新的 **gBest**。在异步更新方式中,在每一代中,粒子采用当前的 **gBest** 进行速度和位置的更新,然后马上评估,更新自己的 **gBest**,而且如果其 **gBest** 要优于当前的 **gBest**,则立刻更新 **gBest**,迅速将更好的 **gBest** 用于后面的粒子的更新过程中。一般而言,异步更新的PSO 具有高效的信息传播能力和更快的收敛速度。

4.应用举例

下面通过一个简单的函数优化的例子,说明粒子群优化算法的执行过程。

例 5.2

已知函数 $y=f(x_1,x_2)=x_1^2+x_2^2$,其中 $-10\leqslant x_1,x_2\leqslant10$,用粒子群优化算法求解 y 的最小值,请写出关键的执行步骤。

解 步骤 1:初始化。

假设种群大小 $N=3$;在搜索空间中随机初始化每个解的速度和位置,计算适应函数值,并且得到粒子的历史最优位置和群体的全局最优位置。

$$p_1=\begin{cases}\boldsymbol{v}_1=(3,2)\\\boldsymbol{x}_1=(8,-5)\end{cases}\begin{cases}f_1=8^2+(-5)^2=64+25=89\\\boldsymbol{pBest}_1=\boldsymbol{x}_1=(8,-5)\end{cases}$$

$$p_2=\begin{cases}\boldsymbol{v}_2=(-3,-2)\\\boldsymbol{x}_2=(-5,9)\end{cases}\begin{cases}f_2=(-5)^2+9^2=25+81=106\\\boldsymbol{pBest}_2=\boldsymbol{x}_2=(-5,9)\end{cases}$$

$$p_3=\begin{cases}\boldsymbol{v}_3=(5,3)\\\boldsymbol{x}_3=(-7,-8)\end{cases}\begin{cases}f_3=(-7)^2+(-8)^2=49+64=113\\\boldsymbol{pBest}_3=\boldsymbol{x}_3=(-7,-8)\end{cases}$$

$$\boldsymbol{gBest}=\boldsymbol{pBest}_1=(8,-5)$$

步骤 2:更新粒子的速度和位置。

根据自身的历史最优位置和全局最优位置,更新每个粒子的速度和位置。

$$p_1=\begin{cases}\boldsymbol{v}_1=\omega\times\boldsymbol{v}_1+c_1\times r_1\times(\boldsymbol{pBest}_1-\boldsymbol{x}_1)+c_2\times r_2\times(\boldsymbol{gBest}-\boldsymbol{x}_1)\\\Rightarrow\boldsymbol{v}_1=\begin{cases}0.5\times3+0+0=1.5\\0.5\times2+0+0=1\end{cases}=(1.5,1)\\\boldsymbol{x}_1=\boldsymbol{x}_1+\boldsymbol{v}_1=(8,-5)+(1.5,1)=(9.5,-4)\end{cases}$$

$$p_2=\begin{cases}\boldsymbol{v}_2=\omega\times\boldsymbol{v}_1+c_1\times r_1\times(\boldsymbol{pBest}_2-\boldsymbol{x}_2)+c_2+r_2\times(\boldsymbol{gBest}-\boldsymbol{x}_2)\\\Rightarrow\boldsymbol{v}_2=\begin{cases}0.5\times(-3)+0+2\times0.3\times(8-(-5)-9)=6.1\\0.5\times(-2)+0+2\times0.1\times((-5)-9)=1.8\end{cases}=(6.1,1.8)\\\boldsymbol{x}_1=\boldsymbol{x}_1+\boldsymbol{v}_2=(-5,9)+(6.1,1.8)=(1.1,10.8)=(1.1,10)\end{cases}$$

注意:对越界的位置需要进行合法性调整。

$$p_3 = \begin{cases} v_3 = \omega \times v_3 + c_1 \times r_1 \times (pBest_3 - x_3) + c_2 \times r_2 \times (gBest - x_3) \\ \Rightarrow v_3 = \begin{cases} 0.5 \times 5 + 0 + 2 \times 0.05 \times (8 - (-7)) = 3.5 \\ 0.5 \times 3 + 0 + 2 \times 0.8 \times ((-5) - (-8)) = 6.3 \end{cases} = (3.5, 6.3) \\ x_1 = x_1 + v_3 = (-7, -8) + (3.5, 6.3) = (-3.5, -1.7) \end{cases}$$

ω 是惯量权重,一般取区间 $[0,1]$ 内的数,这里假设为 0.5。c_1 和 c_2 为加速系数,通常取固定值 2。r_1 和 r_2 是区间 $[0,1]$ 内的随机数。

步骤 3:评估粒子的适应度函数值。更新粒子的历史最优位置和全局最优位置。

$$f_1^* = 9.5^2 + (-4)^2 = 90.25 + 16 = 106.25 > 89 = f_1$$

$$\begin{cases} f_1 = 89 \\ pBest_1 = (8, -5) \end{cases}$$

$$f_2^* = 1.1^2 + 10^2 = 1.21 + 100 = 101.21 < 106 = f_2$$

$$\begin{cases} f_2 = f_2^* = 101.21 \\ pBest_2 = x_2 = (1.1, 10) \end{cases}$$

$$f_3^* = (-3.5)^2 + (-1.7)^2 = 12.25 + 2.89 = 15.14 < 113 = f_3$$

$$\begin{cases} f_3 = f_3^* = 15.14 \\ pBest_3 = x_3 = (-3.5, -1.7) \end{cases}$$

$$gBest = pBest_3 = (-3.5, -1.7)$$

步骤 4:如果满足结束条件,则输出全局最优结果并结束程序。否则转向步骤 2 继续执行。

三、粒子群优化算法的改进

粒子群算法自提出以来经过了不断发展和完善,相关的理论研究、算法改进和应用拓展都取得了很大的进展。PSO 相关的热点和难点问题是:算法理论研究、算法参数研究、拓扑结构研究、混合算法研究以及算法应用研究。图 5.8 总结了 PSO 的研究内容和改进方向。

1.理论研究改进

2002 年,法国数学家 Clerc 与 Kennedy 对 PSO 的数学基础、收敛性和稳定性进行了研究。2002 年,Trelea 也对 PSO 的收敛性和稳定性进行了调查、研究与分析,指出 PSO 最终稳定地收敛于空间中的某一个点,但是不能保证收敛到全局最优的点,有时候甚至连局部最优也可能不是,而是停滞在一个当前最好的位置。在 2006 年,Kadirkamanathan 等人和 F.van den Bergh 等人对 PSO 的数学理论进行了分析研究,已经由以前的静态分析深入到动态的系统分析。

算法的理论研究与分析,对巩固算法的理论基础有重要的意义,同时,在理论研究的基础上,可以对粒子群优化算法的运行机理进一步深入了解和认识,对加强和改善算法的性能有实际的指导意义。

2.拓扑结构改进

粒子群优化算法的拓扑结构也称为社会结构,指的是算法中的个体如何进行相互作用的问题。群体中的每个个体都在相互学习,除基于自身的认知之外,还在不断地向比自己更好的邻居移动。通过这样的信息交流,整个群体将能够聚集到一个全局最优的位置。PSO 的拓扑结构是由相互重叠的邻域构成的,而粒子就在这些邻域之内相互影响。因此,不同的拓扑结构的定义将影响着粒子间信息交流的方式和信息流通的速度,从而影响着算法的性能。PSO 的研究者普遍都认为拓扑结构对算法有着重要的影响,并且提出了众多的改进方案,希望设计出性能更好的算法。PSO 的拓扑结构改进可分为:静态拓扑结构、动态拓扑结构和其他拓扑结构。

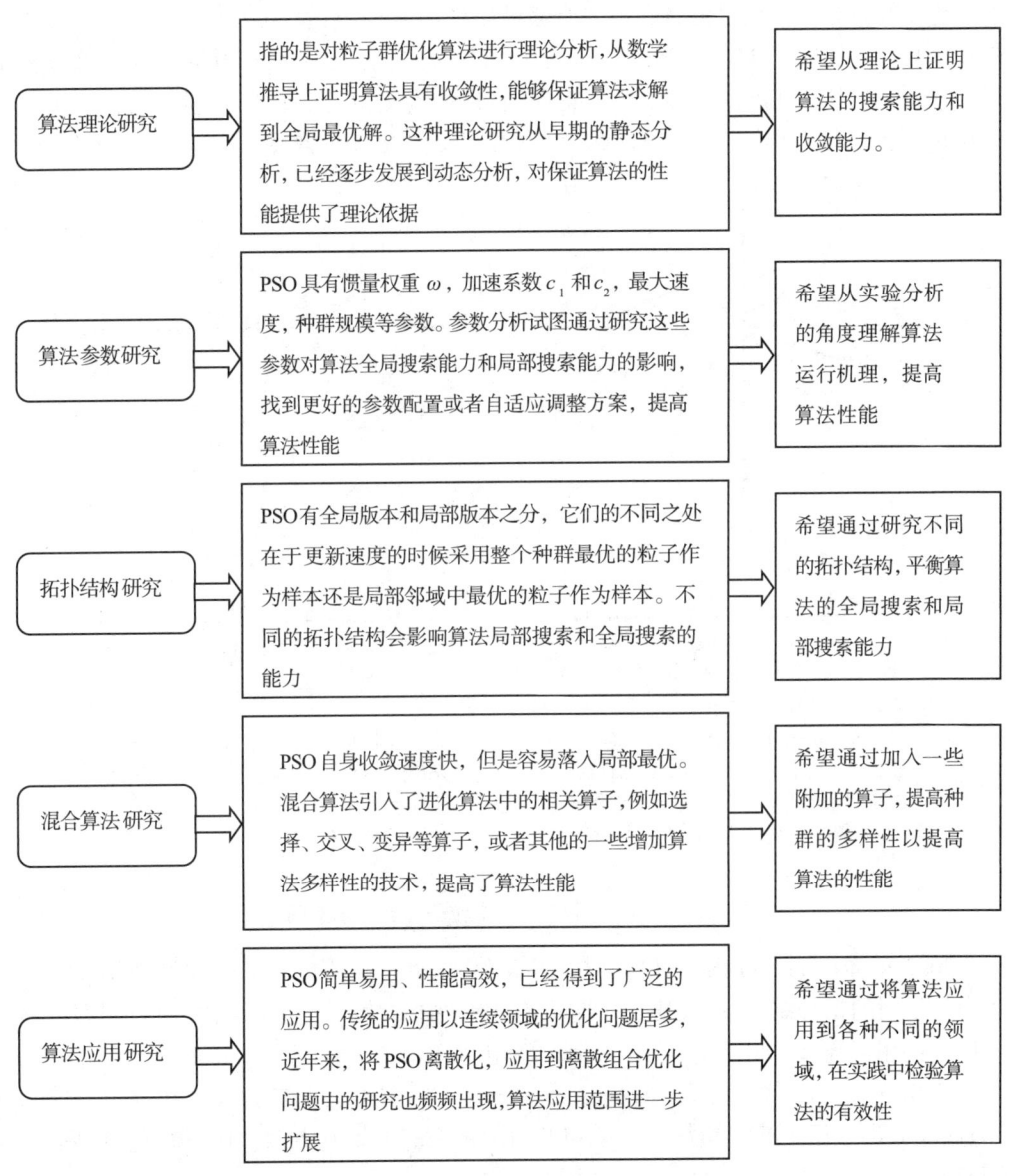

图 5.8　PSO 的研究内容和改进方向

（1）静态拓扑结构

早在粒子群算法提出之初,Eberhart 和 Kennedy 就已经注意到了群体的拓扑结构对算法的性能有着重要的影响。他们在 1995 年提出 PSO 的时候就提到了全局版本 PSO（Global Version PSO, GPSO）和局部版本 PSO（Local Version PSO, LPSO）两个主要范式。这两种范式的主要区别在于社会网络结构的定义的不同。在 GPSO 中，整个群体构成一个"社会"，也就是说，粒子在进行速度和位置更新的时候，将会使用自身的历史最优位置 *pBest* 和整个群体中最优的位置 *gBest* 作为更新的向导。而在 LPSO 中，每个粒子所处的"社会"仅仅是一个小的邻域。这样在 LPSO 版本中，粒子在进行速度和位置更新的时候，除了使用自身的历史最优位置 *pBest* 之外，还要使用邻域中的最优位置 *lBest* 作为更新的向导。由此可见，LPSO 中能够被用作更新向导的位置将要比 GPSO 多（因为在 LPSO 中每个粒子对应的 *lBest* 很可能是不同的，而在 GPSO 中每个粒子对应的 *gBest* 都是一样的），所以 LPSO 的多样性更好，往往能够在处理复杂的问题时表现出比 GPSO 更好的性能。图 5.9 给出了 GPSO 和 LPSO 中粒子的更新示意图。

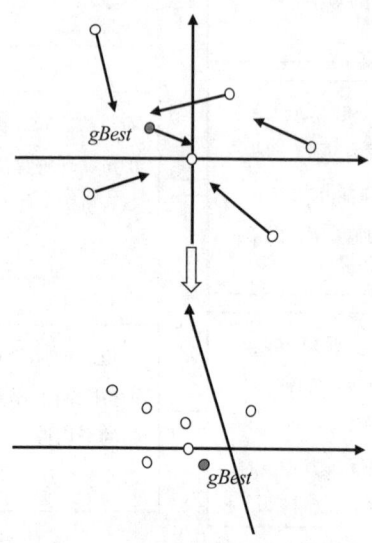 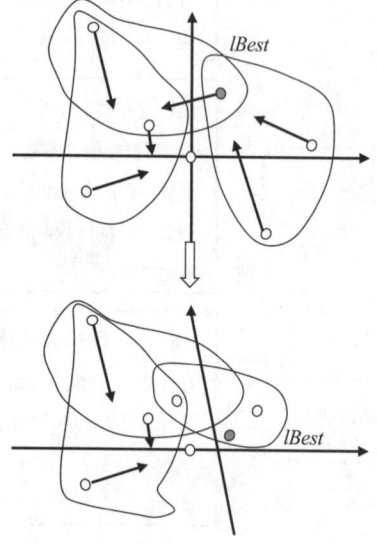

在全局版本 PSO 中，每个粒子受到群体中最优的粒子 *gBest* 的影响，因此所有粒子都将快速趋向该全局最优解。但是这种快速的收敛容易导致算法落入局部最优 GPSO

在局部版本 PSO 中，每个粒子受到其邻域结构中最优的粒子 *lBest* 的影响，因此整个群体表现出最好的多样性，不容易受到当前全局最优解的过分影响而落入局部最优 LPSO

图 5.9　GPSO 和 LPSO 中粒子的更新示意图

2002 年，Kennedy 提出了星型结构、环型结构、齿型结构、冯·诺依曼结构、金字塔结构等不同的拓扑结构，并且比较了它们在 PSO 中的性能。星型结构的特点是任意两个粒子都相互连接，如图 5.10(a) 所示。环型结构中每个粒子和左右两个粒子都相连，如图 5.10(b)。齿型结构邻域中仅有一个粒子作为"焦点"，和其他粒子相连，如图 5.10(c) 所示。冯·诺依曼结构每个粒子和平面网格中的上下左右四个粒子相连，如图 5.10(d) 所示。

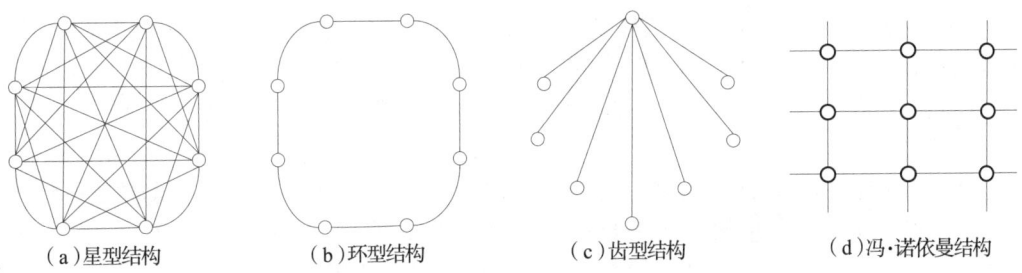

（a）星型结构　　　　（b）环型结构　　　　（c）齿型结构　　　　（d）冯·诺依曼结构

图5.10　不同拓扑结构的示意图

GPSO 和 LPSO 的收敛特点为：

GPSO 由于其很高的连接度，往往具有比 LPSO 更快的收敛速度。但是，快速收敛也让 GPSO 付出了多样性迅速降低的代价。

LPSO 由于具有更好的多样性，因此一般不容易落入局部最优，在处理多峰问题上具有更好的性能。

在解决具体问题的时候，可以遵循以下一些规律：

①邻域较小的拓扑结构在处理复杂的、多峰值的问题上具有优势，例如环型结构的 LPSO。

②随着邻域的扩大，算法的收敛速度将会加快，这对简单的、单峰值的问题非常有利，例如 GPSO 在这些问题上就表现得很好。

③冯·诺依曼结构的 PSO 在 GPSO 和 LPSO 两者间取得了一个平衡，适合大多数问题的求解，而且具有良好的性能。

（2）动态拓扑结构

尽管静态的拓扑结构已经取得了很好的研究成果，但即使是 LPSO 也不能解决 PSO 容易落入局部最优的问题。研究 PSO 的动态拓扑结构是希望能够通过在不同的进化阶段使用不同的拓扑结构，动态地改变算法的探索能力和开发能力，在保持种群多样性和算法收敛性上取得动态的变化和平衡，以提高算法的整体性能。因此，很多研究者致力于研究 PSO 的动态拓扑结构，并提出了一些策略。例如：逐步增长法根据进化代数将其邻居从粒子自身逐渐扩大到整个群体；最小距离法在每一代中选择 m 个"距离"最近的粒子作为邻居；重新组合法是在随机分成多个小种群进化了一定代数后重新随机组合，继续进化。

此外，包括 Kennedy、Clerc 和 Eberhart 等在内的一些研究者提出了一种"标准的 PSO 算法"。在 Standard PSO 算法中定义了一种随机的拓扑结构。随机拓扑结构 PSO（Random Topology PSO，RPSO）为每个粒子定义一个规模为 K 的邻域，该邻域内的个体是从整个群体（包括粒子本身）中随机选择的。在每一代进化中，每个粒子将在其本身历史最优位置和其对应的随机拓扑邻域中的最优位置的影响下进行速度和位置的更新。如果在该代的进化中得到的最优解对已经找到的全局最优解有所改善，那么这些拓扑结构将不会发生改变而在下一代继续发挥作用。否则，RPSO 将在下一代中对每个粒子重新构造其随机邻域，以期增强粒子的搜索能力，提高算法的性能。因此，RPSO 也可以看作一种动态拓扑结构的 PSO。

（3）其他拓扑结构

除了静态拓扑结构和动态拓扑结构之外，还存在很多其他的拓扑结构改进版本，如社会趋同法 PSO、Fully Informed PSO 和广泛学习策略 PSO 等。

3.混合算法改进

自 PSO 提出以来，研究者就不断地通过将 PSO 算法和其他搜索算法或者思想技术相结合，形成了形形色色的关于 PSO 的混合算法改进版本。这些混合算法要么融合了传统进化计算中的有关算子，例如选择算子、交叉算子、变异算子等，要么直接与其他一些搜索算法相结合，例如模拟退火算法、免疫算法、差分进化算法、局部搜索算法等。另外，还有不少的改进形式是通过使用数学、物理学、生物学等相关学科的一些技术手段对原始 PSO 进行改进和完善。

4.离散版本改进

虽然 PSO 是一个非常适合于连续领域问题优化的算法，并且已经在很多连续空间领域获得了相当成功的应用，但是很多现实问题都是定义在离散空间中的，例如典型的离散组合问题就有整数规划问题、背包问题、皇后问题、旅行商问题、调度问题、路由问题等。为了将 PSO 应用到这些离散中，研究者也在不断地尝试将 PSO 离散化后的算法运用到离散领域（组合优化）之中。在众多的离散 PSO 改进版本中，二进制编码 PSO 和整数编码 PSO 是常见的两种形式，另外一些其他的改进方案也相继出现。

四、粒子群优化算法的应用

随着 PSO 的不断改进和完善，PSO 被众多的研究者应用到了越来越多的领域当中。作为连续领域的优化方法，PSO 基本上能够实现这方面所有的应用。很多已经在遗传算法中得到很好应用的领域在采用了 PSO 作为优化方法之后，都取得了更好的优化效果并且提高了优化速度，同时也降低了程序的复杂度，使得算法应用更加高效。PSO 最早是用来优化神经网络的网络连接权重的，目前的应用已经涉及电力系统、电磁学、经济分配、医学图像配准、多目标优化、系统设计、机器学习与训练、数据挖掘与分类、模式识别、信号控制、离散组合优化等各个领域。

1.优化与设计应用

许多实际的工程与实践问题本质上是函数优化问题，或者说这些问题本身就是要求进行参数的设计与优化，因此都可以转化为函数优化问题进行求解。粒子群优化算法在解决这些问题时具有天然的优势，非常适合这种类型问题的求解。随着粒子群优化算法的进一步发展和不断完善，其在越来越多的工程与系统设计优化问题上取得了相当成功的应用。这些设计优化问题包括：神经网络优化、电磁螺旋管优化、AVR 单片机系统参数优化、相控阵控制器参数优化、天线设计优化、电力系统稳定器设计、机翼设计、电路设计、放大器设计、桁架系统优化等。

2.调度与规划应用

调度（Scheduling）与规划（Planning）是一类密切影响着我们日常生活的优化问题，

例如会议安排、公交路线规划、飞机调度等。PSO 已经在众多的调度与规划问题中取得了非常成功的应用。

3.其他方面应用

粒子群优化算法,在机器学习与训练、数据挖掘与分类、生物与医学等各个方面都取得了成功的应用,应用领域非常广泛。随着研究者对算法本身不断地改进和完善以及对算法应用领域的不断探索,PSO 算法将会在更多的实践领域中发挥其重要的作用。

本章思考题

1.蚁群优化算法、粒子群优化算法可以在哪些方面做改进?

2.查阅目前群集智能类算法还有哪些,简述其各自的基本思想,并探讨群集智能算法的共性问题。

3.了解群集智能算法(蚁群优化算法、粒子群优化算法)的应用。

第六章

随机优化

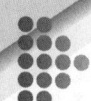

随机最优化指带有随机因素的最优化问题,利用概率统计、随机过程、随机分析等工具来解决。所谓的随机因素,包括环境的随机因素、控制变量不确定因素,准则值的不确定因素等。本章主要介绍三种常用的随机优化算法:模拟退火算法、禁忌搜索算法和免疫算法。

◀ 第一节　模拟退火算法

在物理学实验中,对固体进行加热,其会在高温状态下熔化。在高温状态下,固体内部的粒子以相同的概率处于任何一种状态。缓慢退火,让物体徐徐冷却,最终稳定在一个最优的状态。固体在高温状态下通过退火冷却到低温状态,最终稳定在一个最佳状态,这本身是一个优化的过程。我们能否借鉴固体物理退火的过程,设计一种最优化算法呢?

模拟退火(Simulated Annealing, SA)算法就是从物理退火过程得到启发,从而设计出来的最优化方法。

一、模拟退火算法的思想

模拟退火算法的基本思想,早在 1953 年就已经由 Metropolis 提出。不过直到 1983 年,Kirkpatrick 等人才真正成功地将模拟退火算法应用到求解组合优化问题上,模拟退火算法才逐渐为人们所接受,并且成为一种有效的优化算法,在很多工程和科学领域得到广泛的应用。

模拟退火算法的核心思想与热力学的原理极为类似。在高温下,固体内部的大量粒子彼此之间进行着相对自由移动。如果该固体慢慢地冷却,热能粒子可动性就会消失。大量粒子常常能够自行排列成行,形成有序排列,该固体在各个方向上都被完全有序地排列在几百万倍于单个粒子的距离之内。对于这个系统来说,此时状态是能量最低状态,而所有缓慢冷却的系统都可以自然达到这个最低能量状态。实际上,如果高温固体被迅速冷却,则它不会达到这一状态,而只能达到一种具有较高能量的内部粒子非有序排列的状态。因此,这一过程的本质在于缓慢地冷却,以争取足够的时间,让大量粒子在丧失可动性之前进行重新分布,这是确保粒子达到低能量状态所必需的条件。简单而言,如图6.1所示,物理退火过程由以下几部分组成:加温过程(左)、等温过程(中)和冷却过程(右)。

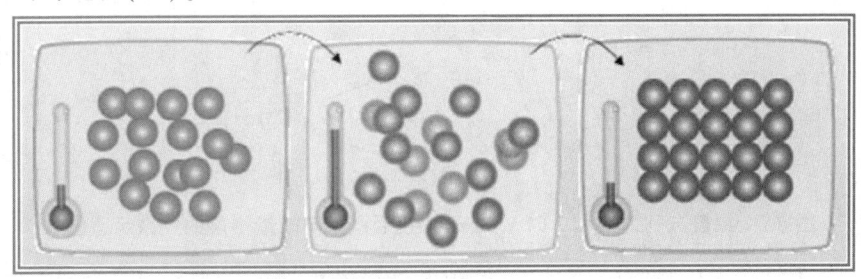

图6.1 从高温状态退火冷却到低温状态过程示意图

粒子在某个温度 T 时,固体所处的状态具有一定的随机性,而这些状态之间的转换能否实现由 Metropolis 准则决定。Metropolis 准则定义了物体在某一温度 T 下从状态 i 转移到 j 状态的概率 P_{ij}^T,如式(6.1)所示。

$$P_{ij}^T = \begin{cases} 1, & E(j) \leqslant E(i) \\ e^{-\frac{E(j)-E(i)}{KT}} = e^{\frac{\Delta E}{KT}}, & \text{其他} \end{cases} \tag{6.1}$$

式中:e——自然常数。

$E(i)$、$E(j)$——固体在状态 i 和 j 下的内能。

ΔE——内能的增量,$\Delta E = E(j) - E(i)$。

K——玻尔兹曼(Boltzmann)常数。

从 Metropolis 准则可以看到,在某个温度 T 下,系统处于某种状态,由于粒子的运动,系统的状态会发生变化,并且导致系统能量的变化。如果变化是朝着减少系统能量的方向进行的,那么就接受该变化,否则以一定的概率接受这种变化。此外,从 P_{ij}^T 的公式可以看到,在同一温度下,导致能量增加的增加量 $\Delta E = E(j) - E(i)$ 越大,接受的概率越小;而且随着温度 T 的降低,接受系统能量增加的变化的概率将会越小。图6.2表示的是当 K 取1,T 分别取3和2的时候,P 随 ΔE 的变化而变化的曲线。由图6.2可见,随着温度的降低,能量增加的状态将变得更难被接受。当温度趋于0时,系统接受其他使得能量增加的状态的概率趋于0,所以系统最终将以概率1处于一个具有最小能量的状态。

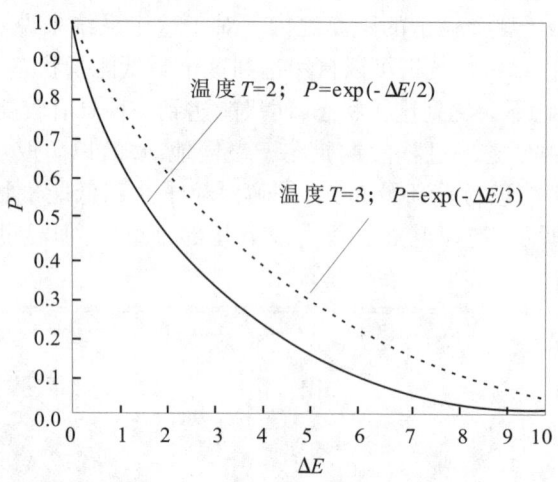

图 6.2　温度分别为 3 和 2 时 Metropolis 接受概率与能量增量的关系示意图

模拟退火算法在优化问题的时候,采用的就是类似于物理退火让固体内部粒子收敛到一个能量最低状态的过程,实现算法最终收敛到最优解的目的。表 6.1 给出了物理退火过程和模拟退火算法的基本概念的类比关系。

表 6.1　物理退火过程和模拟退火算法的基本概念对照表

物理退火过程	模拟退火算法
物体内部的状态	问题的解空间(所有可行解)
状态的能量	解的质量(适应度函数值)
温度	控制参数
熔化过程	设定初始温度
退火冷却过程	控制参数的修改(温度参数的下降)
状态的转移	解在邻域中的变化
能量最低状态	最优解

算法首先会生成问题解空间上的一个随机解,然后对其进行扰动,模拟固体内部粒子在一定温度下的状态转移。算法对扰动后得到的解进行评估,将其与当前解进行比较并且根据 Metropolis 准则进行替换。算法会在同一温度下进行多次扰动,以模拟固体内部的多种能量状态。另外,模拟退火算法还通过自身参数的变化来模仿温度下降的过程。算法参数 T 代表温度,每一代逐渐变小。在每一代中,算法根据当前温度下的 Metropolis 准则对解进行扰动。这样的操作在不同的温度下不断地重复,直到温度降低到某个指定的值。这时候得到的解将作为最终解,相当于固体的能量最低状态。

二、模拟退火算法的基本流程

模拟退火算法在求解最优化问题时的基本流程图如图 6.3 所示。

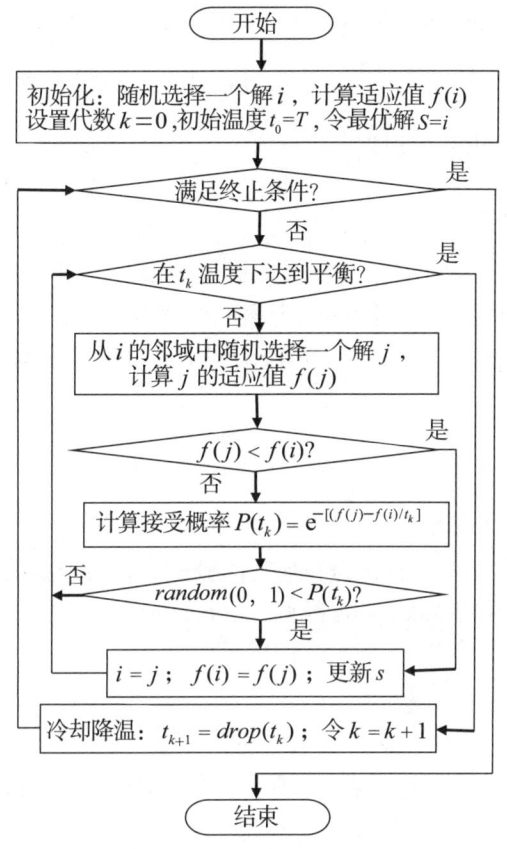

图6.3 模拟退火算法在求解最优化问题时的基本流程图

图6.3给出的是模拟退火算法的基本框架,针对具体问题时还需要具体设计。从流程图中可以看到模拟退火具有两层循环,内循环模拟的是在给定的温度下系统达到热平衡的过程。在该循环中,每次都从当前解 i 的邻域中随机找出一个新解 j,然后按照Metropolis准则有概率地接受新解。算法中的 $random(0,1)$ 是指在区间 $[0,1]$ 上按均匀分布产生一个随机数,而所谓的内层达到热平衡也是一个笼统的说法,可以定义为循环一定的代数,或者基于接受概率定义平衡等。算法的外层循环是一个降温的过程,当在一个温度下达到平衡后,开始外层的降温,然后在新的温度下重新开始内循环。降温的方法可以根据具体问题具体设计,而且算法流程图中给出的初始温度 T 也需要算法的使用者根据具体的问题来制定。

从图6.3给出的流程图可以看到,模拟退火算法在求解最优化问题的时候,涉及以下几个方面的基本要素。

1.初始温度

初始温度 t_0 的设置是影响模拟退火算法全局搜索性能的重要因素之一。初温越大,获得高质量解的概率越大,但花费的计算时间将越多。因此,初温的确定应折中考虑优化质量和优化效率,其常用方法包括以下几种:

(1)均匀抽样一组状态,以各状态目标值的方差为初温。

（2）随机产生一组状态,确定两两状态间的最大目标值差$|\Delta_{max}|$,然后依据差值,利用一定的函数确定初温。例如,$t_0 = \dfrac{-\Delta_{max}}{p_r}$,其中 p_r 为初始接受概率。

（3）利用经验公式给出初始温度。

2.邻域函数

邻域函数(状态产生函数)应尽可能保证产生的候选解遍布全部解空间,通常由两部分组成,即产生候选解的方式和候选解产生的概率分布。候选解一般采用按照某一概率密度函数对解空间进行随机采样来获得。概率分布可以是均匀分布、正态分布、指数分布等。

3.接受概率

接受概率是指从一个状态 X_k(一个可行解)向另一个状态 X_{new}(另一个可行解)的转移概率,通俗的理解是接受一个新解为当前解的概率。它与当前的温度参数 t_k 有关,随温度下降而减小。一般采用 Metropolis 准则,如(6.1)所示。

4.冷却控制

冷却控制是指从某一较高温状态 t_0 向较低温状态冷却时的降温管理表,或者说降温方式。假设时刻 k 的温度用 t_k 来表示,则经典模拟退火算法的降温方式为

$$t_k = \frac{t_0}{\lg(1+k)} \qquad (6.2)$$

而快速模拟退火算法的降温方式为

$$t_k = \frac{t_0}{1+k} \qquad (6.3)$$

这两种方式都能够使得模拟退火算法收敛于全局最小点。

5.内层平衡

内层平衡也称 Metropolis 抽样稳定准则,用于决定在各温度下产生候选解的数目。常用的抽样稳定准则包括以下几项:

（1）检验目标函数的均值是否稳定。

（2）连续若干步的目标值变化较小。

（3）预先设定抽样数目、内循环代数。

6.终止条件

算法终止准则,常用的包括以下几项:

（1）设置终止温度的阈值。

（2）设置外循环迭代次数。

（3）算法搜索到的最优值连续若干步保持不变。

（4）检验系统熵是否稳定。

这些基本要素的功能意义和设置方法如图 6.4 所示。

图 6.4　模拟退火算法的基本要素的功能意义和设置方法

三、模拟退火算法的应用

下面通过一个简单的 0-1 背包问题,说明模拟退火算法在求解离散组合优化问题时的流程和算法步骤。

例 6.1

已知背包的装载量为 $c=8$。现在有 $n=5$ 个物品,它们的重量和价值分别是 $(2,3,5,1,4)$ 和 $(2,5,8,3,6)$。试使用模拟退火算法求解该背包问题,并写出关键的步骤。

分析:背包问题本身是一个组合优化问题,也是一个典型的 NP 难问题。如果使用枚举的方法,我们需要找到 n 个物品的所有子集,然后在那些满足约束条件的子集中比较物品的总价值,找到总价值最大的子集,也就是问题的最优解。但是我们知道,大小为 n 的集合的子集数目为 2^n,所以当背包问题的规模变大(n 变大)的时候,要找出所有的子集是一个不现实的做法,因为计算复杂度的指数级增长已经使得问题在规模稍大的时候就无法在可以接受的时间内得到解决。因此背包问题需要采用一些计算复杂度较低,但是能够提供令人满意的解的算法,而模拟退火算法是解决背包问题的重要手段。大量的实验证明,模拟退火算法能够处理规模较大的背包问题,而且能够鲁棒地得到满意的解。

解 这里假设问题的一个可行解用 0 和 1 的序列表示,例如 $i = (1010)$ 表示选择第 1 个和第 3 个物品,而不选择第 2 和第 4 个物品。用模拟退火算法求解过程如下。

已知:物体个数 $n = 5$,背包容量 $c = 8$,重量 $w = (2, 3, 5, 1, 4)$,价值 $v = (2, 5, 8, 3, 6)$。

步骤 1:初始化。假设初始解为 $i = (11001)$,初始温度为 $T = 10$。计算 $f(i) = 2 + 5 + 6 = 13$,最优解 $s = i$。

步骤 2:在 T 温度下局部搜索,直到"平衡",假设平衡条件为执行了 3 次内层循环。

(1)产生当前解 i 的一个邻域解 j(如何构造邻域根据具体的问题而定,这里假设为随机改变某一位的 0/1 值或者交换某两位的 0/1 值),假设 $j = (11000)$。

注意:产生的新解的合法性,要舍弃那些总重量超过背包装载量的非法解。

(2)$f(j) = 2 + 5 + 8 = 15 > 13 = f(i)$,所以接受新解 j,$i = j$;$f(i) = f(j) = 15$;而且 $s = i$。

注意:求解的是最大值,因此适应值越大越优。

(3)返回(1)继续执行。

①假设第二轮得到的新解 $j = (11010)$,由于 $f(j) = 2 + 5 + 3 = 10 < 15 = f(i)$,所以需要计算接受概率

$$P(T) = \exp((f(j) - f(i))/T) = \exp(-0.5) \approx 0.607$$

假设 $random(0, 1) < P(T)$,则不接受新解。

②假设第三轮得到的新解 $j = (10110)$,由于 $f(j) = 2 + 8 + 3 = 13 < 15 = f(i)$,所以需要计算接受概率

$$P(T) = \exp((f(j) - f(i))/T) = \exp(-0.3) \approx 0.741$$

假设 $random(0, 1) < P(T)$,则接受新解按照一定的概率接受劣解,也是跳出局部最优的一种手段。

(4)这时候,T 温度下的"平衡"已达到(即已经完成了 3 次的邻域产生),结束内层环。

步骤 3:降温,假设温度降为 $T = 9$。如果没有达到结束标准,则返回步骤 2 继续执行。

假设在继续运行的时候,从当前解 $i = (10110)$ 得到一个新解 $j = (00111)$,这时候的函数值为 $f(j) = 8 + 3 + 6 = 17$,这是一个全局最优解,可见上面过程中接受了劣解是有好处的。

◀ 第二节　禁忌搜索算法

人在日常活动中,总是会对曾经做过的事情有所记忆。这种特性能避免重复做一些错误的事情。例如在一个三岔路口,左边的路已经走过并且确定不能到达目的地,那在再次选择时就会避免重复走这条错误的路线。模仿人类的记忆能力,科学家设计了禁忌搜索(Tabu Search, TS)算法。

一、禁忌搜索算法的思想

禁忌搜索是 Glover 于 1986 年提出的一种全局搜索算法。禁忌搜索也是属于模拟

人类智能的一种优化算法,它模仿了人类的记忆功能,在求解问题的过程中采用了禁忌技术,对已经搜索过的局部最优解进行标记,并且在迭代中尽量避免重复相同的搜索(但不是完全隔绝),从而获得更广的搜索区间,有利于寻找到全局最优解。

通过图 6.5 所示的兔子寻找最高山峰的例子,我们可以体会禁忌搜索的主要特点,并了解禁忌搜索算法是怎样对人类大脑记忆的功能进行模仿的。禁忌搜索算法的一个重要特点就是算法具有"记忆性",能够对已经搜索到的解进行记忆和选择性地回避,因此,算法需要维护一个禁忌表变量,该变量不断地更新,通过加入新的禁忌对象和解禁旧的禁忌对象,使得算法能够避免重复在一个局部最优解附近进行过多无谓的操作,从而达到扩大搜索空间,找到全局最优解的目的。

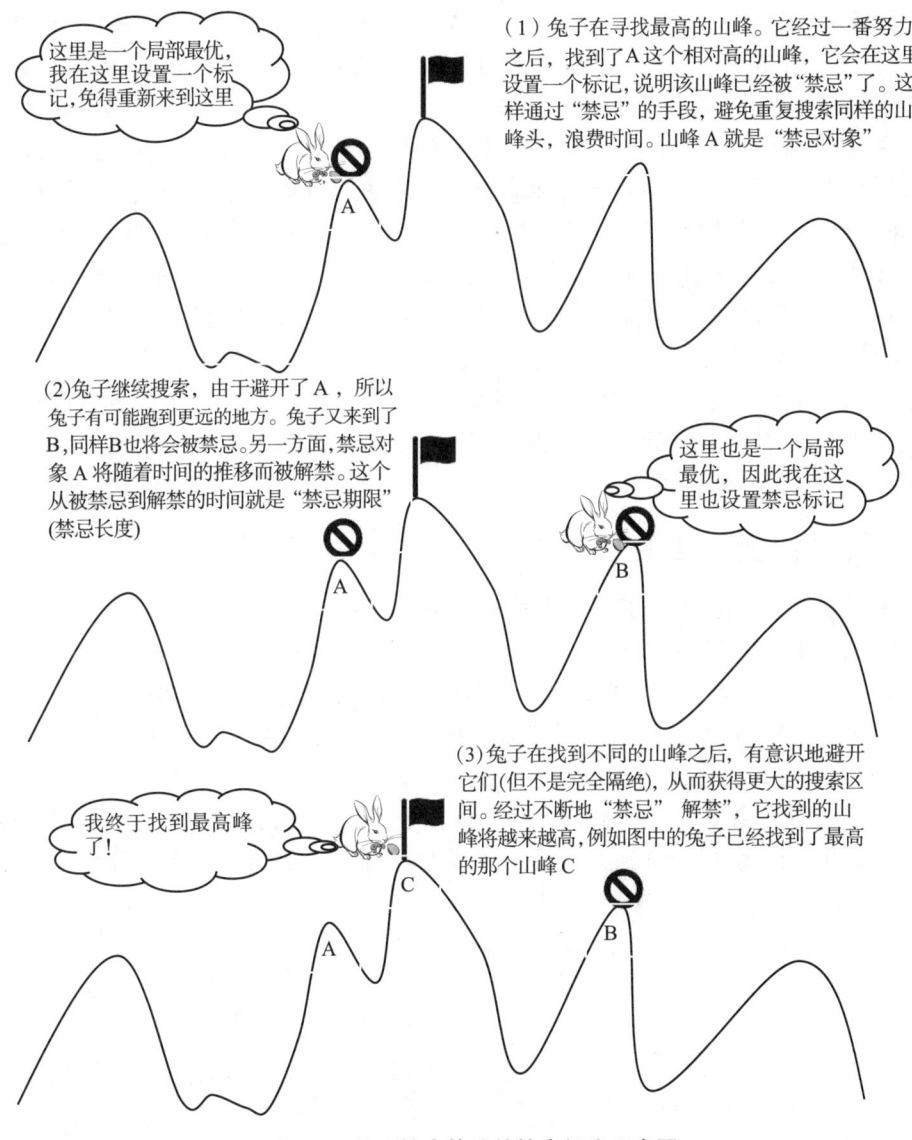

图 6.5　禁忌搜索算法的搜索行为示意图

禁忌搜索属于一种计算智能的算法,在算法实现的细节上涉及禁忌表、禁忌对象、禁忌期限、渴望准则等概念,下面先对这些概念进行说明。

定义 6.1 禁忌表(Tabu List,TL)是用来存放(记忆)禁忌对象的表。它是禁忌搜索得以进行的基本前提。禁忌表本身是有容量限制的,它的大小对存放禁忌对象的个数有影响,会影响算法的性能。

定义 6.2 禁忌对象(Tabu Object,TO)是指禁忌表中被禁的那些变化元素。禁忌对象的选择可以根据具体问题而制定。例如在旅行商问题(TSP)中可以将交换的城市对象作为禁忌对象,也可以将总路径长度作为禁忌对象。

定义 6.3 禁忌期限(Tabu Tenure,TT)也叫禁忌长度,指的是禁忌对象不能被选取的周期。禁忌期限过短容易出现循环,跳不出局部最优,长度过长会造成计算时间过长。

定义 6.4 渴望准则(Aspiration Criteria,AC)也称为特赦规则。当所有的对象都被禁忌之后,可以让其中性能最好的被禁忌对象解禁,或者当某个对象解禁会带来目标值的很大改进时,也可以使用特赦规则。

禁忌搜索算法自提出以来,得到了广泛的关注。迄今为止,众多学者对禁忌搜索进行了大量的研究,不断地完善算法的性能与拓展算法的应用领域。研究者不但对禁忌搜索算法的行为方式进行了理论证明,如 Faigle 和 Kern 提出的针对概率 TS 的收敛性证明,Hanafi 和 Glover 证明的几种确定性版本的 TS 保证了在有限的时间内找到最优解,等等;而且提出了各种改进方案,如通过对算法参数的研究,希望得到更加鲁棒的参数设置,或混合其他现代计算方法,如遗传算法、蚁群优化算法等技术对传统的禁忌搜索算法进行性能改进与提高。此外,禁忌搜索算法已经在组合优化、生产调度、机器学习、电路设计和神经网络等领域取得了很大的成功,近年来又在函数全局优化方面得到较多的研究,并大有发展的趋势。

二、禁忌搜索算法的基本流程

禁忌搜索算法在初始化的时候,在搜索空间随机生成一个初始解 i,禁忌表 H 置空,当前解 i 记为历史最优解 s,然后进入迭代的搜索过程。在每一次迭代中,都从当前的解 i 出发,在当前禁忌表 H 的限制下,构造出解 i 的邻域,即候选解集 A,然后从 A 中选出适应值最大的解 j 来替换 i,同时更新禁忌表 H。在解 j 替换解 i 之后,如果解 i 的质量得到改善,那么历史最优的解 s 将被解 i 替换;否则,s 保持不变,即使解 i 虽然暂时变差了,但是由于扩大了搜索空间,仍有利于跳出局部最优。得到了新的当前解 i 之后,算法返回迭代的开始继续进行,直到找到最优解或者运行了一定的迭代次数等终止条件的时候结束算法。禁忌搜索算法的流程图如图 6.6 所示。

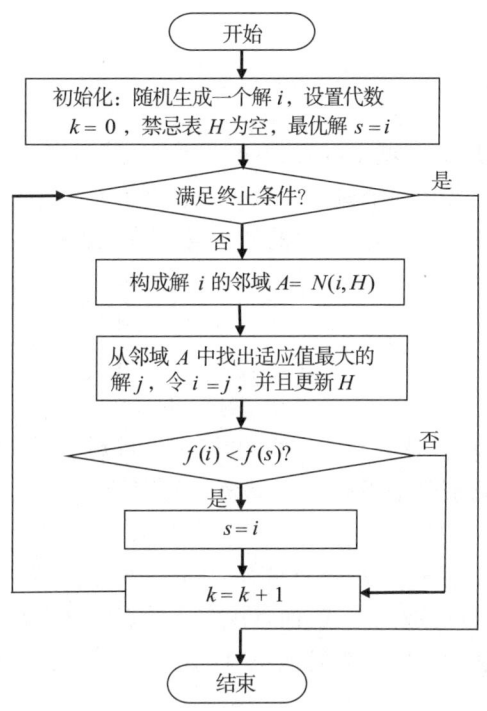

图 6.6　禁忌搜索算法的流程图

图 6.6 中有两个地方需要加以说明,一个是如何根据当前的禁忌表生成当前解的邻域(候选解集),另一个是如何更新禁忌表。下面以旅行商问题为例,解说这两个操作。

事实上,根据不同问题的特性,可以设计不同的邻域生成方法。在 TSP 中,一个解可以用一个城市的序列表示。例如 $S = (a,b,c,d)$ 表示四城市问题的一个解,可以定义交换两个城市构造 S 的一个邻居,因此可以得到 S 的邻域为 $A = N(S) = \{(b,a,c,d), (c, b,a,d), (d,b,c,a), (a,c,b,d), (a,d,c,b), (a,b,d,c)\}$,共有 $C(4,2) = 6$ 个邻居。不过,在禁忌搜索中,该例子构造出来的邻域 A 可能没有 6 个新解,因为需要通过当前禁忌表 H 的限制进行邻域的构造。假设当前禁忌表中已经记录了城市 a 和 c、b 和 c 在前面的搜索中进行过了交换,那么 S 的邻域变为 $A = N(S,H) = \{(b,a,c,d), (d,b,c,a), (a,d,c,b), (a,b,d,c)\}$。因此在这种情况下,生成的邻域只有 4 个元素。

关于禁忌表的更新操作,一方面是为了刷新已经被禁忌的对象的周期,让其在一定的禁忌周期后重新可选,以避免当所有对象都被禁忌之后,需要频繁使用特赦规则;另一方面是为了添加新的禁忌对象到禁忌表中。我们还是以上面的 TSP 为例,如果禁忌表中已经存在交换过的城市对 a 和 c、b 和 c,而得到的邻域 A 中以交换城市 a 和 d 得到的新解 (d,b,c,a) 的适应值为最优,那么,城市对 (a,c) 和 (b,c) 需要加入禁忌表 H 中,避免下次重复交换这两个城市,而原来被禁忌的 (a,c) 和 (b,c) 的被禁忌剩余期限将会缩短一些(例如减 1)。通过禁忌表 H 的更新,新的对象被禁忌,旧的对象逐渐被解禁,有利于算法在更大范围内寻优。

三、禁忌搜索算法的应用

为了说明禁忌搜索算法的运行机理,我们通过一个简单的旅行商问题的例子来加深对算法的认识和理解。

 **例 6.2**

已知一个旅行商问题为四城市 (a,b,c,d) 问题,城市间的距离如矩阵 D 所示,为方便起见,假设邻域映射定义为两个城市位置对换,而始点和终点城市都是 a。请分析使用禁忌搜索算法求解该问题的前面三代的过程与主要步骤。

$$D = d_{ij} = \begin{bmatrix} 0 & 1 & 0.5 & 1 \\ 1 & 0 & 1 & 1 \\ 1.5 & 5 & 0 & 1 \\ 1 & 1 & 1 & 0 \end{bmatrix}$$

分析:这是一个简单的问题,利用枚举的方法也可以找到最优的答案,但是,找到答案不是我们的目的,我们主要是想通过一个简单的例子来理解禁忌搜索是如何进行工作的。

从距离矩阵 D 可以看到,这是一个非对称的 TSP 问题,但是这并不影响算法的执行。由于题目假设了邻域构造的方式,而且规定了始点和终点都是城市 a,因此,在以下的求解过程中,我们不使用城市 a 和其他城市进行交换,这样的操作并不会影响全局寻优的能力。

解 使用禁忌搜索算法求解步骤如下。

步骤 0:产生初始解 $i=(abcd)$,设置禁忌表 H 为空,最优解 $s=i$;而且根据距离矩阵可以算得 $f(s)=1+1+1+1=4$。

(1)第一代

步骤 1.1:在 H 的限制下构造解 i 的邻域,通过交换 bc、bd、cd 得到

$$A=N(i,H)=\{(acdb),(adcb),(abdc)\}$$

步骤 1.2:计算邻域 A 中每个候选解的适应值,选择其中最好的解 j 替换解 i。

$$f(acdb)=0.5+5+1+1=7.5$$
$$f(adcb)=1+1+5+1=8$$
$$f(abdc)=1+1+1+1.5=4.5$$

所以,$i=j=(abdc)$,更新禁忌表 $H=\{(cd)2\}$,这里的 2 是禁忌长度,意思是说未来 2 代内避免交换城市 c 和 d。

步骤 1.3:由于 $f(i)=4.5>4=f(s)$,所以最优解 s 保持不变。

(2)第二代

步骤 2.1:在 H 的限制下构造解 i 的邻域,通过交换 bc、bd 得到

$$A=N(i,H)=\{(acdb),(adbc)\}$$

步骤 2.2:计算邻域 A 中每个候选解的适应值,选择其中最好的解 j 替换解 i。

$$f(acdb)=0.5+1+1+1=3.5$$
$$f(adbc)=1+1+1+1.5=4.5$$

所以,$i=j=(acdb)$,更新禁忌表 $H=\{(cd)1,(bc)2\}$。

步骤 2.3:由于 $f(i)=3.5<4=f(s)$,所以最优解 s 更改为当前最优解 $s=i=(acdb)$,且 $f(s)=3.5$。

（3）第三代

步骤3.1：在 H 的限制下构造解 i 的邻域，通过交换 bd 得到

$$A=N(i,H)=\{(acbd)\}$$

步骤3.2：计算邻域 A 中每个候选解的适应值，选择其中最好的解 j 替换 i。

$$f(acbd)=0.5+5+1+1=7.5$$

所以，$i=j=(acbd)$，更新禁忌表 $H=\{(bc)1,(bd)2\}$，注意禁忌对象 (cd) 现在已经被解禁。

步骤3.3：由于 $f(i)=7.5>3.5=f(s)$，所以最优解 s 保持不变。

在上述的执行步骤中，如果算法继续进行的话，由于这时只有对象 (cd) 不是被禁忌的，将会出现从解 $(abdc)$ 到解 $(abcd)$ 的过程，因此搜索过程出现了循环，该怎么办？在实际的应用中，通过选择更好的禁忌对象，设置合理的禁忌期限，或采用其他更好的参数，都可以避免循环的出现，从而提高算法的性能。

◀ 第三节　免疫算法

皮肤破裂出血后我们的身体能自行痊愈。在伤口痊愈的这段时间我们会发现伤口有红肿发热的炎症出现，这就是我们身体的免疫系统在运转的标志，而免疫系统执行免疫功能主要依靠淋巴细胞。流感病毒一直在威胁着人类的健康，那些体质弱的人就需要注射流感病毒的疫苗了。这种疫苗实际上就是一种灭活的病原体，能使人体在再次遇到这种流感病毒时产生免疫。

免疫算法（Immune Algorithm，IA）是人们借鉴免疫系统的记忆、学习、自我识别等性质，建立相应的数学模型，从而设计出的解决一些实际问题的算法。

一、免疫算法简介

1.思想来源

我们的生活环境充满了各种细菌、病毒、其他传染性微生物与各种污染物质，但我们平常为什么能保持健康呢？原因就是人体的免疫系统（Immune System，IS）在保护着我们。免疫系统能抵御日常生活中的绝大多数病原体，使我们保持健康。更重要的是，免疫系统还有记忆功能，当我们得过某种疾病后，它就会生成专门的记忆细胞记住那些触发疾病的病原体，当病原体再次入侵的时候身体就有了免疫力。当然这些记忆细胞也可以通过注射疫苗获得。记忆细胞不仅能记住曾经入侵的病原体，对类似的其他疾病也能起到一定的免疫效果。

由于免疫系统具有学习性、记忆性和模式识别性，研究人员开始考虑把免疫系统信息处理的思想移植到数学和工程学领域并建立相应的信息处理技术和计算机系统，由此产生了人工免疫系统（Artificial Immune System，AIS）。现在人工免疫系统的主要工作分成两部分：建立模型和算法应用。其中最令人关注的研究方向是设计通用或专用的

免疫算法,以满足数学、生物学、工程学等领域实际计算问题的需要。

免疫算法是指以人工免疫系统的理论为基础,在体细胞理论和网络理论的启发下,实现的类似于生物免疫系统的抗原识别、细胞分化、记忆和自我调节功能的一类算法。如果将免疫算法与求解优化问题的一般搜索方法相比较,那么抗原、抗体、抗原和抗体之间的亲和性分别对应于优化问题的目标函数、优化解、目标函数与优化解的匹配程度。

免疫算法最先起源于 1973—1976 年,当时 Jerne 提出了一组基于免疫独特型的微分方程,这就是最早的人工免疫系统。1986 年 Farmer 在此基础上提出了基于网络的二进制的人工免疫系统,重点是通过描述抗体和抗原、抗体和抗体之间的关系阐述了系统是如何根据实际问题(抗原的独特型)而学习和记忆的。他还探讨了人工免疫系统与其他人工智能方法的联系,开启了人工免疫系统研究的热潮。但是在 20 世纪 80 年代,研究人工免疫系统的人还不多,直到 1996 年 12 月,在日本举行了首次基于人工免疫系统的国际专题讨论会,首次提出了人工免疫系统(AIS)的概念。随后,人工免疫系统进入了兴盛发展时期,Dasgupta 和焦李成等认为人工免疫系统已经成为人工智能领域的理论和应用研究热点,相关论文和研究成果正在逐年增加。1997 年和 1998 年的 IEEE 国际会议还组织了相关专题讨论,并成立了"人工免疫系统及应用分会"。鉴于人工免疫系统的研究开始成为热点,人们在 2002 年组织了人工免疫系统国际会议(International Conference on Artificial Immune Systems,ICARIS)。此后这个会议每年举行一次,也是目前 AIS 研究领域最有影响力的会议。

2.免疫系统的生物学原理简介

从人的角度讲,免疫的主要作用就是帮助人体自身的免疫系统抵制由病毒和细菌引起的疾病,从生物学角度讲,免疫或免疫接种是强化一个个体抵御外部个体的能力的过程。

人体免疫系统是怎么对抗病原体的呢?图 6.7 中给出了免疫系统层次防御示意图。为了了解免疫系统的工作原理,首先对以下的一些名词进行解释。

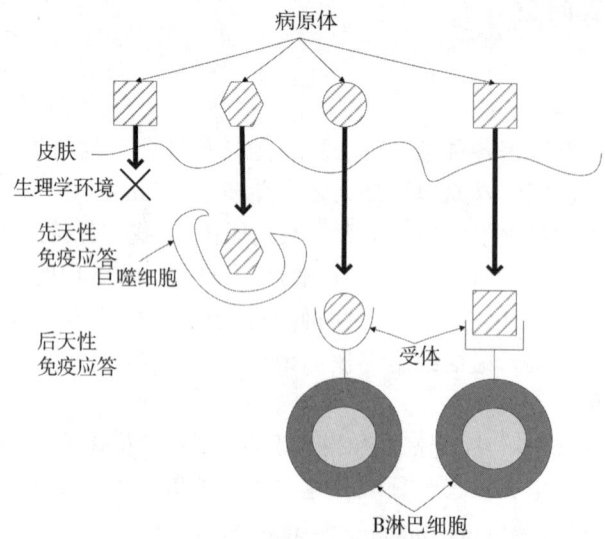

图 6.7 免疫系统层次防御示意图

（1）抗原:被免疫系统看作异体,引起免疫反应的分子。

（2）抗体:免疫系统用来鉴别和移植外援物质的一种蛋白质复合体。每种抗体只识别特定的目标抗原。

（3）淋巴细胞:免疫系统中起主要作用的微小白细胞,包括 B 细胞、T 细胞和自然杀伤细胞(Natural killer Cell, NK 细胞)。

（4）B 细胞:全称是 B 淋巴细胞,在骨髓内分化成熟,免疫系统的本质部分。

（5）T 细胞:全称是 T 淋巴细胞,在胸腺内分化成熟,按功能可以分为细胞毒 T 细胞(Cytotoxic T Cell)、辅助 T 细胞(Helper T cell)、调节/抑制 T 细胞(Regulatory/Suppressor T Cell)和记忆 T 细胞(Memory T Cell)。

（6）亲和力:抗体和抗原、抗体和抗体之间的相似程度。

现在,我们再来看图 6.7。该图是人体免疫系统三个层次的示意图。第一层次是皮肤、黏膜等物理屏障,能够阻挡大部分的病原体。但是如果有些病原体突破了第一层防御,侵入人体后,它们首先被巨噬细胞发现,这些细胞吞噬病原体并把其肢解成小块送到淋巴结,由辅助 T 细胞识别病原体的特征,然后告诉人体这些入侵敌人的性质。这时 B 细胞将被激活转化成浆细胞,充当病原体的杀手。如果人体已经有细胞感染了病毒,就由细胞毒 T 细胞负责将其分解和消灭。最后病原体被消灭了,B 细胞和 T 细胞中有杀死该病原体能力的细胞被分解,留下 B 记忆细胞和 T 记忆细胞把这些病原体的片段(也就是抗原)记忆下来,继续监视病原体的下次入侵。

3.二进制模型

1986 年,Farmer 以免疫网络为原型提出了免疫系统模型(二进制),为了抓住 Jerne 提出的独特型网络的本质,Farmer 忽略了 T 细胞、巨噬细胞等免疫系统的重要元素,把重心放在 B 细胞表层的抗体和抗原之间的机制上。B 细胞抗体的简单结构如图 6.8 所示,每个抗体都有抗体决定簇和抗原决定基。和实际免疫系统一样,抗体和抗原的亲和程度由它的抗体决定簇和抗原决定基的匹配程度决定。同时抗体的抗原决定基,对其他的抗体来说也是一个特殊的"抗原",它们之间的亲和度由它的抗原决定基和其他抗体的抗体决定簇的匹配程度决定。在模型中 Farmer 首先用二进制串表示那些描述了抗体决定簇和抗原决定基性质的氨基酸序列,然后假设每个抗原和每个抗体分别只有一个抗原决定基(实际上它们都有许多不同类型的抗原决定基)。通过这些决定基之间的匹配程度控制不同类型抗体的复制和减少,以达到优化系统的目的。

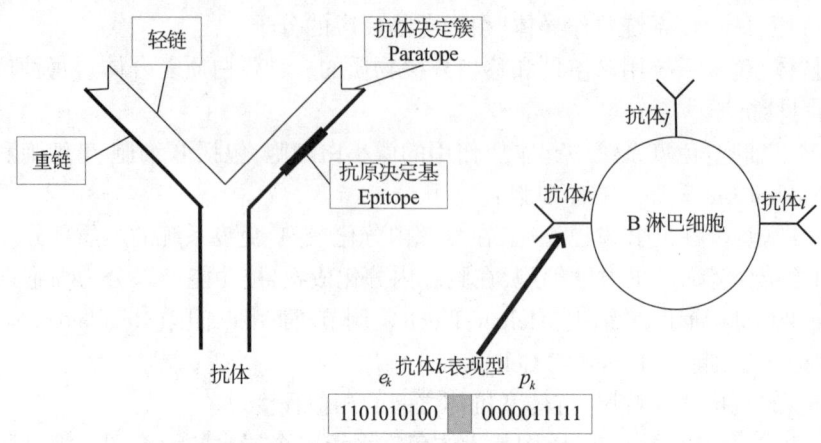

图 6.8　B 细胞抗体的简单结构图

二进制模型模仿了免疫系统的工作原理,主要涉及识别和刺激两方面的内容。

(1)识别

每个抗体可以用(e,p)的二进制串表示,匹配通过计算两个串之间的互补字符个数 t 来决定。e 表示抗原决定基,p 表示抗体决定簇,它们的长度分别是 l_e、l_p(所有的抗体 或抗原的这两个长度均相同),s 表示一个匹配阈值。当 $s \geq \min\{l_e,l_p\}$ 时免疫反应发生, 亦称两串相互识别,否则不发生反应。设 $e_i(n)$ 表示第 i 个抗原决定基的第 n 位,$p_i(n)$ 表示第 i 个抗体决定簇的第 n 位。串匹配的运算用异或运算符"$\wedge$"(两个 0~1 字符不 相同返回 1,相同返回 0),匹配特异矩阵为

$$m_{ij} = \sum_k G\left(\sum_n e_i(n+k) \wedge p_j(n) - s + 1\right) \tag{6.4}$$

式中,s 表示匹配的阈值,k 表示串之间的错位长度,n 表示串的具体位置,i 和 j 表示具体 抗体或抗原的某种决定基(簇),其中

$$G(x) = \begin{cases} x, & x > 0 \\ 0, & x \leq 0 \end{cases} \tag{6.5}$$

要根据式(6.4)算出 m_{ij},必须求出 k 的所有情况之和,但实际上大可不必,如图 6.9 所示,只需求$-2 \leq k \leq 2$ 的情况即可。图 6.9 所示的是抗体 i 的抗体决定簇和抗体 j 的抗 原决定基在 $k=-1$ 时的匹配情况。这个时候 i 的抗体决定簇和 j 的抗原决定基之间共有 6 个互补字符。所以如果定义匹配阈值 $s>6$,则两个串不相互匹配,否则相互匹配。

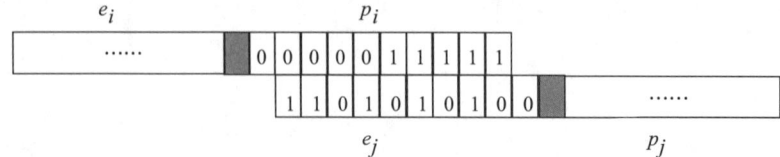

图 6.9　抗体 i 的抗体决定簇和抗体 j 的抗原决定基在 $k=-1$ 时的匹配情况

模型还指出当一个 B 淋巴细胞识别一个抗原决定基时,它受到刺激并分裂,产生更 多表面附着相同抗体类型的 B 淋巴细胞(此处简化免疫学的原理,把自由抗体和 B 细胞 的抗体集中)。

（2）刺激

前面所说的二进制串之间的匹配,其目的是刺激新的抗体的生成。以两个抗体的相互识别为例,抗体 A 的抗体决定簇能识别(即匹配个数 t 大于阈值 s)抗体 B 的抗原决定基,首先导致抗体 A 以固定概率大量繁殖,同时逐渐清除抗体 B。这样就通过抗体决定簇和抗原决定基之间的作用控制了一类抗体的复制和另一类抗体的消亡。

下面建立相应的微分方程模型,设 N 种类型的抗体,浓度为 $\{x_1, x_2, \cdots, x_n\}$,$n$ 种类型的抗原,浓度为 $\{y_1, y_2, \cdots, y_n\}$,这里的浓度就是某类抗体或抗原的具体数量。那么抗体浓度的变化方程为

$$x'_i = c \left[\sum_{j=1}^{N} m_{ji} x_i x_j - k_1 \sum_{j=1}^{N} m_{ij} x_i x_j + \sum_{j=1}^{N} m_{ji} x_i y_j \right] - k_2 x_i \tag{6.6}$$

此处 $i = 1, \cdots, n$,m_{ij} 表示抗体 i 和抗体 j(或抗原 j)在匹配特异矩阵特定位置的值。式(6.6)各部分的作用如图 6.10 所示。

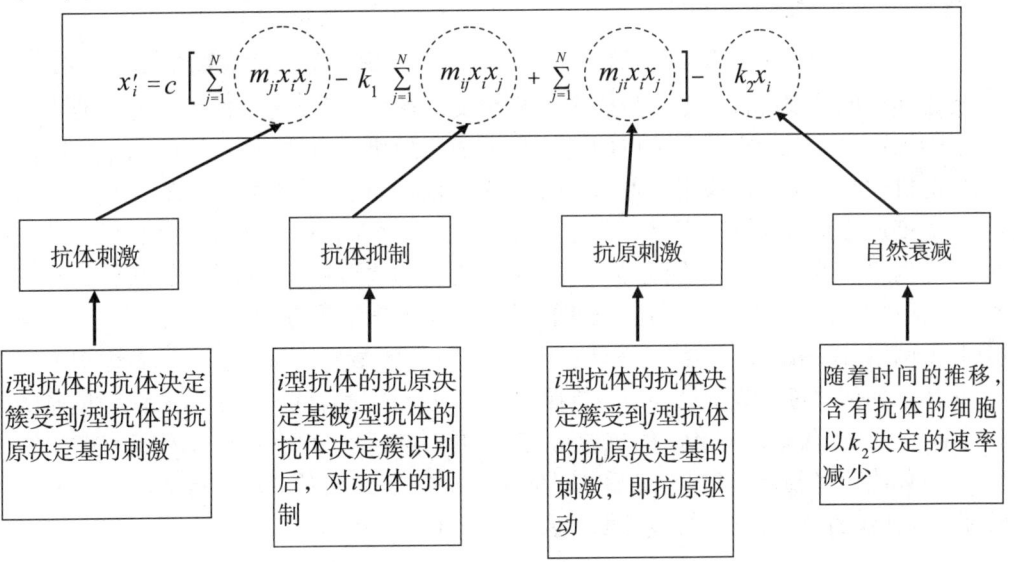

图 6.10　免疫系统的微分方程模型各部分的作用

模型的基本要素是:当前列出的抗原和抗体类型都是动态变化的,会随着新的类型而增加或减少。同时式(6.6)中的 N 和 n 也是随时间变化的,当然它们变化的速度分别远小于浓度 x_i 和 y_i 的变化速度。抗体和抗原的调整流程图分别如图 6.11 和图 6.12 所示。

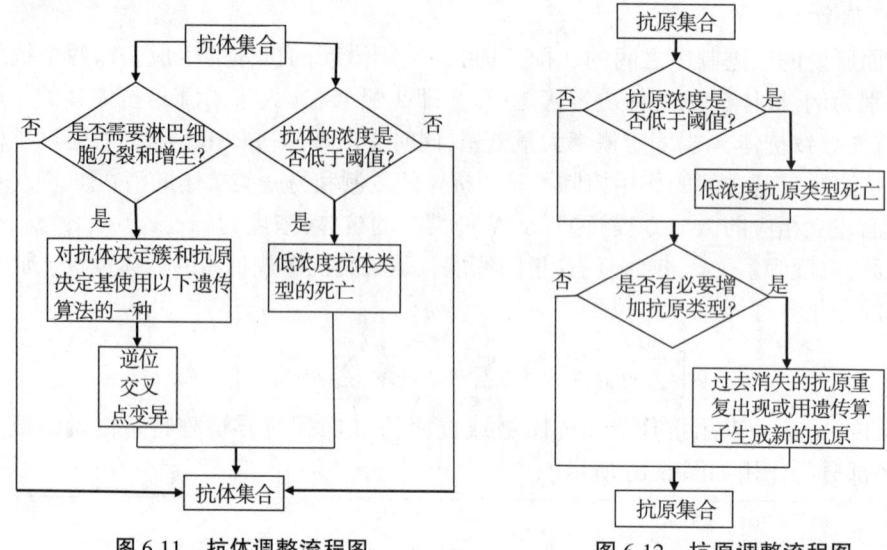

图 6.11　抗体调整流程图　　　　图 6.12　抗原调整流程图

　　抗体和抗原类型的自我更新是一个十分重要的性质,有了这个性质系统才能用有限的已知细胞搜索新的空间。抗体的初始化只采用随机的方法,而抗原的初始化既可以采用随机化方法也可以采用某种指定的策略。系统同时具有免疫遗忘和免疫记忆的功能。免疫遗忘是指经过一定时间没有被使用的分子将被消除。免疫记忆根据的免疫学原理是病原体被消灭后,B 细胞也进入休眠状态,但是抗原仍然能被记忆很长的时间(现实生活中具体的抗原能被记忆多长的时间,对于医学工作者仍然是未解之谜)。通过独特型网络,Harmar 等人给出了模型具有记忆能力的最好的解释,图 6.13 详细地解释了抗体是如何通过形成记忆环记住抗原的。假设抗体集合 Ab_1 表示所有识别抗原的抗体,Ab_2 表示所有能识别 Ab_1 的抗原决定基的抗体集合,……,Ab_n 表示所有能识别 Ab_{n-1} 的抗体决定基的抗体集合,最后 Ab_n 的抗原决定基又能被 Ab_1 的抗体决定簇所识别,那么即使没有抗原,抗原的形状也会被记忆在 Ab_n 中。

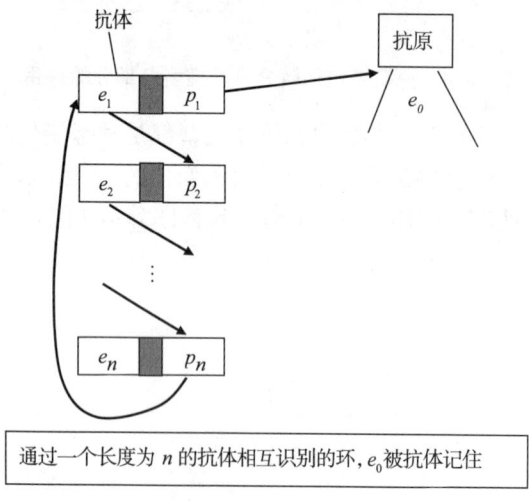

图 6.13　抗体记忆环

二、免疫算法的基本流程

1.基本流程

人工免疫系统虽然早在 20 世纪 70 年代就已经被人们提出,但是一直到 20 世纪 90 年代,日本的 Kazuyuki Mori 等人才最早提出免疫算法,而韩国的 Jang-Sung Chun 等人又对免疫算法的研究取得了突破性的进展。表 6.2 给出了免疫系统和免疫算法的联系。

表 6.2　免疫系统和免疫算法的比较

免疫系统	免疫算法
抗原	要求解的问题
抗体	最佳解向量
抗原识别	问题识别
从记忆细胞产生抗体	联想过去的成功解
淋巴细胞分化(记忆细胞分化)	维持最优解
T 细胞抑制	消除多余的候选解
抗体生命增加(细胞克隆)	用遗传算子生成新的抗体

算法是针对一般优化问题提出的,免疫算法的基本流程图如图 6.14 所示。免疫算法假设抗原(目标函数)有一个,抗体(最优化解)有若干个,抗体的性质被统一到一个长度为 M(和具体问题有关)的独特型串中,例如第 v 个抗体的独特型串为 $\{ab_v^1, ab_v^2, \cdots, ab_v^M\}$。算法将通过抗体和抗体,以及抗体和抗原之间的亲和度来控制抗体的新陈代谢过程,达到免疫系统的记忆、学习和自适应的功能,以实现函数优化。基本的免疫算法主要包括以下七个方面的要素(步骤)。

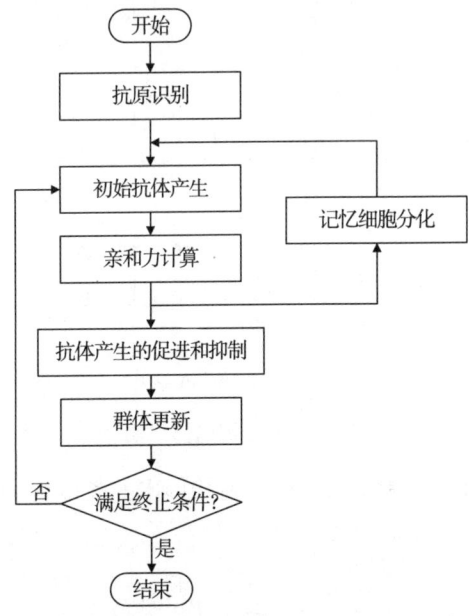

图 6.14　免疫算法的基本流程图

167

（1）识别抗体

把目标函数和约束作为抗体。

（2）生成初始化的抗体

随机生成独特型串维数为 M 的 N 个抗体。

（3）计算亲和度

抗体 v 和抗原的亲和度为 ax_v

$$ax_v = \frac{1}{1+opt_v} \tag{6.7}$$

式中：opt_v——抗体 v 和抗原的结合强度。对最优化问题，opt_v 可以用抗体 v 的独特型的解和已知的最优解的相似程度表示。例如对函数 $f=x_1^2+x_2^2+x_3^2$，$x_i \in [-10, 10]$，$i=1,2,3$，求最小值，已知的最优解是 0，那么抗体 v 的 opt_v 就是其所代表的解在该函数下的适应值。若是一个最大化问题，则 $opt_v = \left| \frac{f_v - f_{max}}{f_{max}} \right|$。

其中 f_{max} 是最优解的适应值，f_v 是抗体 v 的适应值。

抗体 v 和抗体 w 的亲和度为

$$ay_{v,w} = \frac{1}{1+E(2)} \tag{6.8}$$

其中 $E(2)$ 为 v 和 w 的平均信息熵。通过这些平均信息熵，算法实现了多样化。下面简单介绍一下信息熵。基因的信息熵如图 6.15 所示。

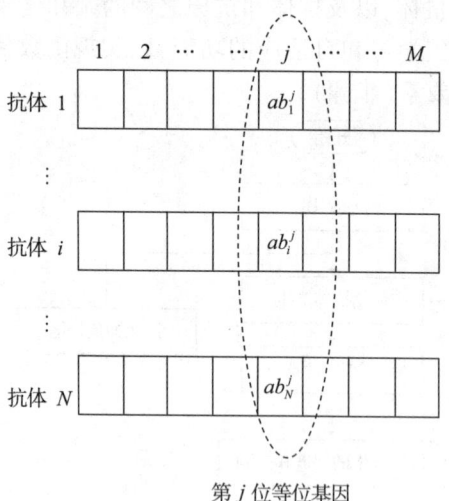

第 j 位等位基因

图 6.15　基因的信息熵

免疫系统有 N 个抗体，有 M 个基因（或独特型串的长度为 M），第 j 个基因的信息熵为 $E_j(N)$

$$E_j(N) = \sum_{i=1}^{N} -p_{ij} \log_k p_{ij} \tag{6.9}$$

式中：k——独特型串的字母表的长度，若为二进制数就是 2。

p_{ij}——选择第 i 个抗体的第 j 位等位基因的概率。

很明显 $\sum_{i=1}^{N} p_{ij} = 1$，所以代表多样性的平均信息熵 $E(N)$ 为

$$E(N) = \frac{1}{M}\sum_{j=1}^{N} E_j(N) \tag{6.10}$$

（4）记忆细胞分化

与抗原有最大亲和度的抗体加入了记忆细胞。由于记忆细胞数目有限，因此新生成的抗体将会代替记忆细胞中和它有最大亲和力者。

（5）抗体促进和抑制

通过计算抗体 v 的期望值，消除那些低期望值的抗体。简单地说，本步骤就是对高亲和度、低密度的个体起到促进作用。抗体 v 的期望值 e_v 的计算公式为

$$e_v = \frac{ax_v}{c_v} \tag{6.11}$$

其中抗体 v 的密度的计算方法如下

$$c_v = \frac{q_k}{N} \tag{6.12}$$

式中：q_k——和抗体 k 有较大亲和力的抗体。

通过式（6.12）能有效地抑制抗体的过分相似，避免算法的未成熟收敛。

（6）产生新的抗体

根据不同抗体和抗原亲和力的高低，使用轮盘赌的方法，选择两个抗体。然后把这两个抗体按一定变异概率做变异，之后再做交叉，得到新的抗体。重复操作步骤（6）直到产生所有 N 个新抗体。可以说免疫算法产生新的抗体的过程需要遗传算子的辅助。

（7）结束条件

如果求出的最优解满足一定的结束条件，则结束算法。

2.更一般化的基本免疫算法

前面介绍了免疫算法的基本流程，但是这个基本流程描述的免疫算法目前还只能应对单目标的最优化问题。下面介绍如何将原有的基本免疫算法扩展到更多的问题上。

（1）求解多目标优化问题的免疫算法

对于多目标优化问题，可以把抗原扩展到 L 个（L 和具体的目标数目相等），并把抗体 v 和抗原 w 的亲和度 $ax_{v,w}$ 重新定义为

$$ax_{v,w} = \frac{1}{1+opt_{v,w}} \tag{6.13}$$

式中：$opt_{v,w}$——抗体 v 和抗原 w 的结合强度，即抗体 v 在目标函数 w 中的解和此函数最优解的接近程度。

至于算法的其他步骤，变化不大。

（2）求解更一般问题的免疫算法

为了求解更多的问题，需要对抗原的基因型进行和抗体一样的编码。这里首先简单介绍免疫系统的形态空间模型。在图6.16中，●表示抗体，×表示抗原，V_ε 是抗体可识别的空间，ε 是识别空间的半径，V 则是包含所有抗原的空间。

根据图 6.16，一个抗体可以识别在其识别空间内的所有抗原，同时抗原也能被不同类型的抗体所识别，因此有限的抗原一定能被有限的抗体所识别。

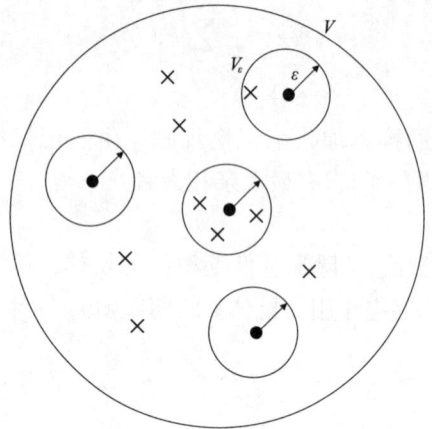

图 6.16　形态空间

假设在形态空间内，抗体 v 和抗原的坐标分别为 $\{ab_v^1, ab_v^2, \cdots, ab_v^M\}$ 和 $\{ag^1, ag^2, \cdots, ag^M\}$，$v = 1, \cdots, N$，那么它们之间的距离如下。

Manhattan 距离

$$D = \sqrt{\sum_{i=1}^{M} |ab_v^i - ag^i|} \tag{6.14}$$

Euclidean 距离

$$D = \sqrt{\sum_{i=1}^{M} (ab_v^i - ag^i)^2} \tag{6.15}$$

Hamming 距离

$$D = \sum_{i=1}^{M} \delta_i, \delta_i = \begin{cases} 1, ab_v^i \neq ag^i \\ 0, 其他 \end{cases} \tag{6.16}$$

选用哪个距离公式和具体问题有关，也和使用者假设的空间有关。

同理可以求出抗体之间的距离，然后只需改变 168 页的步骤(3)中亲和度的计算公式，就可以扩展到求一般问题的免疫算法。此时亲和度的计算公式如下

$$ax_v = \frac{1}{1 + t_v} \tag{6.17}$$

$$ay_{v,w} = \frac{1}{1 + H_{v,w}} \tag{6.18}$$

式中：t_v——抗体 v 和抗原的距离。

$H_{v,w}$——抗体 v 和抗体 w 的距离。

形态空间模型下的基本免疫算法在其他的部分都没有变化，均和基本流程中介绍的基本免疫算法相同。当抗原不止一个时，也可以用上面所讲的求多目标问题的扩展方法对算法进行必要的修改。

三、常用的免疫算法

1.负选择算法

1994 年,Forrest 根据免疫系统的自体——非自体识别原理,提出了负选择算法(Negative Selection Algorithm,NSA)。免疫系统能识别非自体依靠的是 T 细胞表面的受体,这些受体和所有的自体(身体的器官,组织和细胞)都是不相匹配的,如果接收器和某个蛋白质分子匹配,即可以认为它是非自体,并把它消灭。

Hofmeyr 等人最初用 T 细胞的负选择思想实现了计算机病毒检测的实验,由此产生的算法还可以运用于模式识别、分类等许多领域。就像前面所阐述的那样,我们把要识别并保护的文件(或数据)作为自体(Self),在程序中可以假设它们是一个字符串的集合 S(所有串长为 n),具有识别功能的接收器作为检测器(Detector)即抗体,在程序中可以假设为一个字符串的集合 R(所有串长为 n),算法的主要目的是先求一个和 S 不匹配的 R 集合,然用 R 集合判断 S 集合是否发生了变化。

算法分成两步。第一步是初始化,初始化一个等长度的串集合 S 作为自体(一个受保护的集合),然后初始化串集合 R_0,选择其中不和 S 集合中任何串匹配(关于匹配的原则会在本小节的后面提到)的串保留下来,其余的舍弃,成为新的串集合 R,即检测器。初始化检测器 R 的过程如图 6.17 所示。

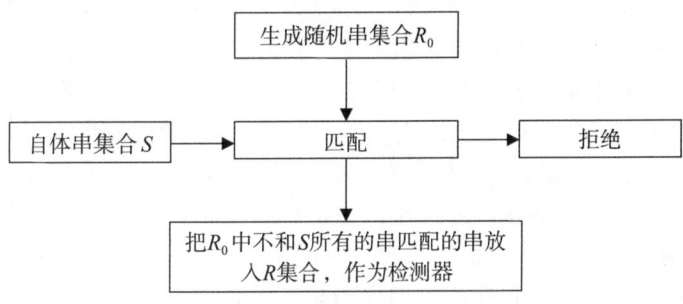

图 6.17　初始化检测器 R 的过程

算法第二步,初始化的自体串集合 S 随机变异某些字节或某些部分,然后用检测器 R 和新的串集合 S 做匹配运算,如果两个集合有匹配的串被找到,则算法结束并报告探测到保护数据 S 被感染(即 S 已经不是自体);如果找不到,则本次算法失败。监视保护数据 S 的过程如图 6.18 所示。

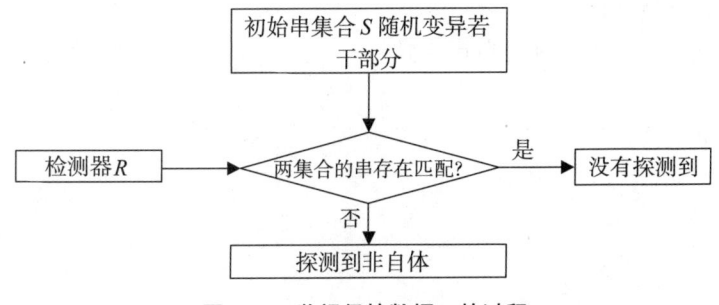

图 6.18　监视保护数据 S 的过程

还有一点需要注意的是,两个字符串采用部分匹配的方法检测是否发生匹配,即当且仅当两个串至少有 r_0 个连续位取值相同时,我们称这两个串匹配。例如

$$S: a\ b\ c\ \underline{d\ e\ f}\ x$$
$$T: a\ m\ n\ \underline{d\ e\ f}\ x$$

上面两个串 S 和 T 的最大连续匹配长度为 3,若匹配阈值 $r_0 \leqslant 3$,则 S 和 T 匹配,否则就不匹配。

负选择算法的主要性质是:

(1)所有检测器独立行使职能而不需要交流,通过多个监测器可以覆盖非自体各个不同部分。

(2)如果假设一个封闭世界和自体完整规定,通过仔细地选择检测器就不会有错误肯定的情况,而且本算法不会有错误否定的机会。

目前,负选择算法已经在信息处理、免疫自适应研究和解决计算机领域一些悬而未决的难题上得到广泛的运用。负选择算法在判断系统是否正常工作方面有十分显著的优势,它提供的思想可以融合到别的算法里发挥新的功效。

2.克隆选择算法

根据 Farmer 所描述的,每个 B 细胞的表面能产生大约 10^5 个抗体,这些抗体都有作为检测器的独特的抗体决定簇探测是否有与之匹配的抗原决定基。如果某个 B 细胞探测到和它相匹配的抗原决定基,就会诱导系统复制出更多同类型的 B 细胞,当然也会产生更多的相应的抗体。这种只刺激有用抗体的 B 淋巴细胞的复制过程就是克隆选择。

图 6.19 简单地勾画了克隆选择原理,抗原的抗原决定基的表现型为 {01100110},在抗体中仅有 2 号和它完美匹配,128 号是部分匹配,所以骨髓刺激 2 号抗体大量繁殖,128 号抗体少量繁殖,而其他的抗体不再分裂,等待细胞的死亡。在这个原理的基础上,De Castro 提出了克隆选择算法(Clone Selection Algorithm,CSA),他只关注抗体和抗原的亲和度对 B 细胞的复制的影响,而不考虑抗体之间的亲和度,所以后面讲述的克隆选择算法都不要求抗体之间的亲和度。我们先给出其流程图,然后对各部分进行分析。其中克隆选择算法有下面几个要点:

(1)保持功能性的记忆细胞从指令系统分离。

(2)受刺激性最强的个体的选择和克隆。

(3)不受刺激的个体的死亡。

(4)亲和度的成熟和高亲和度克隆分子的再选择。

(5)产生和维持多样性。

(6)和细胞亲和度成比例的高频变异。

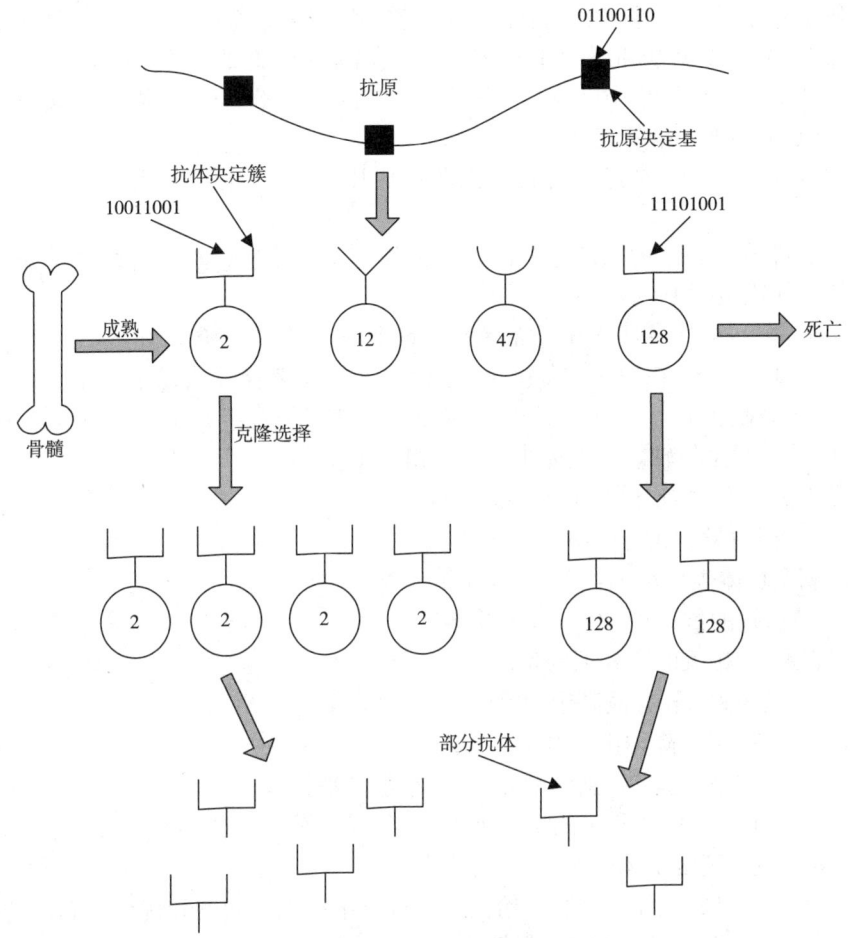

图 6.19　克隆选择原理

如图 6.20 所示，克隆选择算法分为六个部分：

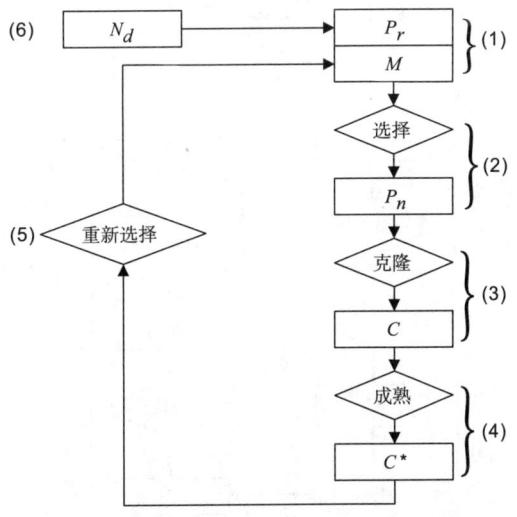

图 6.20　克隆选择算法流程图

（1）第 1 部分：产生候选解集 P，它由记忆细胞子集 M 和剩余群体 P_r 组成，即 $P=P_r+M$。

（2）第 2 部分：根据亲和度的计算，从 P 中找出 n 个最好的个体组成集合 P_n。

（3）第 3 部分：克隆 P_n 中的所有 n 个个体，产生一个临时的克隆群体 C，这个群体 C 的规模是抗原亲和度度量的递增函数。

（4）第 4 部分：群体 C 经过与抗原亲和度成比例的高频变异，形成一个成熟的群体 C^*。

（5）第 5 部分：在 C^* 中重新选择改进个体组成记忆集合。P 集合中的一些成员能够被 C^* 的其他成员所取代。

（6）第 6 部分：取代群体 P 中 d 个亲和度最低的抗体，维持多样性。

2002 年，De Castrof 在原来的基础上，继续改进克隆选择算法以求解模式识别和优化问题。算法假设在形态空间下，表示抗体和抗原基因型的字符串长度均为 L，而 S 表示形态空间的合适坐标轴。下面先来定义一组变量：

Ab：可用抗体表（$Ab\in S^{N\times L}$，$Ab=Ab_{\{r\}}\cup Ab_{\{m\}}$）。

$Ab_{\{m\}}$：记忆抗体表（$Ab_{\{m\}}\in S^{m\times L}$，$m\leq N$）。

$Ab_{\{r\}}$：剩余抗体表（$Ab_{\{r\}}\in S^{r\times L}$，$r=N-m$）。

$Ag_{\{M\}}$：被识别的抗原群（$Ag_{\{M\}}\in S^{M\times L}$）。

f_j：和抗原 Ag_j 相关的亲和度向量。

$Ab^j_{\{n\}}$：Ab 里面和 Ag_j 有最高亲和度的 n 个抗体（$Ab^j_{\{n\}}\in S^{n\times L}$，$n\leq N$）。

C^j：$Ab^j_{\{n\}}$ 中 N_c 个克隆体组成的群体（$C^j\in S^{N_c\times L}$）。

C^{j*}：C^j 经过亲和度成熟（高频变异）后转变成的群体。

$Ab_{\{d\}}$：$Ab_{\{r\}}$ 中 d 个低亲和度的抗体被 C^{j*} 里面 d 个分子取代（$Ab_{\{d\}}\in S^{d\times L}$，$d\leq r$）。

Ab_j^*：准备放入记忆抗体的来自 C^{j*} 中的抗体。

Leung 等人提出的克隆选择算法给出了二进制字符识别问题和优化问题的流程，下面将分别对它们进行介绍。克隆选择算法模式识别流程图如图 6.21 所示。

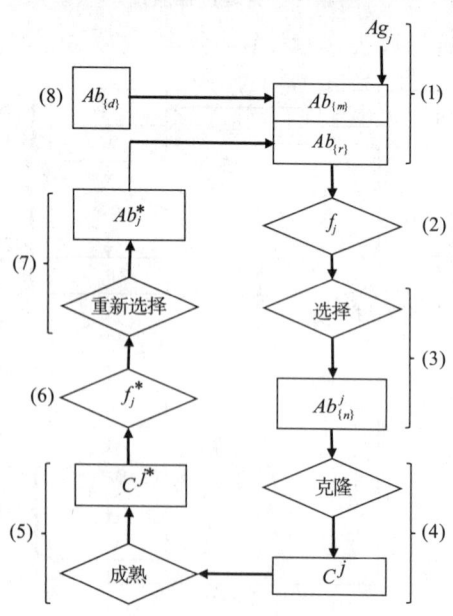

图 6.21　克隆选择算法模式识别流程图

（1）二进制字符识别问题

①第 1 步：随机选择一个抗原 $Ag_j(Ag_j \in Ag)$ 让它刺激抗体集合 $Ab = Ab_r \cup Ab_{\{m\}}(r + m = N)$ 中所有抗体。

②第 2 步：计算 Ab 中 N 个抗体的亲和度向量 f_j。

③第 3 步：选择 Ab 中和抗原 Ag_j 亲和度最高的 n 个抗体组成新的集合 $Ab_{\{n\}}^j$。

④第 4 步：$Ab_{\{n\}}^j$ 集合的抗体会根据它们各自亲和度的高低依照一定比例产生新的克隆体，组成克隆体的集合 C^j。$Ab_{\{n\}}^j$ 的这 n 个抗体和抗原的亲和度越高，它们自己的克隆体越多。

⑤第 5 步：集合 C^j 的所有抗体经过和亲和度相关的变异过程产生成熟的克隆体集合 C^{j*}。亲和度越高，抗体变异率越低。

⑥第 6 步：计算成熟克隆集合 C^{j*} 和抗原 Ag_j 的亲和度 f_j^*。

⑦第 7 步：重新选择集合 C^{j*} 的克隆体中和 Ag_j 亲和度最高的一个抗体放入记忆细胞集合 $Ab_{\{m\}}$ 中。如果这个抗体对抗原 Ag_j 的亲和度高于原有的记忆细胞，则取代之。

⑧第 8 步：用 C^{j*} 的 d 个抗体取代 $Ab_{\{r\}}$ 集合中和抗原 Ag_j 亲和度最低的 d 个抗体。

当所有的 M 个抗原都执行过一次上面的过程后，我们就称算法执行了一代，图 6.21 用流程图方式重新诠释了上述过程。而且在上面算法第 3 步后，n 个亲和度最高的抗体将被按照亲和度从高到低排序，这样它们具体的克隆体数量可以用下面的公式计算

$$N_c = \sum_{i=1}^{n} round\left(\frac{\beta \times N}{i}\right) \tag{6.19}$$

式中：N_c——克隆体集合 C^j 的抗体总数。

β——影响力参数。

$round(\bullet)$——取整函数。对亲和度最高的抗体，$i = 1$。如果 $\beta = 1$、$N = 100$，那么这个抗体需要克隆 100 个，此时排名第二高的抗体需要克隆 50 个。

（2）优化问题

克隆选择算法仅仅需要做一些很小的改变，就能将上面求模式识别的流程运用到求最优化问题中。如图 6.22 所示，对单目标优化问题，具体的改变有：

①在第 1 步中，没有明确的需要识别的抗原，而是需要最优化的一个目标函数 $g(\bullet)$。抗体对抗原的亲和度可以看作目标函数的解：每个抗体 Ab_i 表示一个输入空间的元素。此外，抗体集合 Ab 的全体抗体都作为记忆细胞，没有必要维护一个单独的集合 $Ab_{\{m\}}$ 了。

②在第 7 步中，n 个抗体从 C^* 中被选出来形成新的集合 Ab，而不必选择一个最佳个体 Ab^*。

如果想用一个抗体群确定问题的多个最优值，还需要确定两个变量：

①设定 $n = N$，即 Ab 中所有抗体在第 3 步都被选来克隆。

②按下面公式确定 $Ab_{\{n\}}$ 中抗体克隆的数目

$$N_c = \sum_{i=1}^{n} round(\beta \cdot N) \tag{6.20}$$

即 $Ab_{\{n\}}$ 中所有抗体的克隆体数量都是一样多的，亲和度仅仅影响变异的概率。在第 5 步中，亲和度越高的克隆体，变异概率越低。

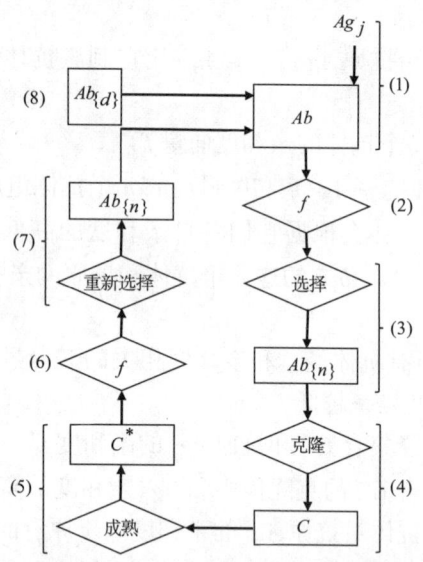

图 6.22　克隆选择算法优化问题流程图

　　克隆选择算法有执行学习和维持高记忆性的能力,还有极强的全局搜索能力,它能解决复杂的工程问题,例如多峰函数优化和组合优化问题。De Castro 称上面的两种算法为 CLONALG,算法最初用来完成机器学习和模式识别的任务,其中输入的模式被当作可以识别的抗原。由于算法的进化特性,它还能求解优化问题,特别是多峰(函数)问题。对于一个给定输入优化得到的函数值可以被当作对抗原的亲和度。在算法看来,B细胞和它们的受体没有区别,这样编排和细胞重排的过程就是一样的,它们都导致了算法的多样性,拓宽了亲和度的探索范围。许多启发式算子如某种特殊的变异可以根据具体的问题而变化,以改进结果。通过和遗传算法的比较以及对计算结果的分析,De Castro 等人认为 CSA 能保持局部优化解的多样性,而遗传算法趋向于把整个群体朝最佳解的方向发展。之所以如此是因为 CSA 的选择和再生产机制以及 CSA 的第 2、3步。从本质上说,CSA 和 GA 的编码方式没有区别,但是它们的进化搜索过程在不同启发原型、词汇和基本步骤上是不同的。目前还不能证明 CSA 比 GA 的性能更佳,但是CSA 算法已经被广泛应用在分类、多目标优化和模拟复杂自适应系统等方面,在图像处理、电磁学、蛋白质结构预测等方面 CSA 也得到了一定的应用。

3.免疫算法和进化计算

　　遗传算法产生于 20 世纪 70 年代,由于其算法步骤简单,鲁棒性强,具有学习性和并行计算的功能等多种特点,在工程领域已经得到充分的利用。但是遗传算法也面临着许多亟待解决的问题,例如如何控制收敛方向,如何使算法有记忆功能,如何把前一代的性质有效地遗传到下一代,如何把遗传算法和问题的解空间相对应等。为了解决这些问题,学者们提出了免疫遗传算法(IGA)。为了和免疫系统的知识对应,在算法里把种群的每个个体看作一个抗体,把抗原看作求解的问题,把适应度看作和抗原的亲和度,把个体的基因表现型看做抗体的抗体决定簇,即抗体字符串。免疫遗传算法流程图如图 6.23 所示。

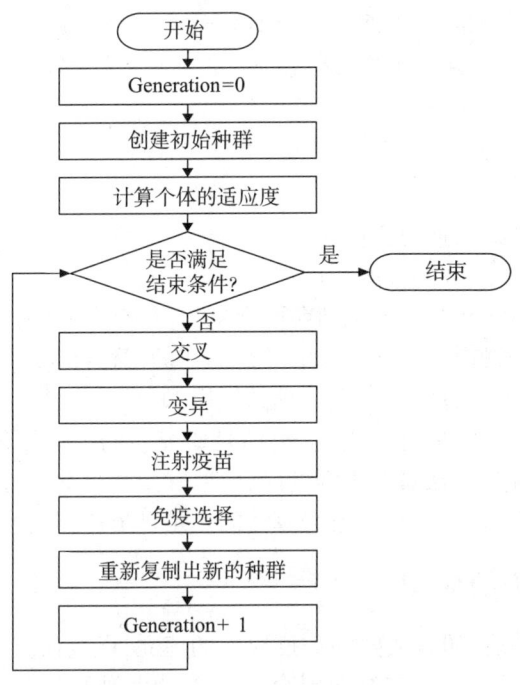

图 6.23　免疫遗传算法流程图

免疫遗传算法的具体步骤如下：

步骤 1：创建初始随机种群 A_1。

步骤 2：根据先验知识抽取疫苗。

步骤 3：如果当前群体 A_k（第 k 代）包含最优个体则停止算法，否则继续。

步骤 4：对 A_k 执行交叉操作形成临时群体 B_k。

步骤 5：对 B_k 执行变异操作形成新的临时群体 C_k。

步骤 6：对 C_k 注射疫苗产生 D_k。

步骤 7：对 D_k 执行免疫选择产生成熟的下一代群体 A_k，然后返回步骤 3。

IGA 和 GA 最大的不同之处在于以下两个方面：

（1）注射疫苗

疫苗就是一个个体随机变异若干位得到的变异体，是根据先验知识得到的，由较高的概率得到更高的适应度。这个算子有两个基本条件：

①第一，变异后的个体所有位置的字符均和最优解不同，那么变异成这个新个体的概率为 0。

②第二，变异后的个体所有位置的字符均和最优解相同，那么变异成这个新个体的概率为 1。

假定一个群体 $C = \{x_1, x_2, \cdots, x_n\}$，将有 n_α 个抗体（其中 $n_\alpha = n \cdot \alpha$）从群体里被选出注射疫苗，其中 $\alpha \in (0, 1)$。

（2）免疫选择

这个算子也分为两步：

①第一步称为免疫测试，如果新的个体适应度不如老的个体，则还是用老的个体参加后面的运算，否则就用新的个体。

②第二步称为退火选择,在当前的后代群体中根据式(6.21)用轮盘赌的思想选择一个个体 $x_i(i=1,\cdots,n)$ 放入新的父种群 A_{k+1} 中。

$$p(x_i) = \frac{e^{\frac{f(x_i)}{T_k}}}{\sum\limits_{i=1}^{n} e^{\frac{f(x_i)}{T_k}}} \tag{6.21}$$

式中:$f(x_i)$——个体 x_i 的适应度值。

T_k——逐渐趋向于 0 的温度变量。

IGA 是将遗传算法和免疫系统结合而产生的,具有两者的优点,既继承了遗传算法的鲁棒性、自适应性和并行计算性,又有免疫算法的记忆性、学习性和自体-非自体识别性,今后必然在工程和研究领域有更深远的应用。

虽然免疫算法的基本原理相当复杂,但是研究表明我们可以抽取其中某些方面做算法的融合。而且免疫算法具有很强的融合性,和蚁群优化算法、粒子群优化算法等多种进化算法都有混合算法。目前,融合算法的热点是免疫算法和神经网络的融合。

四、免疫算法的应用

20 世纪 90 年代后,随着成熟的免疫模型的建立,以及研究人员对免疫学原理了解的深入,免疫算法不再是一个单纯的理论模型,它以其独特的学习性、记忆性和自体-非自体识别性等多种出色的性能,在工程应用领域发挥着日益重要的作用。

1.识别和分类应用

早期的免疫系统模型是为了识别计算机病毒而设计出来的。由于人工免疫系统强大的识别功能,免疫算法在识别问题上得到了广泛的运用。模式识别是通过计算机用数学技术的方法来研究模式的自动处理和判读,简单地说,模式识别就是指导计算机像人类一样具有自动的对环境和客体的感知能力。识别的一个基本问题就是区分自体和非自体,这也是免疫系统消灭病原体的一个必然的过程,所以免疫算法也成为模式识别领域的研究热点。最早的克隆选择算法就是用于字符识别问题的,另外在模式识别问题上 Hunt 和 Cooke 于 1996 年提出的骨髓模型也备受人们关注。分类就是把已知性质的一个群体划分成不同的子集;聚类就是在不知道具体参数对性质影响的时候把群体中的个体按照个体参数的相似度划分成不同的子集。免疫算法在识别和分类中已应用到计算机安全、车辆图、卫星图、指纹图、医学等领域。

2.优化应用

许多实际的工程与实践问题本质上是函数优化问题,或者这些问题本身就是要求进行参数的设计与优化,因此都可以转换为函数优化问题进行求解。由于淋巴细胞具有很强的学习和记忆功能,免疫算法应用于优化和设计上的也不少。调度和规划是一类密切影响着我们日常生活的优化问题,例如会议安排、公交路线规划、飞机调度等。CSA、IGA 等免疫算法已经在众多的调度与规划问题上取得了非常成功的应用。

3.其他方面应用

免疫算法的应用领域非常广泛,在机器学习与训练、数据挖掘与分类等各个方面都取得了成功的应用。随着研究者对算法本身不断地改进和完善以及对算法应用领域的不断探索,免疫算法将会在更多的实践领域中发挥其重要的作用。

本章思考题

1.模拟退火算法包括哪些基本要素?

2.请举例说明禁忌搜索算法邻域生成的方法。

3.请指出免疫算法的基本思想来源。

4.编写程序实现基本免疫算法,求解如下函数优化问题。

$$\min f(x) = \sum_{i=1}^{n} x_i^2, x_i \in [-10, 10], i = 1, \cdots, 30$$

参考文献

[1] 韩大卫. 管理运筹学:模型与方法. 2 版. 北京:清华大学出版社, 2014.

[2] 吴祈宗, 侯福均. 运筹学与最优化方法. 2 版. 北京:机械工业出版社, 2013.

[3] 韩伯棠. 管理运筹学. 5 版. 北京:高等教育出版社, 2020.

[4] 周华任, 赵颖, 周生. 运筹与优化. 北京:清华大学出版社, 2012.

[5] 张军, 詹志辉, 等. 计算智能. 北京:清华大学出版社, 2009.